"双一流"建设学科配套教材

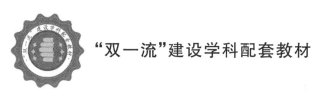

嵌入式系统协同设计

苏曙光　编　著

华中科技大学出版社

中国·武汉

内容简介

本书全面介绍嵌入式系统协同设计的概念、硬件结构与设计、软件结构与设计、设备互联技术等内容,涵盖嵌入式系统的原理、设计、实现和应用等知识。全书内容分5部分,第一部分即第1章,介绍嵌入式系统的概念、协同设计的思想。第二部分即第2章至第5章,介绍嵌入式系统的硬件结构与设计,包括处理器、存储体系、接口和总线、电路设计等。第三部分即第6章和第7章,介绍嵌入式系统的操作系统、软件结构,以及开发与调试工具。第四部分即第8章,介绍嵌入式设备之间的互联技术。第五部分即第9章,通过典型案例介绍嵌入式系统的协同设计和实现过程。本书适合计算机应用、软件工程、电子工程、电气工程等专业高年级本科生或研究生作为"嵌入式系统原理与设计""嵌入式系统协同设计"等课程的教材,也适合作为嵌入式技术从业人员的参考书。

图书在版编目(CIP)数据

嵌入式系统协同设计/苏曙光编著.—武汉:华中科技大学出版社,2022.6
ISBN 978-7-5680-8179-5

Ⅰ.①嵌⋯　Ⅱ.①苏⋯　Ⅲ.①微型计算机-系统设计　Ⅳ.①TP360.21

中国版本图书馆 CIP 数据核字(2022)第 088469 号

嵌入式系统协同设计

苏曙光　编著

Qianrushi Xitong Xietong Sheji

策划编辑:谢燕群
责任编辑:谢燕群
封面设计:原色设计
责任校对:陈元玉
责任监印:周治超
出版发行:华中科技大学出版社(中国·武汉)　　电话:(027)81321913
　　　　　武汉市东湖新技术开发区华工科技园　　邮编:430223
录　　排:华中科技大学惠友文印中心
印　　刷:武汉科源印刷设计有限公司
开　　本:787mm×1092mm　1/16
印　　张:17.75
字　　数:458千字
版　　次:2022 年 6 月第 1 版第 1 次印刷
定　　价:45.00 元

前　言

　　嵌入式技术是一门涉及计算机、微电子、通信和电子材料等相关信息技术的综合技术,其应用范围极其广泛,涵盖航空航天电子、武器自动化、工业自动控制、智能仪器仪表、智能测控系统、网络设备、通信设备、医疗电子和消费娱乐电子等领域。可以毫不夸张地说,从生产到生活,从军用到民用,只要涉及"电"的机电设备,都或多或少地应用了某种嵌入式技术。嵌入式系统及其相关技术是目前信息技术中发展最快、最有活力、最有挑战性和最有创新力的领域之一,也一直吸引着众多大学生、研究人员、工程技术人员从事相关的理论研究和应用开发。因此,牢固掌握嵌入式系统的概念、原理、设计和应用技术是对每一位立志在该领域成就未来的大学生和研发人员的基本要求。

　　嵌入式系统是软件和硬件协同工作的系统,因此在嵌入式系统的设计过程中也同样充满了软件和硬件、前台和后台协同设计的思维。同样的功能,既可以由软件实现,也可以由硬件实现;既可以由前台实现,也可以由后台实现。协同设计既是技术问题,也是哲学问题。本书通过全面介绍嵌入式系统的硬件和软件的典型结构、技术特点,并通过大量案例,向读者系统介绍了协同设计时必须要掌握的知识和技能。

　　本书具有以下三特点。

　　第一,语言通俗易懂,内容深入浅出,行文脉络清晰,特别适合课堂教学和研发人员参考。

　　第二,内容全面,覆盖嵌入式系统的硬件、软件、调试、设备网络互联等内容。本书不局限于特定的操作系统或CPU,也不局限于特定的开发板,因此能更好地符合课堂大面积教学的特点,满足系统开发人员的需求。

　　第三,概念、理论和实践三者的比例适当,适合课堂教学和自学。嵌入式系统这门课程是一门跨学科的综合性课程,其概念和理论繁杂,事实上还存在大量"生造且不规范"的名词术语,这些很容易挫伤初学者的兴趣。为了便于读者学习,本书在介绍概念和理论的同时充分结合实践和实例来介绍其应用,以帮助读者理解。

　　教学相长。编写本书的过程也是我重新学习嵌入式系统的过程。嵌入式系统的体系庞大,内容繁杂。每一个章节或模块倘若展开,都是值得深入研究的专题。书中的不少内容,本人以前也仅理解其基本概念和原理,并未做过深入研究或分析过源代码,可以说知之甚浅。在编写本书的过程中,我认真地探究其内部原理和分析相关的源代码,虽是管中窥豹,但也能再次感受到嵌入式系统的设计之美。

　　我乐意与读者朋友和选用本书的教师们交流学习心得和教学经验,也乐意为大家提供教辅资料或实验资料供参考。受限于本人的理论知识储备、项目实践经验、成书时间短,书中定会存在不少疏漏和错误,请读者朋友们不吝赐教指正,我定会虚心接受并更正。本人的联系邮箱:$sushuguang@hust.edu.cn$。

　　本人参考了大量已正式发表或出版的文献以及非正式出版的网络资源,由于篇幅所限和其他原因,书末仅列出了部分参考资料,无法一一注明全部参考资料的来源和作者的具体姓名,无论何种情况,在此一并向各位作者表示感谢!

苏曙光

2022 年 2 月于华中科技大学

目　　录

第1章 嵌入式系统概述

本章介绍嵌入式系统定义、特点、应用领域、协同设计思想、硬件结构、软件体系、嵌入式形式和发展方向。重点掌握嵌入式系统的定义、特点和硬软件结构。

1.1 计算机的分类

计算机是指能够分析和执行指令/程序的电子设备，这类电子设备装有 CPU，能够完成用户预先指定的任务（用程序表达的任务）。随着电子技术的迅猛发展，计算机（俗称电脑）已经在生活中广泛应用。家庭娱乐或上网需要使用计算机，办公室处理文档和管理财务数据需要使用计算机，企业各类数据服务器也都需要使用计算机。这些计算机都是通用意义上的计算机，它们的外形、功能、结构及使用方法大同小异。本书所要介绍的"计算机"却不是这些普通的计算机，而是一类特殊的计算机。在讲述这类特殊计算机的概念和特点之前，先来讨论计算机的分类。

从应用目的、工作原理和组成结构等方面来考察，计算机可以分为图 1-1 所示的类型。使用普遍的微型机（包括 PC 机、便携式计算机及大多数 Web 服务器、数据库服务器）以及在科研院所或大型企业中使用的小型机、大型机、巨型机等都属于通用计算机类别。和通用计算机对应的类别是专用计算机，也即所谓的嵌入式计算机，更多时候也叫嵌入式系统。

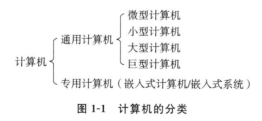

图 1-1 计算机的分类

1.2 嵌入式系统的概念

嵌入式计算机的真正发展是在微处理器问世之后。1971 年 11 月，Intel 公司成功地把算术运算器和控制器电路集成在一起，推出了第一款微处理器 Intel 4004，其后各厂家陆续推出了 8 位、16 位微处理器，包括 Intel 的 8080、8085、8086，Motorola 的 6800、68000，以及 Zilog 的 Z80、Z8000 等。以这些微处理器为核心构成的系统广泛地应用于仪器仪表、医疗设备、机器人、家用电器等领域。微处理器的广泛应用形成了一个广阔的嵌入式应用市场，计算机厂家开始大量地以插件方式向用户提供 OEM 产品，由用户根据自己的需要选择适合的 CPU 板、存储器板及各式 I/O 插件板，从而构成专用的嵌入式计算机系统，并将其嵌入自己的目标系统中。

嵌入式计算机比通用计算机使用得更加广泛,电视机、冰箱、洗衣机、微波炉等家用电器都是这一类"计算机",因为它们内部都具有某种 CPU,能够接收用户的指令,完成用户指定的任务。在家用电器领域,嵌入式计算机更多的是侧重于对它们进行智能控制或自动控制。在工业控制领域,嵌入式计算机是医疗仪器、消费电子、网络通信、机器人等的内部组成部分。在航空航天等领域,嵌入式计算机更是应用广泛。工厂的产品传送系统、流水线控制系统,医院的彩色 B 超仪、核磁共振 MRI,通信领域的路由器、智能手机,工业现场的机器人、智能机械手、战场上的自动火炮、导弹、反导系统、GPS 定位仪等都是嵌入式计算机的应用。显然,这些"计算机"的功能、外形和使用方式完全不同,它们是专用的。

20 世纪 80 年代,随着微电子工艺水平的提高,集成电路制造商开始把嵌入式计算机应用中所需要的微处理器、I/O 接口、中断、定时器、A/D 转换器、D/A 转换器、串行接口,以及 RAM、ROM 等部件的全部或大部分集成到一个芯片中,制造出面向 I/O 设计的微控制器,即俗称的单片机。单片机成为嵌入式计算机中异军突起的一支新秀。20 世纪 90 年代,在分布式控制、柔性制造、数字化通信和信息家电等巨大需求的牵引下,嵌入式系统进一步快速发展。

嵌入式系统被定义为以应用为中心,以计算机技术为基础,软件、硬件可裁剪,对功能、可靠性、成本、体积、功耗等有严格要求的专用计算机系统。嵌入式计算机在应用范围上和数量上都远远超过各种通用计算机。另外,通用计算机的有些外部设备本身也是嵌入式计算机,如打印机、扫描仪、交换机等,它们都是由嵌入式处理器控制的智能设备。嵌入式系统具有面向用户、面向产品、面向应用的特性。如果脱离特定的实际应用场景,嵌入式系统的计算功能和控制功能就毫无价值。嵌入式处理器的功耗、体积、成本、可靠性、速度、处理能力、电磁兼容性等方面均受到特定应用需求的制约,也是各个半导体厂商之间竞相优化和差异化的因素。与通用计算机不同,设计嵌入式系统的硬件和软件必须考虑其高效性,要量体裁衣,去除冗余,力争以尽可能廉价的成本和较小的体积/面积实现最佳的性能。

嵌入式系统通常作为智能处理模块被嵌入目标系统中以满足目标系统的智能控制和自动控制的需求,目标系统可能是空调、微波炉等简单的小家电,也可能是工业设备、生产线、机器人、环境监测等复杂的机电系统或测控系统。这也是嵌入式系统"嵌入"一词的由来。由于应用系统的差别,嵌入的形式可能很简单,也可能很复杂。

通用计算机系统往往追求高速和海量的数据处理,追求系统具有较高的通用性和普适性,嵌入式计算机系统主要要满足特定的目标系统智能化控制,通过把 CPU 嵌入目标系统内部实现智能化和自动化,这个过程一般需要借助电子、材料、人工智能等学科支持。

1.3　嵌入式系统的特点

嵌入式系统的硬件和软件必须根据具体的应用任务,以功耗、成本、体积、可靠性、处理能力等为指标来进行选择和优化。嵌入式系统的核心是系统软件和应用软件,由于存储空间有限,因而要求软件代码紧凑、可靠,且对实时性有严格要求。

从构成上看,嵌入式系统是集软硬件于一体的、可独立工作的计算机系统;从外观上看,嵌入式系统像一个"可编程"的电子"器件";从功能上看,它是对目标系统(宿主对象)进行控制,使其智能化的控制器。从用户和开发人员的角度看,与普通计算机相比较,嵌入式系统具有如下特点。

（1）专用性强。由于嵌入式系统是面向某个特定应用开发的,所以嵌入式系统的硬件和软件,尤其是软件,都是为特定用户群设计的,通常具有某种专用性。

（2）体积小型化。嵌入式计算机把通用计算机系统中许多由板卡完成的任务集成在芯片内部,从而有利于实现小型化,方便将嵌入式系统嵌入目标系统中。

（3）实时性好。嵌入式系统应用于工业生产过程控制、军用智能武器、数据采集、传输通信等场合时,主要用来对宿主对象进行控制,所以对嵌入式系统有或多或少的实时性要求。例如,军用智能武器,工业控制系统等对实时性要求就极高。而民用领域的流媒体系统或通信系统对实时性要求就相对低一些。但总体来说,实时性是嵌入式系统的普遍要求,是设计者和用户应重点考虑的一个指标。

（4）可裁剪性好。嵌入式系统的硬件和软件可根据应用的需求和约束来选择不同的架构、接口、芯片、器件、操作系统、软件组件等,或者对它们加以优化和调整,以便满足用户对功能、功耗、供电方式、应用方式、体积、重量等各方面的要求和约束。

（5）可靠性高。由于有些嵌入式系统所承担的计算任务涉及被控产品的关键功能、人身设备安全,一旦嵌入式系统运行失败可能导致重大损失,甚至是安全事故,因此要求嵌入式系统必须工作可靠,具有较强的抗干扰能力和故障恢复能力。此外,有些嵌入式系统的宿主对象工作在无人值守的场合(如在危险性高的工业环境和恶劣的野外环境中工作的监控装置),与普通系统相比较,这些嵌入式系统也要求具有极高的可靠性。

（6）功耗低。对于移动式或便携式的嵌入式系统,如智能手机、数码相机、便携式仪器仪表等,这些设备往往采用电池供电,设备的待机时长对用户体验影响很大,因此低功耗一直是很多嵌入式系统追求的目标。

（7）嵌入式系统本身不具备自我开发能力,必须借助通用计算机平台来开发。嵌入式系统设计完成以后,普通用户通常没有办法对其中的程序或硬件结构进行修改,只有开发人员采用专门的开发工具才能对其进行维护和升级。

（8）嵌入式系统通常采用"软硬件协同设计"的方法实现。在系统目标要求的指导下,通过综合分析系统软硬件功能及现有资源,协同设计软硬件体系结构,以最大限度地挖掘系统软硬件能力,避免由于独立设计软硬件体系结构而带来的种种弊病,得到高性能、低代价的优化设计方案。

1.4　嵌入式系统的应用

嵌入式系统的应用十分广泛,涉及工业控制、汽车电子、智能家居、智能交通、移动电子商务、仪器仪表、智慧环保、机器人、航空航天等多个领域。随着电子技术和计算机软件技术的发展,不仅在这些领域中的应用越来越深入,而且在其他传统的非信息领域中也逐渐显现出巨大的应用潜力。

1. 工业控制

工业控制是嵌入式应用的典型领域。工业控制包括过程控制、现场管理、设备控制、环境控制、人员管理、物料控制等。工业控制中往往大量采用传感器和执行机构以支持实时检测和控制。基于嵌入式技术的工业自动化获得了长足的发展,目前已经有大量的 8 位、16 位、32 位嵌入式控制系统在应用中。智能工业控制是提高生产效率、产品质量、减少人力和物理消耗的主要途径,在生产流水线控制、数字机床、电网设备监测与安全管理等传统工业领域都有大量嵌入式产品存在。

2. 汽车电子

汽车上安装有大量的嵌入式产品,典型的有中控系统、燃油喷射系统、点火系统、安全气囊控制、多功能仪表控制系统、ABS 系统(防抱死制动系统)、辅助驾驶系统、雷达泊车系统、电池管理系统、胎压检车系统、车辆定位导航系统等。汽车上集成有大量的传感器、执行器以及数十个大大小小的处理器,是嵌入式技术应用密集的综合产品。

3. 智能家居与信息家电

智能家居是以住宅为平台,利用嵌入式系统将综合布线技术、网络通信技术、安全防范技术、自动控制技术、音视频技术将与家居生活有关的设施集成,构建高效的住宅、家电、家具、设施与家务管理系统,提升家居安全性、便利性、舒适性、艺术性,并实现环保节能的居住环境。

信息家电是智能家居的重要部分,冰箱、空调、微波炉、电动窗帘等传统家电的网络化、智能化将引领人们的生活步入一个崭新的空间。即使不在家,也可以通过手机或网络对家电进行远程控制。在这些设备中,嵌入式系统为核心技术。智能家居系统还包括水表、电表、煤气表的远程自动抄表系统,基于烟雾传感器的防火报警系统,基于红外和视频的防盗系统。

4. 智能交通

智能交通是将信息技术、计算机技术、数据通信技术、传感器技术、电子控制技术、自动控制理论、运筹学、人工智能等相关技术综合运用于交通运输、服务控制和车辆制造,加强车辆、道路、使用者三者之间的联系,从而形成一种保障安全、提高效率、改善环境、节约能源的综合运输系统。智能交通的应用范围包括机场、车站客流疏导系统,城市交通智能调度系统,高速公路智能调度系统,运营车辆调度管理系统,交通违章自动监控系统,机动车自动控制系统等。智能交通系统通过人、车、路的和谐、密切配合提高交通运输效率,缓解交通阻塞,提高路网通过能力,减少交通事故,降低能源消耗,减轻环境污染。

5. 移动电子商务

移动电子商务利用手机、PDA、手持终端等无线终端进行的 B2B、B2C 或 C2C 的电子商务。它将因特网、移动通信技术、短距离通信技术及其他计算机信息处理技术结合,使用户可以在任何时间、任何地点进行各种商贸活动,实现随时随地、线上线下的购物与交易、在线支付以及各种交易活动、商务活动、金融活动和相关的综合服务活动等。移动电子商务是在无线传输技术高度发达的情况下产生的,比如 4G/5G 技术、WIFI 技术、蓝牙技术、RFID 技术等。安全灵活的移动支付系统、便捷高效的物流管理系统、无接触智能卡(Contactless Smart Card, CSC)发行系统、自动售货机等智能 ATM 终端已全面走进人们的生活,极大地提高了电子商务的效率和安全性。

6. 智慧环保

智慧环保借助物联网技术,把感应器和执行器嵌入环境监控对象中,通过无线网络或有线网络获得环境的实时数据,并通过集中计算或结合边缘计算分析环境状态,对环境实现更加精细和动态的管理和决策。例如,在很多环境恶劣、地况复杂的地区进行水文资料实时监测、水土质量监测、堤坝安全与地震监测、实时气象信息和空气污染监测时,嵌入式系统将帮助实现智能监测和远程监测。

7. 机器人

机器人是面向工业领域的多关节机械手或多自由度的机器装置,它能自动执行工作,是靠自身动力和控制能力来实现各种功能的一种机器。越来越多的工业机器人走进了工厂,很多企业出现了"机器换人"的场景。工业机器人可以接受人类指挥,也可以按照预先编排的程序运行。机器人技术是一种融合了机械、电子、计算机技术、传感技术、控制理论和人工智能等众多学科于一体的先进技术。机器人作为信息技术和先进制造业发展水平的典型代表,正在成为世界各国竞相发展的技术。嵌入式技术的发展将使机器人在微型化、高智能方面的优势更加明显,使其在工业领域和服务领域获得了广泛的应用。

1.5 协同设计思维和方法

狭义的协同设计主要是指以 FPGA(Field-Programmable Gate Array)等可编程器件为基础设计数字电路或片上系统(System on Chip,SOC)的开发方法,同一功能既可以选择在 FPGA 中实现也可以选择软件方法实现。作为一种可编程器件,FPGA 既解决了专用集成电路(Application Specific Integrated Circuit,ASIC)的不足,又克服了原有可编程器件门电路数有限的缺点。FPGA 集成了触发器、查找表 LUT 和布线等大量的原始逻辑资源,并提供了可配置的 I/O 口及硬 IP(例如 Block RAM、PLL、通用接口等),支持工程师采用硬件描述语言(Hardware Description Language,HDL)进行编码,以实现特定的功能。譬如图像处理中像素插值算法,FPGA 可以采用硬件流水线的方式来实现。采用硬件流水线代替 CPU,不仅降低了系统的复杂程度,还提高了系统吞吐量和处理速度,简化了系统设计,降低了系统技术难度。面向 FPGA 的软硬件协同设计采用软硬件结合的方式,设计最优的软硬件接口,通常以有限状态机或数据处理流水线的方式实现部分软件流程的功能,提高了系统的性能,提高了系统的可靠性,降低了系统的复杂程度及技术实现难度,提高了产品的可靠性。此外,还可通过专用测试点或 JTAG 边界扫描测试提高系统的可测试性,缩短产品的开发周期。

广义上的软硬件协同设计是指设计嵌入式系统的硬件和软件过程中通过综合分析系统需求和现有软硬件资源,协同设计软硬件体系结构,最大限度地挖掘硬件和软件的能力,合理分配硬件和软件的功能,避免由于独立设计硬件和软件子系统而带来的种种弊端,得到高性价比的设计方案。本书讨论的协同设计主要指广义上的协同设计。软硬件协同设计是使软件设计和硬件设计作为一个有机的整体进行并行设计,实现软硬件的最佳结合,从而使系统获得高效的工作能力。软硬件协同设计的基本思路如图 1-2 所示。

软硬件协同设计最主要的优点是在设计过程中,硬件和软件设计是相互作用的,这种相互作用体现在设计过程的各个阶段和各个层次,设计过程充分实现了软硬件的协同性。在软硬件功能分配时就考虑了现有软硬件的资源,在软硬件功能设计和仿真评价过程中,软件和硬件是互相支持的。这就使得软硬件功能模块能够在设计开发的早期互相结合,从而及早发现和解决系统设计的问题,避免了在设计开发后期反复修改所带来的一系列问题,有利于充分挖掘系统潜能、缩小体积、降低成本、提高整体效能。

硬件一般能够提供更好的性能,而软件更容易开发和修改,成本相对较低。由于硬件模块的可配置性或可编程性(尤其是 FPGA),以及某些软件功能的硬件化、固件化,因此一些功能既能用软件实现,又能用硬件实现,软硬件的界限已经不十分明显。此外在进行软件和硬件功能划分时,既要考虑市场可以提供的资源状况,又要考虑系统成本、开发时间等诸多因素。因

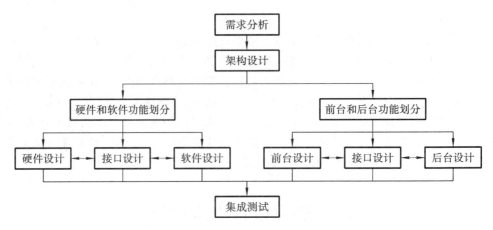

图 1-2　软硬件协同设计的基本思路

此,软硬件的功能划分是一个复杂而艰苦的过程,是整个任务流程最重要的环节。适合硬件实现的功能特点是计算密集,逻辑简单,一般属于周期性的操作或基本的 I/O 操作。而适合软件实现的功能特点是控制复杂,逻辑灵活多变,业务复杂。

　　硬件设计和软件设计是根据软硬件任务划分的结果,分别设计和选择硬件模块和软件模块以及其接口的具体实现方法。这一过程要确定系统将采用哪些硬件模块(如 MCU、DSP、FPGA、存储器、I/O 接口部件等)、软件模块(如操作系统、驱动程序、功能模块等)和软硬件模块之间的通信方法(如总线、共享存储器、数据通道等)以及这些模块的具体实现方法。

　　同一功能采用软件或硬件(专用硬件和可配置硬件)实现,它们在速度、费用和灵活性上面的优点和缺点如表 1-2 所示。

表 1-2　同一功能采用硬件或软件实现优缺点比较

	专用硬件	可配置硬件	软件
速度	最快	快	慢
费用	高	最高	低
灵活性	低	高	最高

　　有些嵌入式系统在工作过程中需要有 PC 机的支持(即半嵌入式形式,详见 1.8 节),对于这种嵌入式系统,系统的功能同时由 PC 机和嵌入式设备两个部分承担。因此,嵌入式系统的功能划分也可以按前端和后端来划分,同一功能可以由前端实现,也可以由后端实现。前端是指嵌入式设备,后端是指 PC 机或服务器。适合前端实现的功能主要有数据采集或执行目标设备的控制。适合后端实现的功能主要有数据分析、储存、可视化、复杂人机交互等。后端显然主要采用软件来实现,而前端则是硬件和软件(Firmware,固件)的结合,其中依然包括进一步的硬件和软件协同设计。

1.6　嵌入式系统的结构

　　嵌入式系统在宏观上由硬件部分和软件部分两层构成,如图 1-3 所示,硬件部分包括嵌入式处理器和外围硬件,软件部分包括嵌入式操作系统(可选)和用户应用软件。

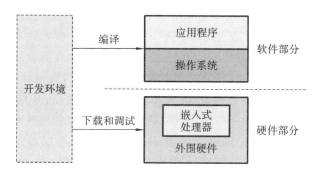

图 1-3　嵌入式系统构成

　　嵌入式系统一般嵌入在被控目标系统中。目标系统的功能、外观、机电结构可能各不相同,但是对于嵌入式系统来说,目标系统可以被理解为一系列的传感器和驱动器(也叫执行器),由嵌入式系统对传感器进行测量和对驱动器进行控制。

1.6.1　嵌入式系统的硬件结构

　　图 1-4 所示的是一个非接触式 IC 卡读/写装置,其基本功能包括:识别 IC 卡、读取卡中已存储的数据,写入和修改特定的数据。该系统通过扩展可以用于各种智能门禁系统,如楼宇门禁系统、停车场收费系统、校园一卡通系统等。

　　非接触式 IC 卡读写装置的 CPU 型号是 SST89C52,它是整个系统的核心部分;存储器部分采用的是 Flash 芯片,型号是 AT4503C,容量为

图 1-4　非接触式 IC 卡读/写装置

4 MB,用来存储 IC 卡的刷卡记录;IC 卡处理模块采用飞利浦 5100 芯片,其功能是感应近距离的 IC 卡并与其建立通信;串口通信模块主要用来和 PC 主机通信;电源模块为整个系统的正常工作提供电源;复位模块的功能是当系统死机或需要重启时通过复位按钮让整个系统重新开始运行。

　　图 1-5 所示的是一个四通道视频服务器,基本功能和特点有:1~4 路模拟信号转网络信号,支持接入主流品牌的 BNC 接口摄像头,能显示 4 个独立通道画面,支持高清编码,编码分辨率高达 1080P,实时流畅;支持 H.265X 编码,兼容 H264;支持手机监控,只需输入设备序列号就可以实现手机监控;支持音视频对讲,实现视频会议功能;支持 RTSP 协议。

图 1-5　四通道视频服务器

尽管各种嵌入式系统的功能、外观、界面、操作等各不相同,甚至千差万别,但是基本的硬件结构却是大同小异。图 1-6 所示为典型的嵌入式硬件结构。嵌入式系统的硬件部分与通用计算机系统没有本质区别,也由处理器、存储器、I/O 接口、各种外部设备等组成。嵌入式系统应用上的特点致使嵌入式系统在软硬件的选型和实现形式上与通用计算机系统有较大区别。嵌入式系统硬件主要由以下五部分构成:处理器、存储器、电源/晶振/复位、I/O 接口、外部设备。其中前三者合起来又称为最小系统。所谓最小系统是指仅需这些基本硬件就可以下载和运行一个最简单的程序。当然"最简单"的标准并无定性标准,可以是仅对某个寄存器进行操作的程序。外部设备可以根据接口形式、信号类型、工作特点细分为:标准总线外设、简单 I/O 外设、特定总线外设、功率外设、模拟设备。标准总线外设是指外设的接口满足某种标准总线要求,譬如 RS232 串口外设、USB 外设、PCI 卡,都是满足相应标准总线的外设。简单 I/O 外设是能直接通过处理器的 I/O 引脚驱动的外设,譬如 LED 灯、蜂鸣器、开关等。特定总线外设是指没有采用标准总线的外设,该类型外设采用的接口是设备供应商自定义的。功率外设是指容性外设或感性外设,有时也指需要大电流驱动的外设,譬如电机、继电器。模拟设备是指信号形式是模拟信号的设备,这类设备需要使用 A/D 转换或 D/A 转换才能连接系统。

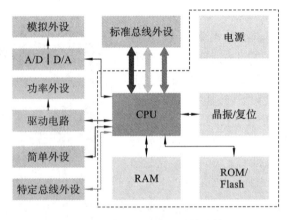

图 1-6　嵌入式系统的硬件结构

为满足嵌入式系统在功能、存储限制、速度、体积、功耗上的要求通常不使用磁盘这类具有大容量且速度较慢的存储介质,而多使用 SDRAM、SRAM 或闪存(Flash Memory)作为存储设备。在嵌入式系统中,A/D 或 D/A 模块主要用于数据采集和测控方面,这类外设在通用计算机中用得很少。

1.6.2　嵌入式系统的软件体系

嵌入式系统的软件体系是面向嵌入式系统特定的硬件体系和用户要求而设计的,是嵌入式系统的重要组成部分,是实现嵌入式系统功能的关键。嵌入式系统软件体系和通用计算机软件体系类似,分成驱动层、操作系统层、中间件层和应用层等四层。图 1-7 显示了嵌入式系统的软件结构。需要注意的是,并不是所有的嵌入式系统都具备上述四层软件,也不是每层的全部功能模块都要支持,应用可以根据需要对软件体系进行裁剪和精简。

1. 驱动层

驱动层是直接与硬件打交道的一层,它为操作系统和应用提供硬件驱动或底层核心支

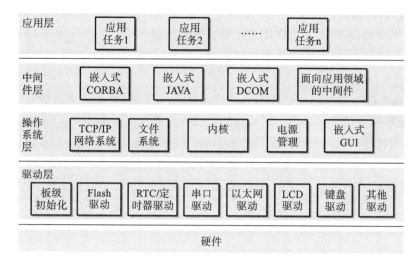

图 1-7　嵌入式软件结构

持。在嵌入式系统中,驱动程序有时也称为板级支持包(BSP)。BSP 具有在嵌入式系统上电后初始化系统的基本硬件环境的功能。基本硬件往往包括微处理器、存储器、中断控制器、DMA、定时器等。驱动层一般有三种类型的程序:板级初始化程序、标准驱动程序和应用驱动程序。

2. 操作系统层

嵌入式系统中的操作系统具有一般操作系统的核心功能,负责嵌入式系统的全部软硬件资源的分配、调度工作,控制、协调并发活动。此外,嵌入式系统的操作系统它也具有嵌入式的特点,属于嵌入式操作系统(Embedded Operating System,EOS)。主流的嵌入式操作系统有 Linux、VxWorks、ucOS、RT-Thread、HarmonyOS、Android、iOS、QNX、LynxOS 等。有了嵌入式操作系统的支持,应用程序的编写就变得更简单和高效。

3. 中间件层

中间件是用于支持应用软件开发的组件和库,通常包括数据库、网络协议、图形支持及一些具有特殊功能的库。例如,MySQL、TCP/IP、GUI 等都属于这一类软件。

4. 应用层

嵌入式应用软件是针对特定应用实现用户预期功能的软件。譬如车载定位导航软件、IC 卡门禁软件都是属于应用软件,用于支持用户完成特定的功能。嵌入式应用软件和普通应用软件有一定的区别,它不仅在准确性、安全性和稳定性等方面要求能够满足实际应用的需要,还要尽可能地进行优化以减少对系统资源的消耗,降低硬件成本。嵌入式系统中应用软件是差异化最大的部分,每种应用软件均有特定的应用背景。应用软件业务性较强,与行业关系密切,因此嵌入式应用软件不像操作系统和中间件那样容易受制于国外产品,是我国嵌入式软件的优势领域。

嵌入式软件与普通计算机软件相比具有如下一些特点。

(1) 软件要求固态存储。为了提高执行速度和系统可靠性,嵌入式系统中的软件一般都固化在存储芯片中,也有可能固化在处理器芯片的片内存储空间中,而不是像 PC 一样存储于磁盘等载体中。

（2）软件代码质量高和可靠性高。尽管半导体技术的发展使处理器速度不断提高，片上存储器容量不断增加，但在大多数应用中存储空间仍然是宝贵的。为了节省存储空间和满足实时性的要求，必须提高程序编写和编译的质量，以减少程序二进制代码的长度，并提高执行效率。

（3）实时性是基本要求。有些嵌入式系统工作在实时场景，需要满足特定任务的实时要求，这就要求软件能支持实时处理。实时性的获得一方面取决于硬件支持，另一方面也在于嵌入式软件的架构设计和具体的程序设计是否具有良好的实时性。另外，在多任务的嵌入式系统中，对重要性各不相同的任务进行统筹兼顾的合理调度是保证每个任务及时执行的关键。这是单纯通过提高处理器速度无法实现的，因此，系统软件的实时性是嵌入式系统的基本要求。

1.7 嵌入式系统的嵌入形式

嵌入式系统是通过把 CPU 嵌入目标系统或被控系统中起作用的。在不同的嵌入式系统中，嵌入的形式和程度是各不相同的。根据嵌入式系统和通用计算机连接关系的密切程度，嵌入的形式可以分为全嵌入方式、半嵌入方式和非嵌入方式。通用计算机系统即采用非嵌入方式，这种方式主要侧重于软件开发，其开发技术和环境已经十分成熟，此处略去不作讨论。

1. 全嵌入方式

如果采用全嵌入方式，则嵌入式系统（或其核心功能）可以不依赖于通用计算机系统，即可单独工作，典型实例有手机、MP4、车载 GPS 导航系统等。采用全嵌入方式的嵌入式系统有如下特点。

（1）具有独立的处理器系统，且具有完整的输入/输出系统，能独立完成系统的功能。

（2）具有较高端的 CPU 且支持嵌入式操作系统，支持开发功能复杂的应用程序。

（3）一般为便携式、手持式设备，其工作环境一般是无人值守、移动空间、高空或其他条件恶劣的环境。

（4）交互方式简单。多数时候该类型的设备与用户的交互方式相对比较简单。

（5）供电方式一般采用电池供电，有些情况下也可以直接采用市电 220 V 供电，由系统自行设计转换和稳压电路。较高端的设备往往会把两种供电方式结合起来，让用户使用起来更加灵活。

（6）全嵌入方式适合任何不宜采用通用计算机的场合，如消费电子、家用电器、通信网络设备、工业控制、智能仪器、战场电子、航天航空武器等，其应用范围十分广泛。

（7）生产成本相对较低。

2. 半嵌入方式

如果采用半嵌入方式，则嵌入式系统（或其核心功能）需要和通用计算机系统结合起来才能正常工作，典型实例有医用 B 超系统、基于 PCI 卡的数据采集系统等。采用半嵌入方式的嵌入式系统有如下特点。

（1）一般没有独立的处理器，而是借用通用计算机系统的 CPU 完成计算和/或控制功能；即使具有自己的独立处理器，其处理器也只是完成一些有限的特定功能，而不具备控制系统的全部功能。

（2）嵌入式系统只是整个系统的一部分，只能完成整个系统的一部分功能，而其他功能需要在通用计算机上完成。通用计算机利用自己丰富的软件和硬件资源，提供友好的人机操作界面和强大的数据处理能力。

（3）嵌入式系统的功能体现在对前端数据的采集和执行对被控对象的控制，其中的数据分析、处理和存储等功能由通用计算机系统完成。

（4）嵌入式系统一般采用各种规范的总线形式和通用计算机相连接。典型的实例有 PCI 总线、USB 总线等，简单的嵌入式系统还可以通过串口来连接。

（5）嵌入式系统是作为外设连接在通用计算机上的，因此在通用计算机中一般需要提供嵌入式系统的标准驱动程序。

一般典型意义上的嵌入式系统是指采用全嵌入方式的嵌入式系统，它具有独立的 CPU，而且可以支持操作系统的运行。本书重点讨论采用全嵌入方式的嵌入式系统，但是其中的相关内容完全适用于采用半嵌入方式的嵌入式系统。

1.8　嵌入式系统的发展方向

过去的嵌入式系统通常深嵌于最终产品中，以系统控制为主要目的，仅在内部进行少量的数据操作或数据传输，一般不与外界连接。微控制器在一个相当封闭的系统中工作，定时查询外设、收集数据、完成简单的处理工作，并控制开关和 LED 指示灯。然而现在大多数嵌入式系统在功能上、交互方式上、网络结构上、安全需求上都与以往发生巨大的变化。嵌入式技术的发展大致经历了以下四个阶段。

第一阶段：功能简单的专用计算机或单片机阶段。嵌入式系统以功能简单的专用计算机或单片机为核心的可编程控制器形式存在，具有监测、伺服、设备指示等功能。这种系统大部分应用于各类工业控制和飞机、导弹等武器装备中。

第二阶段：以高端嵌入式 CPU 和嵌入式操作系统为标志。这一阶段系统的主要特点是计算机硬件出现了高可靠、低功耗的嵌入式 CPU，如 ARM、PowerPC 等，且支持操作系统，支持复杂应用程序的开发和运行。

第三阶段：以 SOC 片上系统和网络互联技术为标志。微电子技术发展迅速，SOC（片上系统）使嵌入式系统越来越小，功能却越来越强。支持设备连接 Internet 或局域网络也成高端嵌入式设备的技术亮点。物物互联和物联网在信息家电、工业控制、分布式测控领域应用广泛，也是嵌入式技术快速发展的时期。

第四阶段：嵌入式与人工智能和边缘计算技术相融合的阶段。人工智能的应用形式向嵌入式平台转移是必然的趋势。人工智能的关键环节机器学习或机器识别向边缘（意即嵌入式终端）转移是一个必然的趋势。因为只有在边缘部署计算资源，才能有效解决带宽、功耗、成本、延迟、可靠性和安全等多方面的问题。针对人工智能的应用特点，嵌入式系统需要更高性能的 CPU 和 GPU，以提供更强的算力。

习 题

1. 试述计算机的概念和分类。
2. 试述嵌入式系统的概念和特点。
3. 分析典型家用电器(如数字电视)的硬件结构和软件结构。
4. 试述嵌入式系统的 3 种嵌入形式各有何特点。
5. 上网查阅嵌入式系统最新的发展和应用方向。

第2章 嵌入式处理器

处理器是计算机系统中最重要的硬件部件,控制整个系统的工作过程。处理器的性能在很大程度上决定了整个系统的性能。本章主要介绍嵌入式处理器的概念、特点、分类、典型 ARM 处理器和 DSP 处理器以及它们的编程模型和应用特点。

2.1 嵌入式处理器概念

2.1.1 处理器的基本组成

无论是嵌入式系统还是通用计算机系统,所使用的处理器(CPU)的基本工作原理和结构都是一样的,都包括运算器、控制器、寄存器(组)等三个主要部分。

运算器主要完成对二进制信息的算术运算、逻辑运算和各种移位操作。算术运算主要包括定点加、减、乘和除运算。逻辑运算主要有逻辑与、逻辑或、逻辑异或和逻辑非等操作。移位操作主要完成逻辑左移和右移、算术左移和右移,以及其他一些移位操作。运算器能处理的数据位数与硬件设计有关,该指标称为机器字长。机器字长是指参与运算数据的位数,它决定了寄存器、运算器和数据总线的位数,因而直接影响到 CPU 硬件的价格。

控制器是处理器的指挥和控制中心,它把运算器、存储器、I/O 设备等联系成一个有机的系统。简单来说,控制器的工作就是周而复始地完成取指令、分析指令、执行指令的工作。

寄存器(组)是为了避免频繁地访问存储器而在 CPU 内部提供的暂时存放参加运算的数据和中间结果的单元。寄存器有通用寄存器和专用寄存器之分,它们的区别在于存储数据的性质不同,所起的作用不同。在运算过程中及运算结束后,运算器中还要设置相应的寄存器来记录运算的一些特征情况,如是否溢出、结果的符号位、结果是否为零等。不同体系 CPU 寄存器的组织、名称、功能和存取方法都不一样。这也是汇编语言缺少通用性的原因之一。

2.1.2 嵌入式处理器特点

目前在 PC 机及服务器上广泛使用的处理器大多是 Intel 或 AMD 的通用处理器。通用处理器一方面计算能力超强,工作主频高达数吉赫兹,另一方面也有功耗大、体积大、集成度低等缺点,以致不太适用于嵌入式系统。

在嵌入式系统中使用的处理器称为嵌入式处理器,一般具有如下特点。

(1)支持实时性。嵌入式系统一般都应用于实时控制和实时计算领域,因此对于异步事件,尤其是高优先级的异步事件必须尽可能快地处理,在硬件设计上确保有较短的中断响应时间。

（2）支持多任务。一方面，由于应用程序的复杂性及对操作系统支持的需求，为了降低程序开发难度、改善程序结构，需要采用任务（某种意义上与进程或线程概念等同）方式编写程序。另一方面，具有任务结构的程序更加便于实现实时性的优先级管理，更紧迫的任务可以分配更高级的优先级，而次要的任务可以分配较低的优先级。

（3）具有良好的可扩展性。嵌入式系统和应用相关，具有专用性，不同应用对 CPU 的功能要求是不一样的。因此嵌入式处理器的 CPU 内核一般都设计为开放式的结构，能方便地集成不同的外设和接口，以便适应各种不同场合应用的需求，做到既满足应用要求，又尽可能不产生功能冗余或浪费。

（4）强调安全可靠。嵌入式处理器一般都用于工业控制、现场测控、航空航天等十分重要的领域，这些领域对系统的可靠性要求非常高，很多时候，系统的意外崩溃或死机都有可能造成不可挽回的重大损失。因此嵌入式处理器大多十分强调系统工作的安全可靠性。

（5）强调低功耗。嵌入式设备典型的工作环境往往都是便携方式、移动方式或手持设备。这些环境常使用电池供电，因此对功耗十分敏感。嵌入式处理器的功耗一般为毫瓦甚至微瓦级。不过嵌入式处理器的实际功耗还和工作频率有关。

（6）高集成度。为了提高系统的可靠性和降低电路板面积，尽量减少片外外设的种类和数量，嵌入式处理器大多集成了丰富的 I/O 功能和存储功能。因此用户在实现目标系统过程中，只需添加少数的片外外设即可。

2.1.3　两类处理器架构

主流嵌入式处理器的体系结构主要有冯·诺依曼结构和哈佛结构。

1. 冯·诺依曼结构

冯·诺依曼结构也称普林斯顿结构（Princeton Architecture），是一种将程序指令存储器和数据存储器合并在一起进行统一编址的存储器结构。程序指令存储器地址和数据存储器地址指向同一个存储器的不同物理位置，因此程序指令和数据的宽度相同。这种结构取指令和取数据都访问同一存储器，数据吞吐率低。

在典型情况下，完成一条指令需要三个步骤，即取指令、指令译码和执行指令。举一个最简单的对存储器进行读/写操作的指令例子：指令 1 至指令 3 均为存、取数指令，对于冯·诺依曼结构处理器，由于取指令和存取数据的操作要在同一个存储空间进行，经由同一总线传输，因而它们无法重叠执行，只有一个完成后再进行下一个。

早期微处理器大多采用冯·诺依曼结构，典型代表是 Intel 公司的 X86 微处理器。取指令和取操作数都在同一总线上，通过分时复用的方式进行。缺点是在高速运行时，不能达到同时取指令和取操作数的效果，从而形成了传输过程的瓶颈。目前使用冯·诺依曼结构的中央处理器和微处理器也很多，单片机基本上都是冯·诺依曼结构，还有早期的 ARM 处理器（ARM7）、ARM A 系列、MIPS 处理器等。

2. 哈佛结构

哈佛结构是一种将程序指令存储和数据存储分开的存储器结构。哈佛结构的微处理器通常具有较高的执行效率。其程序指令和数据指令是分开组织和存储的，执行时可以预先读取下一条指令。由于程序指令存储和数据存储分开，指令和数据可以有不同的宽度，如

Microchip 公司 PIC16 芯片的程序指令宽度是 14 位,而数据宽度是 8 位。

在最常见的卷积运算中,一条指令同时取两个操作数,在流水线处理时,同时还有一个取指令操作,如果程序和数据通过一条总线访问,取指令和取操作数必会产生冲突,而这对大运算量循环的执行效率是很不利的。哈佛结构能基本上解决取指令和取操作数的冲突问题,从而减轻程序运行时的存储访问瓶颈。如果采用哈佛结构处理前面提到的同样的三条存取操作数指令,由于取指令和存取数据分别经由不同的存储空间和不同的总线,所以各条指令可以重叠执行,这样,也就克服了数据流传输的瓶颈,提高了运算速度。

目前使用哈佛结构的处理器和微控制器有很多,如 Microchip 公司的 PIC 系列芯片、ATMEL 公司的 AVR 系列,以及 ARM 公司的 ARM9、ARM10 和 ARM M 系列处理器。

2.1.4　CISC 和 RISC 指令体系

CISC 是复杂指令集计算机(Complex Instruction Set Computer)的缩写。它的特点是指令数量庞大,具有丰富的指令和寻址方式,程序员的编程工作会因此而变得相对容易。CISC指令集的缺点也很明显:一是由于 CISC 指令复杂,因此译码的难度增加,且执行效率低下;二是处理器的许多处理电路被大量低效且使用较少的指令所占据,资源利用率大大降低。在现今高速硬件的发展下,复杂指令所带来的速度提升和编程便利早已不及在译码上的时间浪费和冗余硬件资源的浪费所引起的不便。因此,除了个人 PC 市场还在用支持 CISC 的 X86 指令集外,服务器及更大的系统都早已不再用 CISC。X86 仍然存在的唯一理由就是为了兼容大量的 X86 平台上的软件。

RISC 是精简指令集计算机(Reduced Instruction Set Computer)的缩写。RISC 的基本思路是抓住 CISC 指令系统指令种类繁多、指令格式不规范、寻址方式复杂的缺点,通过减少指令种类、规范指令格式和简化寻址方式,以方便处理器内部的并行处理,提高 VLSI 器件的使用效率,从而大幅度提高处理器的性能。RISC 处理器最典型的特点是格式简单、指令长度固定、采用 Load/Store 结构。

2.1.5　指令流水线

指令流水线是 RISC 指令体系处理器共有的一个特点。在介绍流水线概念之前,首先介绍处理器执行指令的过程。处理器完成一个指令的过程如图 2-1 所示。

(1) 取指令(Fetch):从内存或高速缓存器中读取指令。

(2) 译码(Decode):将指令翻译成更小的微指令。

(3) 取操作数(Fetch Operant):从内存或高速缓存器中读取执行指令所需的数据。

(4) 执行指令(Execute)。

(5) 写回(Write Back):将运算的结果存入内存或高速缓存器或寄存器中。

图 2-1　处理器执行指令的过程

在没有指令流水线的处理器中,必须要等前一条指令完成这 5 个步骤之后才能进入下一条指令的步骤。没有指令流水线时多条指令的执行情况如图 2-2 所示。

时间片	1	2	3	4	5	6	7	8	9	10	11	12
指令1	取指	译码	取数	执指	写回							
指令2						取指	译码	取数	执指	写回		

图 2-2　没有指令流水线时多条指令的执行

这样,如果是执行 6 条指令,对于没有指令流水线的微处理器就至少要花 5×6＝30 个时间片的时间。然而在采用指令流水线的微处理器结构中,当指令 1 经过取指令后进入译码阶段的同时,指令 2 便可以进入取指令阶段,即采取并行处理的方式,如图 2-3 所示。

时间片	1	2	3	4	5	6	7	8	9	10	11	12
指令1	取指	译码	取数	执指	写回							
指令2		取指	译码	取数	执指	写回						
指令3			取指	译码	取数	执指	写回					
指令4				取指	译码	取数	执指	写回				
指令5					取指	译码	取数	执指	写回			
指令6						取指	译码	取数	执指	写回		

图 2-3　有指令流水线时多条指令的执行

在理想的状况下,采用指令流水线技术在 10 个时间片内可执行 6 条指令,而没有采用指令流水线技术在同样的时间片内只能执行两条指令。因此,采用指令流水线技术后大大提高了微处理器的执行效率。

2.2　嵌入式处理器分类

嵌入式处理器根据功能、结构、性能、运算特点和使用方法等多方面的综合因素可以粗略分成嵌入式微控制器、嵌入式微处理器、数字信号处理器、CPLD/FPGA、片上系统(SOC)等 5 类。有时候为了简单起见会将它们统称为嵌入式微处理器,只是在需要特别区分的时候才指出具体的类别。另外,需要注意的是,虽然数字信号处理器、CPLD/FPGA、片上系统(SOC)并不是传统意义上的处理器,但是它们经过设计可以在系统中具有处理器所有的控制和计算能力,所以从这一点来说,本书中将它们归结为处理器。

2.2.1　嵌入式微控制器

嵌入式微控制器即 Micro Controller Unit,简称 MCU。嵌入式微控制器的典型特征是单片化、体积小、低功耗、低成本、可靠性高,基本无须外设扩展。片上外设资源比较丰富,外设资源一般包括 ROM/EPROM、RAM、总线、总线逻辑、定时/计数器、看门狗、I/O、串行口、脉宽调制输出(PWM)、A/D、D/A、Flash RAM,甚至有的产品(如 NS 公司)已把语音、图像部件也集成到片内。因此嵌入式微控制器特别适合于小型的控制系统,这也是其名称的由来。

嵌入式微控制器很多时候也称"单片机",如 ATMEL 公司的 AT89CXX 系列单片机便是典型的单片机,单片机一般以 8 位居多。

2.2.2　嵌入式微处理器

嵌入式微处理器即 Micro Processor Unit,简称 MPU。嵌入式微处理器和通用 CPU 有许多相同之处,由通用 CPU 演变而来。但与通用 CPU 不同的是,在嵌入式应用中,由于微处理器是装配在专门设计的电路板上的,故嵌入式微处理器只保留了和嵌入式应用紧密相关的功能硬件,而去除了其他的冗余功能部分,这样就可以最低的功耗和资源实现嵌入式应用的特殊要求。此外,为了满足嵌入式应用的特殊要求,嵌入式微处理器在工作温度、抗电磁干扰、可靠性、实时性等方面相对通用 CPU 都做了相应增强。嵌入式微处理器的重要特点是体积小、重量轻、成本低、可靠性高,它以 32 位的居多,但 16 位的也不少。

典型嵌入式微处理器有 ARM、PowerPC、MIPS 等数十种。这一类微处理器也是目前业界应用最广泛、市场最庞大、技术开发最全面的主流处理器类型。

2.2.3　数字信号处理器

数字信号处理器即 Digital Signal Processor,简称 DSP。越来越多的应用要求使用更高精度的数字信号去逼近现实的模拟信号,这不可避免地会急剧增加需要实时处理的数据量。传统意义上的微处理器其主要优点在于灵活的控制功能,但是难以胜任对实时数据的处理任务。数字信号处理器则专门为数据处理而优化体系结构和指令集,可以很好地完成实时数据处理的任务。在数据实时处理能力上,数字信号处理器优于 RISC 处理器。

目前数据信号处理器的主要供应商有 TI、ADI、Motorola、Lucent、Zilog 等公司,尤其是 TI 的产品,其极高的性价比、丰富的产品型号、较高的市场占有份额都是其他公司难以企及的。TI 目前有四大主力产品:C5000 系列(低功耗),C2000 系列(适合做控制器),C6000 系列(高性能,适用于多媒体处理),OMAP 系列(集成 ARM 的命令及控制功能,具有低功耗实时信号处理能力,适合移动上网设备和多媒体家电)。

2.2.4　CPLD/FPGA

CPLD(Complex Programmable Logic Device)即复杂可编程逻辑器件,FPGA(Field Programmable Gate Array)即现场可编程门阵列。常用的可编程逻辑器件都是从"与/或逻辑阵列"和"门阵列"两类基本结构发展起来的,可编程逻辑器件从结构上可分为以下两大类。

(1)乘积项结构器件。其基本结构为"与/或逻辑阵列"器件,大部分简单的 PLD 和 CPLD 都属于这个范畴。

(2)查找表结构器件。由简单的查找表组成可编程门,再构成阵列形式。大多数 FPGA 属于此类器件。

CPLD/FPGA 可以看作是一个包含大量门电路的逻辑元件,它的每一个门的定义可以由使用者来定义,工程师可以通过传统的原理图输入法或硬件描述语言自由地设计一个数字系统。CPLD/FPGA 可以完成任何数字器件的功能,上至高性能 CPU 下至简单的 74 系列电路。通过软件仿真,用户可以事先验证设计的正确性。在 PCB 完成以后,还可以利用 CPLD/FPGA 的在线修改能力,随时修改设计而不必改动硬件电路。使用 CPLD/FPGA 来开发数字电路,可以大大缩短设计时间,更为重要的是,可以大大减少在出现成品芯片以后的反复修改。在设计中并不是直接设计布线,而是通过设计者的约束条件,由专门的布局布线软件来进行自动化设计,这样也大大简化了 FPGA 的设计流程。FPGA 在工作时所用的配置数据都存储在芯片 SRAM 中,FPGA 系统的硬件功能能够像软件一样进行编程修改,实现高效、便捷的现场开发或者更新,大大提升了系统的灵活性和通用性。

图 2-4 是 FPGA 的原理架构图,FPGA 芯片内部可分为五大部分,分别是可编程输入输出单元(IOB)、可编程逻辑模块(CLB)、内部存储模块(SRAM)、数字时钟管理模块(DCM)和遍布各个模块及之间的丰富的可编程内部连接(PIC)。

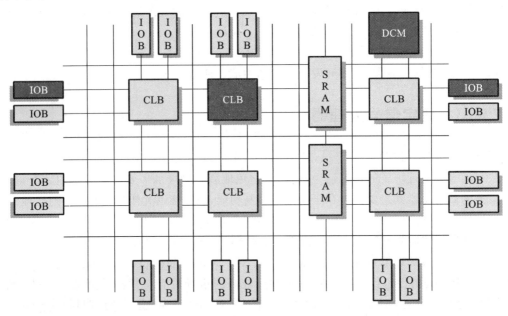

图 2-4 FPGA 的原理架构图

FPGA 通过其内部众多的自由的基本门电路之间的相互连接来形成所需要的各种电路,如乘法器、加法器和寄存器等,而且经过这么多年发展,FPGA 也形成了一套完备的 IP 核。一般常用的算法电路如一些傅立叶算法或者是分频器电路等都可以直接使用相应的制定好的 IP 核。FPGA 中还可以利用其内部的逻辑资源与触发器来完成复杂的时序逻辑电路设计或者较大规模的组合逻辑电路设计。相比较于 MCU 或者 DSP 在逻辑方面的不足,FPGA 充足的逻辑资源和寄存器资源非常适合一些在短时间内就要完成的大计算量的设计任务。

FPGA 的工作原理:加电时,FPGA 芯片将 EPROM 中的数据读入片内编程 RAM 中,配置完成后进入工作状态;掉电后,FPGA 恢复成白片,内部逻辑关系消失。因此,FPGA 能够反复使用。FPGA 的基本特点主要有以下几点。

(1)采用 FPGA 设计 ASIC 电路,用户不需要投片生产就能得到合用的芯片。

(2)FPGA 可做其他全定制或半定制 ASIC 电路的中试样片。

(3)FPGA 内部有丰富的触发器和 I/O 引脚。

(4)FPGA 是 ASIC 电路中设计周期最短、开发费用最低、风险最小的器件之一。

(5) FPGA 采用高速 CHMOS 工艺,功耗低,可以与 CMOS、TTL 电平兼容。

目前,全球有十几家专业的 FPGA 设计生产公司,最知名的是美国的 ALTERA 和 XILINX,这两家公司的产品占据了全球 FPGA 市场的近 70%。在很大程度上,全球 FPGA 的发展方向由这两大公司决定。

2.2.5　片上系统

片上系统(System On Chip,SOC)实际是一个完整的电路系统和软件系统,而不仅仅包含处理器。SOC 追求系统最大限度的集成,其最大特点是在单一芯片中实现软硬件的无缝结合,直接在芯片内实现 CPU 内核及嵌入操作系统模块。此外,它还根据应用需要集成了许多功能模块,包括 CPU 内核(ARM、MIPS、DSP 或其他微处理器核心)、通信接口单元(USB、TCP/IP、GPRS、GSM、IEEE1394、蓝牙),以及其他功能模块等。SOC 在声音、图像、影视、网络及系统逻辑等应用领域中发挥着重要作用。

SOC 运用 VHDL 等硬件描述语言实现,而不需要再像传统的系统设计一样,绘制庞大而复杂的电路板,不再需要一点点地焊接导线和芯片,只需要使用准确的语言并综合时序设计,直接在器件库中调用各种事先准备好的模块电路(标准),然后通过仿真就可以直接交付芯片厂商进行规模化的生产。

SOC 设计的关键技术主要包括总线架构技术、IP 核可复用技术、软硬件协同设计技术、SOC 验证技术、可测性设计技术、低功耗设计技术、超深亚微米电路实现技术和嵌入式软件移植等。

SOC 具有低功耗、体积小、系统功能灵活、运算速度高、成本低等优势,创造了巨大的产品价值与市场需求,是嵌入式系统的发展趋势。

2.3　嵌入式处理器选型

2.3.1　嵌入式处理器的技术指标

1. 功能

嵌入式处理器的功能主要取决于处理器所集成的存储器的种类和数量、外设接口种类和数量等。集成的外设越多、支持的总线越多、功能越强大,设计硬件系统时需要扩展的器件就越少。所以,选择嵌入式处理器时尽量选择已集成所需外设的处理器,这样既能节约总体成本,又能提供系统集成度和可靠性。

2. 字长

字长是指参与运算的数的基本位数,决定了寄存器、运算器和数据总线的位数,因而直接影响硬件的复杂程度。处理器的字长越长,它所包含的信息量就越多,表示的数值的有效位数也越多,计算精度也越高,数据吞吐量也越大。通常处理器可以有 1 位、4 位、8 位、16 位、32 位、64 位等不同的字长。

3. 处理速度

目前普遍采用单位时间内各类指令的平均执行条数(即根据各种指令的使用频度和执行时间来计算)来表示处理速度。其单位是 MIPS,即百万条指令/秒。除了使用 MIPS 衡量处理速度,还可以有多种指标来表示处理器的执行速度。MFLOPS 即每秒百万次浮点运算,这个指标一般用于衡量进行科学计算的处理器。例如,一般工程工作站的指标大于 2 MFLOPS。主频又称时钟频率,单位为 MHz。主频在一定程度上反映了处理器的运算速度。每条指令周期数(Cyclers Per Instruction,简称 CPI)即执行一条指令所需的周期数。显然,该数值越小,可从一定程度上表示 CPU 的执行速度越快。在设计 RISC 芯片时,一般尽量减少 CPI 值来提高处理器的运算速度。

4. 寻址能力

嵌入式处理器的寻址能力取决于处理器地址总线的数目。地址总线 16 位的处理器的寻址能力是 64 KB;地址总线 32 位的处理器的寻址能力是 4GB。

5. 功耗

嵌入式处理器通常给出几个功耗指标,如工作功耗、待机功耗等,还给出功耗与工作频率之间的关系,表示为功耗/工作频率。有些嵌入式处理器还给出电源电压与功耗之间的关系,便于工程师设计时选择。

6. 温度

从工作温度方面考虑,嵌入式处理器通常可分为民用、工业用、军用、航天用等几个温度级别。一般而言,民用的温度范围为 0 ℃~70 ℃,工业用的温度范围为 -40 ℃~85 ℃,军用的温度范围为 -55 ℃~125 ℃,航天用的温度范围则更宽。选择嵌入式处理器时需要根据产品的应用选择相应的处理器芯片。

2.3.2　嵌入式处理器的选择

选择嵌入式处理器时,不能专门强调某一方面的性能指标,还要衡量整个处理器系统的综合性能。例如,整个系统的软硬件配置情况,包括指令系统的功能、外部设备配置情况、操作系统的功能、程序设计语言,以及其他支持软件和必要的应用软件等。一般在项目开发中选择处理器应遵循下面几个原则。

1. 技术指标原则

选择处理器时的首要技术指标是功能。当前,许多嵌入式处理器都集成了外设和接口的功能,从而减少了芯片的数量,进而降低了整个系统的开发费用。开发人员首先应该考虑,系统所要求的一些硬件是否无须过多的胶合逻辑就可以链接到处理器上。其次应该考虑,该处理器对其他芯片的支持情况,如 DMA 控制器、内存管理器、中断控制器、串行设备、时钟等的配套。再次应该考虑,处理器的字长、寻址空间、主频、功耗等,但是这些因素相对来说比较容易得到用户的重视。

2. 熟悉原则

规划硬件体系时,必须尽可能考虑开发者熟悉的处理器。对于一个陌生的处理器,其应用方案的关键点、难点可能难以把握,从而导致硬件设计考虑不周而出现失败。另外还要考虑后面的软件开发,开发者是否熟悉处理器的指令体系、异常管理等。总之要慎重选择陌生的处理器,降低开发风险和难度。

3. 成本原则

选择嵌入式处理器所考虑的成本不只包括处理器本身的成本。例如,设计一个基于以太网的嵌入式系统产品,既可以选择集成了以太网接口的嵌入式处理器,又可以选择没有以太网接口的嵌入式处理器,外接以太网控制器。进行成本比较时,前者的成本包括处理器的成本,后者的成本包括嵌入式处理器、以太网接口、增加电路板的面积成本。故应对两者进行比较,综合选择和决策。

4. 支持工具原则

仅有一个处理器,没有较好的软件开发工具的支持也是不行的,因此,选择合适的软件开发工具对系统的实现能起到较好的作用。

5. 整体原则

处理器仅仅是整个嵌入式系统的一部分,嵌入式系统还需要其他硬件部件的支持。因此在选择处理器时必须全盘考虑处理器和其他部件之间是否兼容,是否会约束或受限于其他部件的选择。此外,还要考虑将来的软件开发方面的约束。

2.3.3 嵌入式处理器的发展方向

1. 多核结构

多核处理器是指在一个处理器中集成两个或多个完整的计算引擎(内核)。多核处理器将多个完全功能的核心集成在同一个芯片内,整个芯片作为一个统一的结构对外提供服务、输出性能。首先,多核处理器可同时执行的线程数或任务数是单核处理器的数倍,这极大地提升了处理器的并行性能。其次,多个核集成在片内,极大地缩短了核间的互连线,核间通信延迟变低,提高了通信效率,数据传输带宽也得到提高。最后,多核结构简单,易于优化设计,扩展性强。这些优势最终推动了多核处理器的发展,并使多核处理器逐渐取代单核处理器成为主流。

2. 更低的功耗

未来的嵌入式微处理器功耗将越来越小,同时有多种工作方式可以灵活选择,以便最大限度地节能,包括等待、暂停、休眠、空闲、节电等工作方式。

3. 更先进的工艺和更小的封装

现在微处理器封装水平已大大提高,有越来越多的处理器采用了各种贴片封装形式,以满足便携式手持设备的需要。Microchip 公司推出了目前世界上体积最小的 6 引脚 PIC10F2XX 系列 MCU。为了适应各种应用需要、减少驱动电路,很多 MCU 输出能力都有了很大提高,Motorola MCU I/O 口灌电流可达 8 mA,而 Microchip MCU 的则为 20~25 mA。

4. 更宽的工作电压范围

扩大电源电压范围及在较低电压下仍然能工作是现在新推出微处理器的一个特点。目前一般 MCU 都可以在 3.3~5.5 V 范围内工作,有些产品则可以在 2.2~6 V 范围内工作。Motorola 针对长时间处在待机模式的装置所设计的超省电 HCS08 系列 MCU,已经把可最低工作电压降到 1.8 V。

2.3.4　主流的 32 位微处理器

1. ARM 微处理器

ARM 处理器当前有四个系列：经典处理器系列、Cortex-M 系列处理器、Cortex-A 系列处理器、Cortex-R 系列处理器。其中经典处理器系列包括 ARM7、ARM9、ARM9E、ARM10、ARM11 和 SecurCore 等较早期的产品，SecurCore 是专门为安全设备而设计的。ARM 内核的特点有功耗低、应用灵活、指令集可扩展、指令兼容性强、便于软件移植、支持双指令集、寻址方式灵活、大量使用寄存器、指令执行速度快、支持的操作系统种类多等。

2. PowerPC 微处理器

这里的 Power 是 Performance Optimized With Enhanced RISC 的缩写。Motorola (Freescale) 公司的 PowerPC 处理器在通信处理器市场上处于无可争议的领袖地位。PowerPC 属于 RISC 架构，处理器品种很多，既有通用处理器，又有嵌入式微处理器和内核。PowerPC 架构的特点是可伸缩性好，方便灵活，从高端的工作站、服务器到桌面计算机系统，从消费类电子产品到大型通信设备，其应用范围非常广泛。PowerPC 处理器实现性能增强的主要原因在于修改了指令处理设计，它比传统处理器的指令处理效率高得多。PowerPC 内核的主要特点有以下几方面。

（1）独特的分支处理单元可以让指令预取效率大大提高，即使指令流水线上出现跳转指令，也不会影响运算单元的运算效率。

（2）具有超标量（Superscale）设计：分支单元、浮点运算单元和定点运算单元，每个单元都有自己独立的指令集并可独立运行。

（3）可处理"字节非对齐"的数据存储。

（4）支持大、小端数据类型。

自从 1994 年第一个 PowerPC 处理器 PowerPC 601 问世以来，已经有几十种 PowerPC 独立微处理器与嵌入式微处理器投放市场，其主频范围为 32 MHz～1 GHz。典型的 PowerPC 微处理器有 405GP、MPC823e、MPC7457、MPC7447、8260（QUICC II）和 PowerQUICC 等。

IBM 公司开发的 PowerPC 405GP 嵌入式处理器的典型特性是专门应用于网络设备的，利用最高可达 133 MHz 外频的 64 位 CoreConnect 总线体系结构，提供具有创新意义的 CodePack 代码压缩能力。

Motorola 公司的 PowerPC MPC823e 是一个高度集成的片上系统，属于 Power PC QUICC 通信处理器产品家族的一个成员，包含嵌入式 PowerPC 内核、系统接口单元、通信处理单元和 LCD 控制器，配备大容量数据 Cache 和指令 Cache，具有双处理器结构，即通用 RISC 整数处理器和特殊 32 位标量 RISC 通信处理器。

3. MIPS 微处理器

MIPS 是 Microprocessor without Interlocked Pipeline Stages 的缩写，即无内部互锁流水级的微处理器，它是由 MIPS 公司开发的。MIPS 公司是一家设计制造高性能、高档次及嵌入式 32 位和 64 位处理器的厂商，在 RISC 处理器方面占据重要地位。

2000 年，MIPS 公司开发了高性能、低功耗的 32 位处理器内核 MIPS32 24KE 内核系列，包括 24KEc、24KEf、24KEc Pro 和 24KEf Pro 等。该内核系列采用高性能 24K 微架构，同时集成了 MIPS DSP 特定应用架构扩展(ASE)。目标市场包括机顶盒、DTV、DVD 刻录机、调制解调器、住宅网关和汽车远程信息处理等。

2007 年,MIPS 公司推出了 MIPS32 74K 内核产品,主频在 1 GHz 以上,采用 65 nm 制造工艺,内核面积为 1.7 mm²,在同类产品之中的性能/芯片面积比很高。它具有如下特点:拥有 CorExtendTM 功能,可供用户自定义指令;内核运行速度可达到 24K 内核的 1.5 倍到 1.6 倍;采用双流水线架构;提供加快 DSP 和媒体处理应用的增强型指令集 DSP ASE(第 2 版)。

2.4　ARM 处理器

2.4.1　ARM 的概念

ARM 即 Advanced RISC Machines 的缩写,既可以认为是一个公司的名字,也可以认为是对一类微处理器的通称,还可以认为是一种技术的名字。1985 年,第一个 ARM 原型在英国剑桥 Acorn 公司诞生,并由此于 1991 年成立了 Advanced RISC Machines Limited(后简称为 ARM Limited,ARM 公司)。此后 ARM 32 位嵌入式 RISC 处理器扩展到世界范围,占据了低功耗、低成本和高性能的嵌入式系统应用领域的领先地位,已遍及工业控制、消费类电子产品、通信系统、网络系统、无线系统等各类产品市场。ARM 处理器的 4 大特点是耗电少、功能强、采用 16 位/32 位双指令集和拥有众多合作伙伴。

ARM 处理器家族可以分为四大族系。

1. 经典处理器系列

经典处理器主要是指早期应用十分广泛的 ARM7、ARM9、ARM9E、ARM10、ARM11、SecureCore 等系列处理器。

2. Cortex-M 系列处理器

为单片机驱动的系统提供的低成本优化方案,应用于传统的微控制器市场、智能传感器、汽车周边部件等,主要包括 Cortex-M0、Cortex-M1、Cortex-M3、Cortex-M4、Cortex-M7 等。Cortex-M3 内核的结构如图 2-5 所示。

3. Cortex-A 系列处理器

针对开放式操作系统的高性能处理器,应用于智能手机、数字电视、智能本等高端运用,主要包括 Cortex-A5、Cortex-A7、Cortex-A8、Cortex-A9、Cortex-A15、Cortex-A53、Cortex-A57 等。

4. Cortex-R 系列处理器

针对实时系统,满足实时性的控制需求,应用于汽车制动系统、动力系统等,主要包括 Cortex-R4、Cortex-R5、Cortex-R7 等处理器。

下面介绍几种典型的 ARM 处理器特点。

(1) ARM7。32 位处理器,用于对价位和功耗敏感的消费应用。其基本特点是:功耗非常低,采用 3 级流水线、冯·诺依曼结构,运行速度为 0.9 MIPS/MHz。

(2) ARM9。ARM9 系列微处理器包含 ARM9TDMI、ARM920T 和 ARM940T 等几种类

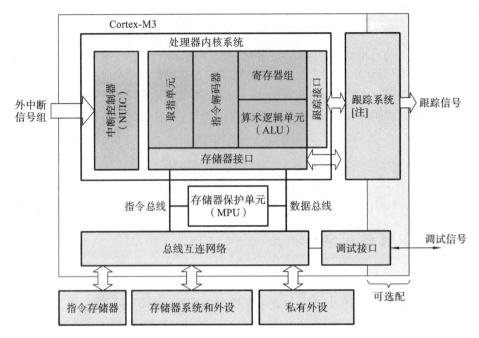

图 2-5　Cortex-M3 内核结构

型,采用指令与数据分离的哈佛结构,共有 5 级流水线,处理能力高达 1.1 MIPS/MHz,具有全性能的内存管理单元(MMU)。

(3) ARM9E。ARM9E 系列微处理器提供了增强的 DSP 处理能力,很适合于需要同时使用 DSP 和微控制器的应用场合。ARM9E 系列微处理器的主要特点有:支持 DSP 指令集,适合于需要高速数字信号处理的场合;采用 5 级流水线;支持 32 位 ARM 指令集和 16 位 Thumb 指令集;支持 VFP9 浮点处理协处理器;具有全性能的 MMU;支持数据 Cache 和指令 Cache,具有更高的指令和数据处理能力;工作在主频下最高可达 300 MIPS。

(4) SecureCore。SecureCore 系列微处理器专为安全需要而设计,提供了完善的 32 位 RISC 技术的安全解决方案。在系统安全方面具有如下特点:带有灵活的保护单元,以确保操作系统和应用数据的安全;采用软内核技术,防止外部对其进行扫描探测;可集成用户自己的安全特性和其他协处理器。SecureCore 系列微处理器主要应用于一些安全性要求较高的应用产品及应用系统,如电子商务、电子政务、电子银行业务、网络和认证系统等领域。

(5) Cortex-M3。Cortex-M3 是一个 32 位处理器内核。内部的数据路径是 32 位的,寄存器是 32 位的,存储器接口也是 32 位的。Cortex-M3 采用哈佛结构,拥有独立的指令总线和数据总线,可以让取指与数据访问并行。这样一来数据访问不再占用指令总线,从而提升了性能。Cortex-M3 采用适合于微控制器应用的三级流水线,但增加了分支预测功能。

(6) Cortex-A53。Cortex-A53 处理器标志着 ARM 进一步扩大在高性能与低功耗领域的领先地位。ARM Cortex-A53 是一个超标量处理器,不仅是功耗效率最高的 ARM 应用处理器,也是全球最小的 64 位处理器。该处理器系列能够针对智能手机、高性能服务器等各类不同市场需求提供支持。Cortex-A53 提供十分优异的移动计算体验,可提供数 GHz 级别的性能。主要的特点包括:具有双向超标量、有序执行流水线的 8 级流水线处理器、每个核心都支持使用 DSP 和 NEON SIMD 扩展、板载 VFPv4 浮点单元(每个核心)、硬件虚拟化支持、TrustZone 安全扩展 64B 缓存行、10 项 L1 TLB 和 512 项 L2 TLB、4 KB 条件分支预测器、256

项间接分支预测器。图 2-6 所示为 Cortex-A53 的内部结构。

2.4.2　ARM 处理器编程模型

1. 处理器的两种状态

ARM 微处理器的工作状态一般有两种:第一种为 ARM 状态,此时处理器执行 32 位的字对齐 ARM 指令;第二种为 Thumb 状态,此时处理器执行 16 位、半字对齐的 Thumb 指令。之所以在基于 ARM 处理器中引入 16 位的 Thumb 指令体系,是

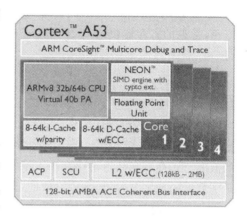

图 2-6　Cortex-A53 内部结构

为了增强系统的灵活性及提高系统的整体性能。在程序的执行过程中,微处理器可以随时在两种工作状态之间切换,并且,处理器工作状态的转变并不影响处理器的工作模式和相应寄存器中的内容。ARM 微处理器在开始执行代码时,应该处于 ARM 状态。

2. 处理器模式

ARM 微处理器支持 7 种运行模式,如表 2-1 所示。在不同模式下,程序能够使用的指令和访问的资源不同,并以此来实现按权限分级运行系统。

表 2-1　ARM 微处理器的 7 种运行模式

序号	模式名称	说明
1	用户模式(usr)	ARM 处理器正常的程序执行状态
2	快速中断模式(fiq)	用于高速数据传输或通道处理
3	外部中断模式(irq)	用于通用的中断处理
4	管理模式(svc)	操作系统使用的保护模式
5	数据访问终止模式(abt)	当数据或指令预取终止时进入该模式,可用于虚拟存储及存储保护
6	系统模式(sys)	运行具有特权的操作系统任务
7	未定义指令中止模式(und)	当未定义的指令执行时进入该模式,可用于支持硬件协处理器的软件仿真

ARM 微处理器的运行模式可以通过软件改变,也可以通过外部中断或异常处理改变。大多数的应用程序运行在用户模式下,当处理器运行在用户模式下时,某些被保护的系统资源是不能被访问的。

除用户模式以外,其余的 6 种模式称为非用户模式或特权模式。非用户模式中除去系统模式以外的 5 种模式又称为异常模式,常用于处理中断或异常,以及需要访问受保护的系统资源等情况。

3. ARM 寄存器

ARM 处理器共有 37 个 32 位寄存器,其中包括 31 个通用寄存器(含包括程序计数器 PC)和 6 个状态寄存器。

ARM 处理器共有 7 种不同的运行模式,每一种模式中都有一组相应的寄存器组。在任何时刻,常见的寄存器包括 15 个通用寄存器(R0~R14),1 个或 2 个状态寄存器及程序计数器(PC)。在所有的寄存器中,有些寄存器在各模式下共用一个物理寄存器,还有一些寄存器在各模式下拥有自己独立的物理寄存器。

4. ARM 存储模式

ARM 体系结构可以用两种格式存储字数据,一种格式称为大端格式(Big Endian),另一种格式称为小端格式(Little Endian)。大端格式中,字数据的高字节存储在低地址中,而字数据的低字节则存放在高地址中。小端格式与大端格式相反,在小端存储格式中,低地址中存放的是字数据的低字节,高地址中存放的是字数据的高字节。

5. 异常处理

在一个正常的程序流程执行过程中,由内部或外部源产生的一个事件使正常的程序产生暂时的停止,称之为异常。ARM 支持 7 种类型的异常,异常类型、异常进入的模式和优先级如表 2-2 所示。异常出现后,强制从该异常类型对应的固定地址处开始执行程序。这些固定的地址称为异常向量(Exception Vectors)。

表 2-2 ARM 支持的异常类型

异常类型	异常	进入模式	地址(异常向量)	优先级
复位	复位	管理模式	0x0000,0000	1(最高)
未定义指令	未定义指令	未定义模式	0x0000,0004	6(最低)
软件中断	软件中断	管理模式	0x0000,0008	6(最低)
指令预取中止	中止(预取指令)	中止模式	0x0000,000C	5
数据中止	中止(数据)	中止模式	0x0000,0010	2
IRQ(外部中断请求)	IRQ	IRQ	0x0000,0018	4
FIQ(快速中断请求)	FIQ	FIQ	0x0000,001C	3

2.4.3 ARM 基本指令

1. 指令格式

其基本格式为

<opcode>{<cond>} {S} <Rd>,<Rn>{,<opcode2>}

其中,<>内的项是必须的,{ }内的项是可选的。如<opcode>是指令助记符,是必须的,而{<cond>}为指令执行条件,是可选的。如果不写,则使用默认条件 AL(无条件执行)。

opcode:指令助记符,如 LDR、STR 等。

cond:执行条件,如 EQ、NE 等。

S:指定是否影响 CPSR 寄存器的值,有 S 时表示影响 CPSR,否则表示不影响。

Rd:目标寄存器。

Rn:第一个操作数的寄存器。

operand2:第二个操作数。

指令格式举例如下：

LDR R0,[R1];读取 R1 地址上的存储器单元内容,执行条件 AL

BEQ DATAEVEN;跳转指令,执行条件相等就跳转到 DATAEVEN

ADDS R1,R1,# 1;加法指令,R1+1=R1。由于带有 S,所以会影响 CPSR 寄存器

2. 指令条件执行

使用指令条件码,可实现高效的逻辑操作,提高代码效率。指令条件码助记符如表 2-3
所示。

表 2-3　指令条件码助记符

条件码助记符	标志	含义
EQ	Z=1	相等
NE	Z=0	不相等
CS/HS	C=1	无符号数大于或等于
CC/LO	C=0	无符号数小于
MI	N=1	负数
PL	N=0	正数或零
VS	V=1	溢出
VC	V=0	没有溢出
HI	C=1,Z=0	无符号数大于
LS	C=0,Z=1	无符号数小于或等于
GE	M=V	带符号数大于或等于
LT	N! =V	带符号数小于
GT	Z=0,N=V	带符号数大于
LE	Z=1,N! =V	带符号数小于或等于
AL	任何	无条件执行(指令默认条件)

Thumb 指令集(ARM 指令体系子集,特别适合 16 位存储体系)中只有 B 指令具有条件
码执行功能,此指令条件码同表 2-3 所示,但如果为无条件执行,则条件码助记符"AL"不能写
在指令中。

条件码应用举例如下。比较两个值大小,并进行相应加 1 处理,C 语言代码为：

```
if(a>b)
    a++;
else
    b++;
```

对应的 ARM 指令如下(其中 R0 为 a,R1 为 b)。

```
CMP R0,R1;R0 与 R1 比较
ADDHI R0,R0,#1;若 R0>R1,则 R0=R0+1
ADDLS R1,R1,#1;若 R0<=R1,则 R1=R1+1
```

3. 基本 ARM 指令

ARM 处理器是基于 RISC 原理设计的,指令集和相关译码机制较为简单。ARM 具有 32 位 ARM 指令集和 16 位 Thumb 指令集,ARM 指令集效率高,但是代码密度低;而 Thumb 指令集具有更好的代码密度,且仍然保持 ARM 的大多数性能上的优势,是 ARM 指令集的子集。所有 ARM 指令都具备条件执行功能,而 Thumb 指令集中仅有一条指令具备条件执行功能。ARM 程序和 Thumb 程序可相互调用,相互之间的状态切换开销几乎为零。

1) ARM 存储器访问指令

(1) LDR 和 STR:加载/存储字和无符号字节指令。LDR 指令用于从内存中读取数据放入寄存器中,STR 指令用于将寄存器中的数据保存到内存。

(2) LDM 和 STM:批量加载/存储指令,实现在一组寄存器和一块连续的内存单元之间传输数据。LDM 指令用于加载多个寄存器,STM 指令用于存储多个寄存器。允许一条指令传送 16 个寄存器的任何子集或所有寄存器的数据。

2) ARM 数据处理指令

数据处理指令大致可分为三类,即数据传送指令(如 MOV、MVN)、算术逻辑运算指令(如 ADD、SUM、AND)和比较指令(如 CMP、TST)。数据处理指令只能对寄存器的内容进行操作。所有 ARM 数据处理指令均可选择使用 S 后缀,以影响状态标志。

3) ARM 跳转指令

在 ARM 中有两种方式可以实现程序的跳转,一种是使用跳转指令直接跳转,另一种则是直接向 PC 寄存器赋值实现跳转。跳转指令有跳转指令 B、带链接的跳转指令 BL、带状态切换的跳转指令 BX。表 2-4 列举了 ARM 跳转指令。

表 2-4 ARM 跳转指令

助记符	说明	操作	条件码位置
B label	跳转指令	Pc←label	B{cond}
BL label	带链接的跳转指令	LR←PC-4,PC←label	BL{cond}
BX Rm	带状态切换的跳转指令	PC←label,切换处理状态	BX{cond}

4) ARM 杂项指令

(1) SWI:软中断指令,用于产生软中断,从而实现从用户模式变换到管理模式,执行转移到 SWI 向量。指令格式如下:

```
SWI{cond}immed_24
SWI 0;软中断,中断立即数为 0
SWI 0x123456;软中断,中断立即数为 0x123456
```

(2) MRS:读状态寄存器指令。在 ARM 处理器中,只有 MRS 指令可以把状态寄存器 CPSR 或 SPSR 读出到通用寄存器中。

(3) MSR:写状态寄存器指令。在 ARM 处理器中,只有 MSR 指令可以直接设置状态寄存器 CPSR 或 SPSR。

ARM 处理器除了支持 32 位的 ARN 指令外,还支持 16 位的 Thumb 指令集。Thumb 指令可以看做是 ARM 指令压缩形式的子集。在编写 Thumb 指令时,先要使用伪指令 CODE16 声明,而且在 ARM 指令中要使用 BX 指令跳转到 Thumb 指令,以切换处理器状态。编写 ARM 指令时,可使用伪指令 CODE32 声明。

2.4.4 ARM 程序设计

1. ARM 程序结构

在 ARM(Thumb)汇编语言程序中,以程序段为单位组织代码。段是相对独立的指令或数据序列,具有特定的名称。段可以分为代码段和数据段,代码段的内容为执行代码,数据段存放代码运行时需要用到的数据。一个汇编程序至少应该有一个代码段,当程序较长时,可以分割为多个代码段和数据段,多个段在程序编译链接时最终形成一个可执行的映像文件。可执行映像文件通常由以下几部分构成。

(1) 一个或多个代码段,代码段的属性为只读。

(2) 零个或多个包含初始化数据的数据段,数据段的属性为可读/写。

(3) 零个或多个不包含初始化数据的数据段,数据段的属性为可读/写。

链接器根据系统默认或用户设定的规则,将各个段安排在存储器中的相应位置。因此,源程序中段之间的相对位置与可执行的映象文件中段的相对位置一般不会相同。下面使用汇编语言编写的一个简单程序(部分),以揭示 ARM 程序的基本结构。

```
AREA    EXAMPLE,CODE,READONLY
ENTRY
start
MOV r0,#10
MOV r1,#3
ADD r0,r0,r1
END
```

本程序的程序体部分实现了一个简单的加法运算。在汇编程序中,用 AREA 伪指令定义一个段,并说明所定义段的相关属性。本例定义一个名为 EXAMPLE 的代码段,属性为只读。ENTRY 伪指令标识程序的入口点,接下来为指令序列,程序的末尾为 END 伪指令,该伪指令告诉编译器:源文件结束。每一个汇编程序段都必须有一条 END 伪指令,指示代码段的结束。

2. ARM 程序开发环境

典型的 ARM 编译开发环境有多种。

一是 ADS/SDT 的 IDE 开发环境,由 ARM 公司开发,使用了 CodeWarrior 公司的编译器;二是集成了 GNU 开发工具的 IDE 开发环境,由 GNU 的汇编器 as、交叉编译器 gcc 和链接器 ld 等组成。其中,ADS 使用的范围更为广泛。

1) ARM SDT

ARM SDT 的英文全称是 ARM Software Development Kit。ARM 公司为方便用户在 ARM 芯片上进行应用软件开发而推出的一整套集成开发工具。ARM SDT 经过 ARM 公司逐年的维护和更新,目前的最新版本是 2.5.2,但从版本 2.5.1 开始,ARM 公司宣布推出一套新的集成开发工具 ARM ADS 1.0,取 ARM SDT 而代之,今后将不会再看到 ARM SDT 的新版本。

2) ADS

ADS 是 ARM 公司的集成开发环境软件,功能非常强大,其前身是 SDT(SDT 早已经不再升级)。ADS 包括四个模块,分别是模拟仿真器(Simulator)、C 编译器、实时调试器和应用函

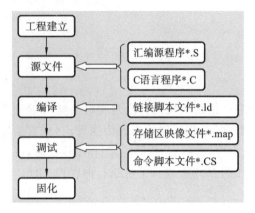

图 2-7 基于 ADS 的 ARM 程序开发步骤

数库。ADS 的 C 编译器、实时调试器较 SDT 的有了非常大的改观，ADS 1.2 提供完整的 Windows 界面开发环境。C 编译器的效率极高，支持 C 及 C++，使工程师可以很方便地使用 C 语言进行开发。ADS 提供软件模拟仿真功能，使没有实时仿真器的学习者也能够熟悉 ARM 的指令系统。基于 ADS 的 ARM 程序开发步骤如图 2-7 所示。

3) RealView Developer Suite

RealView Developer Suite 工具是 ARM 公司推出的新一代 ARM 集成开发工具，支持所有 ARM 系列核，并与众多第三方实时操作系统及工具商合作简化开发流程。开发工具包含以下组件：完全优化的 ISO C/C++编译器、C++标准模板库、强大的宏编译器、支持代码和数据复杂存储器布局的连接器、可选 GUI 调试器、基于命令行的符号调试器(armsd)、指令集仿真器、生成无格式二进制工具、库创建工具等。

4) RealView MDK

RealView MDK 开发工具源自德国 Keil 公司，是 ARM 公司目前最新推出的针对各种嵌入式处理器的软件开发工具。RealView MDK 集成了业内最领先的技术，包括 μVision3 集成开发环境与 RealView 编译器。支持自动配置启动代码，集成 Flash 烧写模块，具有强大的 Simulation 设备模拟、性能分析等功能。与 ARM 之前的工具包 ADS 等相比，RealView 编译器的最新版本可将性能改善超过 20%。RealView MDK 的 RealView 编译器与 ADS 1.2 相比较，它的代码密度比 ADS 1.2 编译的小 10%；

5) IAR EWARM

Embedded Workbench for ARM 是 IAR Systems 公司为 ARM 微处理器开发的一个集成开发环境。IAR EWARM 具有入门容易、使用方便和代码紧凑等特点。EWARM 包含一个全软件的模拟程序(simulator)。用户不需要任何硬件支持就可以模拟各种 ARM 内核、外部设备甚至中断的软件运行环境，从中可以了解和评估 IAR EWARM 的功能和使用方法。IAR EWARM 的主要特点如下：高度优化的 IAR ARM C/C++Compiler、IAR ARM Assembler、一个通用的 IAR XLINK Linker、IAR XAR 和 XLIB 建库程序和 IAR DLIB C/C++运行库、功能强大的编辑器、项目管理器、命令行实用程序 IAR C-SPY 调试器(支持高级语言调试)。

6) KEIL ARM-MDKARM

KEIL ARM-MDKARM 内置的 Keil μVision 调试器可以帮助用户准确地调试 ARM 器件的片内外围功能(I^2C、CAN、UART、SPI、中断、I/O 口、A/D 转换器、D/A 转换器和 PWM 模块等功能)。ULINK USB-JTAG 转换器将 PC 机的 USB 端口与用户的目标硬件相连(通过 JTAG)，使用户可在目标硬件上调试代码。通过使用 Keil μVision IDE/调试器和 ULINK USB-JTAG 转换器，用户可以很方便地编辑、下载和在实际的目标硬件上测试嵌入的程序。

2.4.5 S3C2440 处理器

S3C2440 是三星公司基于 ARM920T 开发的低功耗芯片，其功能框图如图 2-8 所示。

S3C2440 属于 16/32 位 RISC 体系,具有 MMU、指令缓冲器(I Cache)和数据缓冲器(D Cache)。内核工作电压低至 1.8 V,存储器和 I/O 口电压为 3.3 V。工作频率最高可达 266 MHz,封装形式为 272FBGA。S3C2440 芯片具有极高的性价比,为手持设备和通用嵌入式应用提供片上系统解决方案。

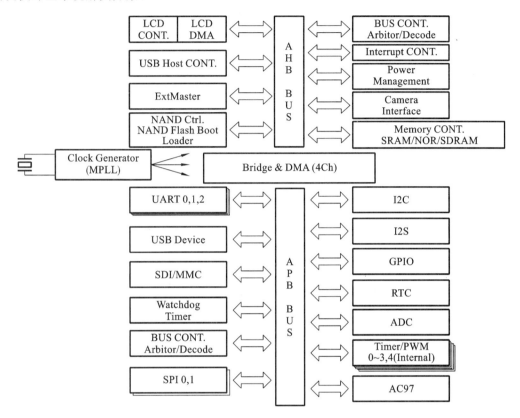

图 2-8 S3C2440X 功能框图

为了节省开发成本和时间,S3C2440X 在 ARM920T 内核基础上进行了充分的外围扩展,具有优异的内部特性和丰富的外部资源。

(1) 支持大/小端格式;寻址空间达到 128 MB/Bank(总共 1 GB);具有 8 个存储器 Bank,其中,6 个适用于 ROM、SRAM,2 个适用于 ROM/SRAM 和同步 DRAM。

(2) 支持掉电时的 SDRAM 自刷新模式,以及各种型号的 ROM 引导。

(3) 具有优异的时钟和电源管理功能,具有片上 MPLL 和 UPLL,MPLL 最大产生 266 MHz 的时钟,能通过软件为每个功能模块提供时钟,电源管理具有正常、慢速、空闲和掉电等模式。

(4) 中断控制器支持 55 个中断源,可编程边沿/电平触发极性,为紧急中断请求提供快速中断服务。

(5) 具有 4 通道 16 位 PWM 定时器、1 通道 16 位内部定时器;RTC(实时时钟);通用 I/O 口;3 通道 UART,支持 IrDA;DMA 控制器;4 通道 DMA 控制器;A/D 转换和触摸屏接口;LCD 控制器;看门狗定时器;I^2C 总线接口;I^2S 总线接口;2 个 USB 主设备接口;1 个 USB 从设备接口;SD 主机接口;SPI 接口。

2.4.6　STM32F103ZET6 处理器

STM32F103ZET6 是 ARM 公司的合作伙伴意法半导体(ST)公司生产的 STM32F 系列芯片产品中的 32 位 ARM 微控制器,属于 Cortx-M3 内核。STM32 系列芯片保持集成度高和易于开发的特点,并且将高性能、高时效、数字信号处理、低耗能与低电压、极低的开发成本和超多的外设等优点合为一体。STM32F103ZET6 为用户提供了一个全新的开发自由度。

STM32F103ZET6 芯片的主要参数如下。

(1) 最高工作频率可以达到 72 MHz,1.25DMIPS/MHz,工作时会使用单周期乘法和硬件除法来保证在某些除法密集型应用中的高效性;

(2) 集成了 512KB 的 Flash 存储器和 64KB 的 SRAM 存储器,有利于进行小规模的测试,也能提高芯片运行速率;

(3) 调试模式支持串行调试(SWD)和 JTAG 接口调试;

(4) 电源供电电压为 2.0~3.6V,I/O 接口的驱动电压也是如此;

(5) 有休眠、停止、待机三种不同的低功耗模式;

(6) 具有定时器、UART、DAC 和 ADC 等外设,且数量有多个;

(7) 支持多达 13 个通信接口。

2.4.7　S5P6818 处理器

S5P6818 处理器是 ARM Cortex-A53 架构。该处理器是三星公司生产的 8 核 64 位处理器,内置了硬件加速器,包含了显示处理、2D/3D 高性能图形以及视频处理加速,可以提高软件运行效率,支持多种格式的视频解码,具有强大的视频处理能力,稳定运行可达 1.4GHz 以上。

S5P6818 处理器采用了精简指令集,可以大大提高并行处理数据的能力,一次处理的数据宽度为 6.4GB/s,在应对需要大量存取数据的情况下,具有速度快的优点;对于 3D 图形的渲染和处理上相比前一代处理器效果提升明显;可为全高清视频的编解码提供硬件加速支持,提高视频播放的流畅度,减少卡顿现象;支持多种常用的硬件设备接口,如嵌入式多媒体控制器、USB3.0;对于外接显示设备也提供了 LCD、HDMI 等丰富的接口,可以满足能够同时在两个屏幕上显示不同内容的需求,对于高清视频的显示,接口也能很好地满足;应用范围较为广泛,主要包括车载导航和音视频系统、大型显示屏、人机交互界面、网络电话、IP 电视、移动式医用器材、平板电脑等。

2.5　DSP 处理器

2.5.1　DSP 概述

自从 20 世纪 70 年代末第一片数字信号处理器(Digital Signal Processor,DSP)问世以来,DSP 就以数字器件特有的稳定性、可重复性、可大规模集成,特别是可编程性高和易于实现自适应处理等特点,给数字信号处理的发展带来了机遇,并使信号处理手段更灵活、功能更复杂,其应用领域也拓展到国民经济的各个方面。近年来,随着半导体制造工艺的发展和计算机体系结构等方面的改进,DSP 芯片的功能越来越强大,信号处理系统的研究重点回到软件算法上来,而不再过多地考虑硬件的可实现性。随着 DSP 运算能力的不断提高,能够实时处理的信号带宽也大大增加,数字信号处理的研究重点也由最初的非实时应用转向高速实时应用。

与通用处理器相比,DSP 是专门为针对数字信号处理而设计的。以美国 TI 公司产品为代表的 DSP 第一次在 DSP 芯片中采用了与通用计算机不同的哈佛结构,它在片内至少有四套总线:程序地址总线、程序数据总线、数据的地址总线和数据的数据总线。这种分离的程序和数据总线,可允许同时获得来自程序存储器的指令字和来自数据存储器的操作数而互不干扰,这样使得其可以同时对数据和程序进行寻址。

由于开发工具的问题,最初的 DSP 开发比较困难,要设计并实现一个 DSP 是一项专业性很强的工作。美国 TI 公司给 DSP 引入了许多通用处理器的特点,并为其产品开发了汇编语言和 C 语言代码产生工具,以及各种软硬件调试工具,使得 DSP 开发的难度大大降低。目前 DSP 已经在控制、通信、图像处理等各个方面都有了长足的发展。目前主流的 DSP 生产厂家有 TI 公司、ADI 公司、朗讯公司和摩托罗拉公司,产品线覆盖了从低端的 8 位定点运算到高端的 32 位定点和浮点运算。

近年来,DSP 不断推陈出新,其硬件结构也有了很大的改良和提高。DSP 体系结构的革新在很大程度上受到使用需求的影响,其指令集的设计是面向存储器和数字信号处理算法来执行性能优化的。当前高性能 DSP 结构的主要特点就是采用了各种并行处理技能,它可由两种途径实现:一种途径是通过基于 VLIW、类 RISC 指令集等技能来添加单时钟周期并发的指令数;另一种途径是通过 SIMD 增大总线字长或添加指令字的长度等技能来添加单指令周期并行执行的处理单元个数。TI 公司的 TMS320C6X 系列 DSP 就是采用了 VLIW 的体系结构。在 VLIW 处理器的硬件上,各功能单元共用大型寄存器堆,由功能单元同时执行的各种操作由 VLIW 的长指令来同步,它把长指令中不同字段的操作码分送给不同的功能单元。

SIMD 处理器把输入的长数据先分解为多个较短的数据,然后由单指令并行地操作。它在目前一些高性能的 DSP 中得到了应用,如 AD 公司的 ADSP21160 系列 DSP。SIMD 结构只有在处理并行算法时才是高效的。

2.5.2　DSP 开发环境

搭建 DSP 嵌入式开发环境是进行 DSP 开发的基础,它提供了 DSP 硬件调试和软件系统开发的环境。一般而言,开发环境的构建都和具体的 DSP 型号有关,一般尽可能采用 DSP 厂商提供的专门开发工具来构建。本节以 TI 公司的 DSP 为例来进行介绍。TI 公司专门为其 DSP 系列处理器开发了一个称为 CCS 的集成开发环境,使 CCS 可以工作在 Windows 操作系统下。

CCS 全称为 Code Composer Studio,是 TI 公司推出的为开发 TMS320 系列 DSP 软件而设计的图形界面集成开发环境。CCS 的主工作界面如图 2-9 所示。

CCS 工作在 Windows 操作系统下,类似于 VC++,把 TI 公司提供的各种代码产生工具,如汇编器、链接器、C/C++编译器、建库工具等集成在一个统一的开发平台中。CCS 提供的代码调试器具有 C 或 C++代码的源码级调试能力,能对 TMS320 系列 DSP 进行指令级的仿真和可视化的实时数据分析,功能非常强大。同时,CCS 还提供了丰富的输入和输出库函

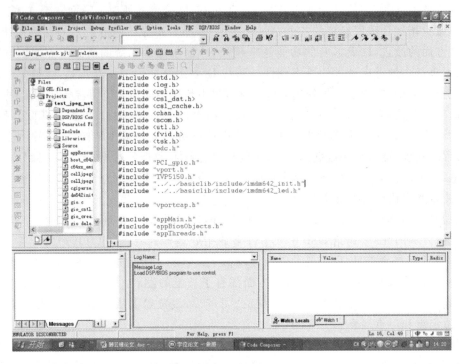

图 2-9　CCS 主工作界面

数,极大地方便了 TMS320 系列 DSP 软件的开发。

安装 CCS 的同时,一般需要安装 TI 公司提供的相应驱动和框架支持包,以及仿真器的驱动文件,方便应用程序的开发。例如,DDK(Driver Development Kit)是 TI 公司提供的驱动开发包,为 DSP 上的大部分外设的开发提供了基本的代码和测试程序,方便进行驱动程序的开发;FlashBurn 是 CCS 的一个插件,能够通过仿真器对 Flash 进行烧写;NDK(Network Development Kit)是 TI 公司提供的网络开发包,以库文件的形式方便用户进行基于 TCP/IP 的网络程序的开发。Reference Frameworks 是 TI 公司提供的软件参考设计集合,方便用户进行应用软件的开发。

2.5.3　简单的 DSP 程序

初学者编写的第一个程序通常用于控制 XF 引脚的变化,用示波器测量 XF 引脚波形或观察与之相接的 LED。这个程序也常用来测量 DSP 能否正常工作。下面的程序循环对 XF 引脚进行置 1 和清 0 操作,用示波器可以在 XF 引脚处检测电平高低的周期性变化。

```
.mmregs              ;预定义的寄存器
.def CodeStart       ;定义程序入口标记
.text                ;程序区
CodeStart:           ;程序入口
SSBX XF              ;XF 置 1
RPT #999             ;重复执行 1000 次空指令产生延时
NOP
```

```
RSBX XF                ;XF 清 0
RPT ＃999              ;重复执行 1000 次空指令产生延时
NOP
B CodeStart            ;跳转到程序开头循环执行
.end
```

NOP 指令执行时间为一个时钟周期。设 DSP 工作频率是 50 MHz,可以估算出 XF 引脚电平的变化频率约为:50 MHz/2 000＝25 kHz。在没有示波器的情况下,就要将程序稍作改进,增加延时,用一个延时子程序将 XF 引脚电平变化频率降到肉眼可分辨的程度,用 LED 来显示电平的变化。

每一行代码可分为三个区,即标号区、指令区和注释区。标号区必须顶格写,主要是定义变量、常量、程序标签时的名称。指令区位于标号区之后,以空格或 TAB 隔开。如果没有标号,也必须在指令前面加上空格或 TAB,不能顶格。注释区在标号区、程序区之后,以分号开始。注释区前面可以没有标号区或程序区。

一个完整的 DSP 程序至少包含三个部分,即程序代码、中断向量表和链接配置文件(∗.cmd)。连接配置文件确定程序链接成最终可执行代码时的选项,其中有很多条目,实现不同方面的选项,其中最常用且必须用的有两个:一是存储器的分配,二是标明程序入口。上面的程序可以编写成如下的连接配置文件:

```
-e CodeStart     /∗程序入口,必须在程序中定义相应的标号∗/
MEMORY {
  page 0:
  PRAM: org=0100h len=0F00h /∗定义程序存贮区,起始 0100H,长度 0F00H∗/
}
SECTIONS{
  .text:>PRAM page 0 /∗将.text 段映射到 page0 的 param 区∗/
}
```

2.5.4　TMS320DM642

TMS320DM642 是 TI 公司推出的基于 TMS320C6000 DSP 平台的高性能定点 DSP 芯片,是目前业界性能较高的媒体处理器,它在 C64x 的基础上增加了很多外围设备和接口,非常适用于音、视频的实时处理,该芯片的结构如图 2-10 所示,具有如下特点。

(1) 具有 500/600/720 MHz 三种时钟频率,最大处理能力分别为 4 000/4 800/5 760 MIPS,一个周期能够执行 8 条 32 位指令;具有先进的超长指令字结构(VLIW);采用二级缓存结构,一级缓存为 32 KB,二级缓存为 256 KB。

(2) 具有 64 位外接存储器接口(EMIFA),提供与 SRAM、EPROM、SDRAM、FLASH 等存储器的无缝接口,集成了三个可配置的音、视频端口(VP0～VP2),提供 10/100 Mb/s 的以太网 MAC 复用接口、I^2C 总线、两个多通道缓冲串口(MsBSP)、多通道音频串口(McASP)、可编程的 16 位或 32 位主机接口(HPI16/HPI32)、66 MHz 32 位的外围部件互连接口(PCI)、16 个通用输入/输出 GPIO 引脚。

(3) 支持多种复位加载模式(BOOT)。

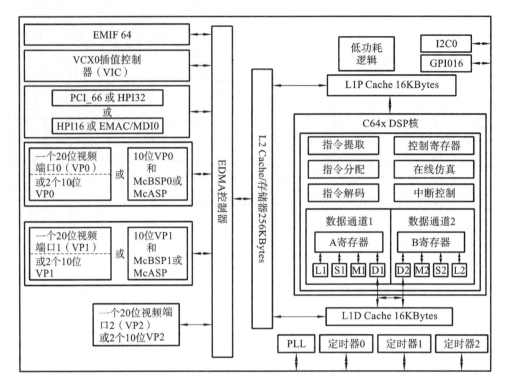

图 2-10　TMS320DM642 的芯片结构

（4）内置灵活的 PLL 锁相时钟电路。

TI 公司提供了广泛的设计、软件和系统支持，从开发到投入使用的时间得以缩短，也使设计者能更容易开发出满足多媒体应用的设备。

2.5.5　TMS320DM6467

TMS320DM6467 处理器属于 DaVinci 系列，是典型的双核 CPU，内部集成了 C64＋系列 DSP 和 ARM 的 ARM926 处理器，双核配置使得图像处理和系统控制性能得到了很大提升。

DaVinci 技术是 TI 公司专门针对数字多媒体的信息处理而开发的技术，DaVinci 技术将 DSP 与 ARM 芯片的解决方案集合到一起，为数字多媒体信息处理的设计方案提供了非常有效的设计思路，不仅能简化设计的复杂性还能使设计更具有灵活性和创新型。DaVinci 技术平台及其产品依托 TI 先进的多媒体信息处理技术和软件支持，在多媒体处理及视频应用方面得到了广泛的使用。TMS320DM6467 芯片是高度集成的片上系统（SoC），内部框图如图 2-11 所示，集成了数字视频所需的几乎全部组件：配置了专门的视频处理单元；在数据传输方面，支持 10/100 M 网以及 1000 M 全双工网口，支持 USB 接口、VPIF 接口以及异步收发器 I^2C 等接口；存储方面支持 DDR2 的外部存储。配合 TI 丰富的音视频算法，可以实现全方位的音、视频开发需求；支持 Linux 操作系统、Win CE 和 BIOS（板级输入输出系统）。DaVinci 系列芯片还集成了 HDVICP0 和 HDVICP1 两个高清视频、图像协处理器，不仅视频图像处理性能十分强劲，还给开发者提供了丰富的片上外设资源。C64＋DSP 峰值运算能力高达 4752 MIPS。

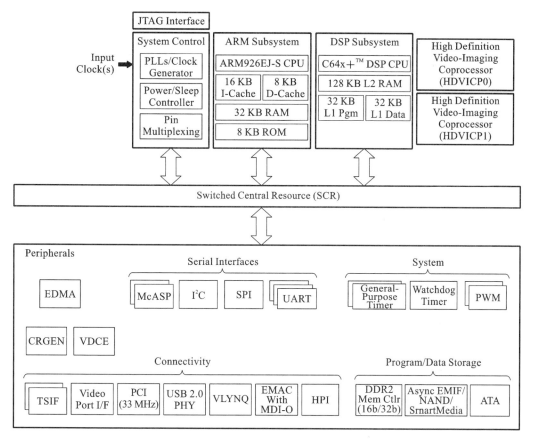

图 2-11 TMS320DM6467 处理器内部框图

习 题

1. 试述嵌入式处理器的特点。

2. 试述冯·诺依曼结构和哈佛结构两种 CPU 的特点，以及它们各自适应的场合。

3. 试述 CISC 指令体系和 RISC 指令体系各自的特点。

4. 何为指令流水线？指令流水线是如何提高 CPU 执行速度的？流水线是否越长越好？

5. 试述嵌入式处理器的典型类型和它们的特点。

6. 选择嵌入式处理器时主要考虑的技术指标有哪些？

7. 试述嵌入式微处理器的发展趋势。

8. 列举 5 种主流 32 位嵌入式微处理器和它们的主要特点。

9. 试述 ARM 处理器的 ARM 和 Thumb 两种工作状态的特点。

10. 试述 ARM 处理器 7 种工作模式的特点。

11. 试述 ARM 处理器的异常处理机制。

12. 试述 ARM 处理器的初始化过程。

13. 试述 TI DSP 处理器的特点和典型开发环境。

15. 以一个简单 DSP 程序说明 DSP 程序的基本结构和编程特点。

第3章　嵌入式存储器

存储器是计算机系统中存储数据和指令的记忆部件,本章主要介绍存储器相关概念、随机存储器 RAM、只读存储器 ROM、Flash 存储器、典型存储芯片和应用。

3.1　存储器概念

3.1.1　存储器的结构

半导体存储芯片是采用超大规模集成电路制造工艺,在一个芯片内集成了具有记忆功能的存储矩阵、地址锁存和译码、读/写控制、输出缓冲等的电路模块,其结构如图 3-1 所示。存储矩阵由若干个存储单元构成(每个存储单元可存放一个字节),每个存储单元都有一个编号(即地址),一般用十六进制表示。地址译码电路用于 CPU 访问内存时寻找存储单元,地址译码器的输入信号来自 CPU 的地址总线 A0～A(n-1)(n 位地址)。地址译码器把 n 位二进制代码表示的地址转换成输出端的高电平,用来驱动相应的驱动电路,以便选中所需的存储单元进行操作。读/写控制电路与地址译码驱动电路相配合,负责完成信息的写入和读取操作。

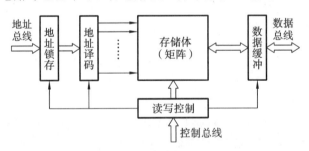

图 3-1　存储芯片的结构

3.1.2　存储器的分类

随着计算机系统结构和存储技术的发展,存储器的种类日益繁多。存储器的分类方法有很多种,可根据不同特征对存储器进行分类。

1. 按与 CPU 的连接关系分类

1) 主存储器(内存)

主存储器用来存放计算机运行期间所需要的程序和数据,CPU 可直接随机地对它进行读/写访问,存取速度较快。由于 CPU 要频繁地访问主存储器,所以主存储器的性能在很大程度上决定了整个计算机系统的性能。

2) 辅助存储器(外存)

辅助存储器一般设在主机外部,又称外存或辅存。辅助存储器用于存放当前暂不参加运行的程序和数据,需要时再调入内存供 CPU 使用。其特点是容量极大,属于海量存储器。辅助存储器的典型特点是价格便宜、容量大,可以脱机保存信息,但是速度较慢。

3) 高速缓冲存储器

高速缓冲存储器(Cache)通常位于主存储器和 CPU 之间,或处于处理器片上,以便 CPU 能高速地访问它。Cache 由双极型或 CMOS 半导体存储器构成,所以速度可与 CPU 匹配,存取时间为 0.5~25 ns,但其存储容量很小(一般以 MB 为单位计量),且价格较高。

2. 按存取方式分类

1) RAM

RAM 用于存放 CPU 当前正在执行和处理的程序和数据。所谓随机存取是指 CPU 可以对存储器中的任何单元的内容进行离散的读或写操作。CPU 对任何一个存储单元的写入和读出时间是一样的,与所处的物理位置无关。RAM 读/写方便、使用灵活,主要用做主存储器,也可用做高速缓冲存储器。

2) ROM

ROM 中的内容一经写入,在工作过程中就只能读出而不能重写,即使掉电,写入的内容也不会丢失。ROM 在嵌入式系统中非常有用,常用来存放系统软件(如 ROM BIOS)、应用程序等不随时间改变而改变的代码或数据。

3. 按存储介质分类

1) 磁存储器

磁存储器是在金属或塑料基体上涂覆一层磁性材料,用磁层存储信息的存储设备。常见的有磁盘、磁带等。由于它的容量大、价格低且存取速度慢,故多用做辅助存储器。

2) 半导体存储器

半导体存储器是一种以半导体电路作为存储媒体的存储器。按其制造工艺可分为双极晶体管存储器和 MOS 晶体管存储器。其优点是:存储速度快、存储密度高、与逻辑电路接口容易。它主要用做高速缓冲存储器、主存储器、ROM、堆栈存储器等。

3) 光存储器

光存储技术是一种通过光学方法读/写数据的技术。它的工作原理是改变存储单元的反射率、反射光极化方向,利用这种性质的改变来写入存储二进制数据。在读取数据时,光检测器检测出光强和极化方向等的变化,从而读出存储在光盘上的数据。常用的光存储器可分为 CD(光盘)、CD ROM(光盘只读存储器)、CDR(可刻录光盘)、CDRW(可重写光盘)等。

3.1.3　存储器技术指标

1. 存储容量

存储容量是指存储器所能容纳的二进制信息总量。对于以字节编址的计算机,直接以字节数来表示容量,如 128 MB;对于以字编址的计算机,则以字数×字长的积来表示容量,如可以存储 32M 个字且每个字长为 2B 的存储器,其容量为 32M×2B,即容量为 64MB。

2. 存取速度

存储器的存取速度是用存储器的访问时间来衡量的,存储器访问时间一般在纳秒级。不同介质的存储器存取速度差异很大。半导体存储器的存取时间为几纳秒至几百纳秒,其中双极型半导体存储器较快,常用做高速缓冲存储器;MOS 型半导体存储器较慢,但集成度高,价格便宜。有时也用带宽描述存储器的存取速度,它表示每秒从存储器进出信息的最大数量,即数据传输率,单位为 b/s。

3. 易失性

易失性也称挥发性,是存储器的一个重要特征,它是指断电后存储器内的信息是否丢失。若断电后信息丢失,那么称之为挥发性或易失性存储器;若断电后信息仍然能够保持,那么称之为非挥发性或非易失性存储器。例如,ROM 就属于非易失性存储器,RAM 则属于易失性存储器。

因为断电后,易失性存储器中的内容立即消失,因此嵌入式系统复位后都必须从非易失性存储器执行程序。换言之,嵌入式系统中必须有一部分非易失性存储器,用于存放启动和初始化代码。

4. 只读性

如果存储器中写入数据后只能被读出,但不能用通常的办法重写或改写,那么这种存储器就称为只读存储器,如 ROM;如果一个存储器在写入数据后既可以对它进行读出,又可以再对它写入或更新,那么就称为随机存储器,如 RAM。

5. 功耗

功耗反映了存储器耗电的多少,存储系统的功耗在通用计算机存储设计时并不是重点因素。但嵌入式系统却不同,其功耗往往是至关重要的,特别是对便携设备和以小容量电池为主要电源的系统,越低的功耗可以获得越长的工作时间。

6. 可靠性

可靠性是指在规定的时间内存储器无故障读/写的概率。存储器的可靠性通常用平均无故障时间(Mean Time Between Failures,MTBF)来衡量,MTBF 越长,存储器的可靠性就越高。合格的存储器芯片在出厂时已经经过了全面的测试,符合制造商的可靠性标准。一般存储器的可靠性主要取决于管脚的接触、插件板的接触和存储器模块板的复杂性。器件引脚的减少和内存结构的模块化都有利于提高可靠性。

7. 价格

存储器的价格常用每位的价格来衡量。设存储器的容量为 S,总价格为 C,则价格可以表示为 P=C/S。一般而言,高速存储器的价格往往很贵,因而容量不可能很大。

3.1.4 存储空间的组织

单片存储芯片的容量是有限的,而且其读/写属性、挥发性、价格和速度等都是确定的。实际存储器往往是由多种不同类型和容量的存储芯片组成的,以便满足用户对存储容量、存储速度、存储价格等多方面的综合需求。因此存储器系统必须考虑存储空间的组织问题,要合理安排每个存储芯片的地址范围,并保证 CPU 能正确地寻址和访问这些存储芯片。存储空间的组织问题实质上就是地址译码电路的设计问题。

　　存储芯片的地址译码是任何存储系统设计的核心,其目的是保证 CPU 能对所有存储单元实现正确寻址。因此,地址译码的过程包括两个步骤,先选中某个存储芯片(称为片选),然后选中片内的某个单元(称为片内寻址)。片选过程一般由译码电路对高位地址进行译码后产生存储芯片所需的片选信号;片内寻址一般由地址译码电路对低位地址进行译码实现某个存储单元的寻址。因此,地址译码电路主要完成片选控制译码及低位地址总线的连接。常用的片选控制译码方法有线选法、全译码法、部分译码法和混合译码法等。

　　线选法适用于当存储器容量不大,所使用的存储芯片数量不多,而 CPU 寻址空间远远大于存储器容量的情形。可用高位地址线直接作为存储芯片的片选信号,每一根地址线选通一块芯片。线选法的优点是连线简单,无须专门的译码电路。但该方法有两个明显的缺点,一是容易出现地址重叠,二是地址分布不连续。

　　全译码法除了将低位地址总线直接与各芯片的地址线相连接之外,其余高位地址线全部都输入译码电路(如典型的 3-8 译码器)进行译码,输出的信号作为各芯片的片选信号。全译码法可以提供对全部存储空间的寻址能力。采用全译码法时,存储器的地址是连续的且唯一确定的,即无地址间断和地址重叠现象。

　　部分译码法是将高位地址线中的一部分进行译码,产生片选信号。该方法常用于不需要全部地址空间的寻址能力且仅采用线选方法地址线不够用的情况。采用部分译码法时,由于未参加译码的高位地址与存储器地址无关,所以也存在地址重叠的问题。此外,从高位地址中选择不同的地址位参加译码,将对应不同的地址空间。

　　存储器地址译码电路的设计一般遵循如下步骤。

　　(1) 根据系统中实际存储器容量确定存储器在整个寻址空间中的位置。

　　(2) 根据所选用存储芯片的容量画出地址分配图或列出地址分配表。

　　(3) 根据地址分配图或分配表确定译码方法并画出相应的地址位图。

　　(4) 选用合适的器件,画出译码电路图。

3.2　RAM 和 ROM

3.2.1　RAM 存储

　　RAM 是一种可读可写的内存,其数据读取和写入几乎一样快速。但 RAM 中存储的数据必须在上电的情况下才能保持在存储器中,当系统电源关闭时,RAM 中的数据将会丢失。故 RAM 在嵌入式系统中主要用于以下几方面。

　　(1) 存放当前正在执行的程序和数据。

　　(2) 存放 I/O 缓冲数据。

　　(3) 作为中断服务程序中保护 CPU 现场信息的堆栈。

　　根据特性,RAM 可分成静态 RAM(Static RAM,SRAM)和动态 RAM(Dynamic RAM,DRAM)两大类。

　　SRAM 的存储单元电路通常是由 6 个 MOS 管组成,如图 3-2 所示,以双稳态电路为基

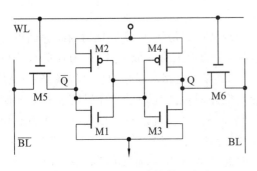

图 3-2　静态 RAM 存储单元电路

础。由于其状态稳定，只要不掉电，信息就不会丢失。存储单元内的 6 个 MOS 管通过一对交叉耦合的反相器（由 M1、M2、M3、M4 管组成）来锁存一位数字信号，而 M5 和 M6 是作为存取的器件，它们在对存储器进行读/写操作时起到将存储单元与外围电路接通或断开的作用。整个电路呈对称结构排布，对应的 MOS 管在尺寸与性能上保持一致。

DRAM 是常见的系统内存，使用电容存储数据。为了提高集成度和降低功耗，一般采用单管 DRAM。单管 DRAM 基本存储电路只有一个 MOS 管和一个电容，电容中有电荷时，为逻辑"1"；没有电荷时，为逻辑"0"。DRAM 是利用电容存储电荷的原理来保存信息的，而电容存在漏电会逐渐放电，电荷流失，信息也会丢失。所以对 DRAM 必须间隔一段时间就充电（即刷新）一次，使原来处于逻辑"1"的电容的电荷又得到补充，而原来处于逻辑"0"的电容仍保持没有电荷。一般在 CPU 中安排专门的存储器完成对 DRAM 的刷新。刷新时，存储器的列选择信号总是"0"，因此，电容上的信息不会被送到数据总线上。

DRAM 在工作时需要一个专门的刷新电路，即所谓的 DRAM 控制器。DRAM 控制器是位于处理器和存储芯片之间的一个额外的硬件，如图 3-3 所示。它的主要用途是执行 DRAM 刷新操作，使得 DRAM 的数据有效。随着集成电路技术

图 3-3　DRAM 控制器

的快速发展，如今的很多嵌入式处理器已经将 DRAM 控制器集成到片内，这样可以极大地简化硬件线路。

同步 DRAM（Synchronous DRAM，SDRAM）是一种改进型的 DRAM，引入了一个同步时钟来提高性能。在目前主流的嵌入式处理器中，大多集成了 SDRAM 控制器，可以很好地支持市面上绝大多数 SDRAM 存储芯片，用户只需要根据 SDRAM 芯片的时序要求正确配置处理器内部的存储控制器即可。SDRAM 发展至今已经经历了四代，分别是第一代的 SDR SDRAM、第二代的 DDR SDRAM、第三代的 DDR2 SDRAM 和第四代的 DDR3 SDRAM。第一代与第二代 SDRAM 均采用单端（Single-Ended）时钟信号，第三代与第四代 SDRAM 由于工作频率比较高，所以采用可降低干扰的差分时钟信号作为同步时钟。DDR（Double Data Rate）SDRAM 是双倍速率 SDRAM，它是在基本 SDRAM 的基础上发展而来的。基本 SDRAM 在一个周期内只传输一次数据，它是在时钟的上升沿进行数据传输；而 DDR SDRAM 则在一个时钟周期内传输两次数据，它能够在时钟的上升沿和下降沿各传输一次数据，因此称之为双倍速率 SDRAM。

在选择使用 SRAM 或 DRAM 时，还要注意它们之间的一些差异。由于 DRAM 需要刷新，会消耗部分电能，因而 DRAM 的功耗比 SRAM 的大。DRAM 的存储密度大于 SRAM 的存储密度，在同样的芯片面积上可以放置更多的 DRAM，因此 DRAM 的单位存储价格也相应地比 SRAM 的便宜。

3.2.2　ROM

计算机系统中一般既有 RAM 模块,也有 ROM 模块。由于 ROM 在掉电情况下数据不会丢失,因此在嵌入式系统中,ROM 模块常用来存放系统启动的常驻内存的监控程序或操作系统的常驻内存部分,甚至可以用来存放字库或者某种语言的编译程序及解释程序。ROM 根据信息设置方式不同,可以分为 4 种,即掩膜型 ROM、可编程 ROM(PROM)、可擦除可编程 ROM(EPROM)、可用电擦除可编程 ROM(E^2PROM)。

(1) 掩膜型 ROM:其中的内容在芯片生产出来之前指定,用户不可以再次改变、更新其内容。掩膜型 ROM 的主要优点是:批量生产,成本较低。

(2) PROM:属于一次性编程的只读存储器,它最初处于未编程状态,里面的内容全是"1",用户可以通过烧录器将程序烧录到芯片中,即把某些"1"改为"0",之后程序就永远固定存储在这个 ROM 中,无法再进行更改。在嵌入式系统中广泛使用的 PROM 也称为 OTP(Once Time Program)。

(3) EPROM:它可以修改存储在 ROM 之中的数据,即重复烧录。在重复烧录之前,必须使用紫外线在存储器外壳上的一个小串口的照射范围内照射,以擦除原先存储在存储器中的程序或数据,再将所需要的程序数据烧录进去。EPROM 适用于少量生产的情况,或用于产品开发调试实验中。

(4) E^2PROM:既能在应用系统中在线修改,又能在电源断电情况下保存数据。

E^2PROM 不需要照射紫外线而是利用电压的高低来写入和擦除数据。E^2PROM 在数据消除的时候还可以针对个别的存储单元进行擦除操作。E^2PROM 的数据保存时间可以长达 10 年,而数据擦除再被更新的次数可以达到一万次。因此,E^2PROM 使用得比 EPROM 更为普遍。

3.3　Flash 存储器

3.3.1　Flash 存储器概述

Flash 存储器就是俗称的闪存,它是一种非易失性存储芯片,在没有电流供应的条件下也能够长久地保存数据,因此其存储特性又类似于硬盘。Flash 存储芯片大多片内集成了专门的电荷泵,利用低压电源即可产生擦除和编程所需的高压电源,这样芯片仅需单一的工作电压即可,方便了使用、简化了外围电路。Flash 存储器是一种新形式的 ROM,具有高密度、低价格、非易失性、快速(读取速度较快)及可用电擦除可编程等特点。Flash 存储器最初由 Intel 公司于 20 世纪 80 年代推出,主要用于替代 E^2PROM 作为系统程序存储器。近年来,随着写入速度和存储容量的提高,以及单位价格的降低,Flash 存储器被广泛用于各类移动存储器卡、U 盘、数码相机记忆卡、记忆棒等。

3.3.2 Flash 存储器分类

根据工艺的不同,Flash 存储器主要有 NOR Flash 存储器和 NAND Flash 存储器两类。

NOR Flash 存储器基于 Intel 公司所开发的架构,是在 E^2 PROM 的基础上发展起来的,其存储单元由 NMOS 构成,连接 NMOS 单元的线是独立的。NOR Flash 存储器的特点是可以随机读取任意单元的内容,读取速度较快,适用于程序代码的并行读/写、存储,所以常用于保存计算机的 BIOS 程序和处理器的内部数据。NOR Flash 存储器的写入和擦除的速度较低,以块(Block)为单位进行数据的读/写。NOR Flash 存储器的最大优点是可以直接从 Flash 中运行程序,其缺点是工艺复杂,价格也比较贵。

NAND Flash 存储器基于东芝公司(Toshiba)所开发的结构,这种存储器将几个 NMOS 单元用一根线连接起来,可以按顺序读取存储单元的内容,适用于数据和程序的串行读/写。NAND Flash 存储器必须通过 I/O 指令的方式进行读取,因此需要通过驱动程序来读取。NAND Flash 存储器中的每个内存单元面积较小,因此存储容量较大、成本较低,常用来制作记忆卡。NAND Flash 存储器的存储空间是按照块和页(Page)的概念来组织的。NAND Flash 存储器以页为单位进行读和编程操作,以块为单位进行擦除操作。数据、地址采用同一总线,实现串行读取。随机读取速度慢且不能按字节随机编程。其芯片尺寸小、引脚少,是位成本最低的固态存储器。其芯片包含有失效块。失效块不会影响有效块的性能,但设计者需要将失效块在地址映像表中屏蔽起来。

下面以 K9F1G08X0A 芯片为例来看 NAND Flash 存储器的存储空间的结构。芯片每块有 64 页,每页有 2 KB 的数据存储区和 64 B 的冗余数据区(用来存放 ECC 校验码)。芯片的内部结构如图 3-4 所示,页块存储结构如图 3-5 所示。

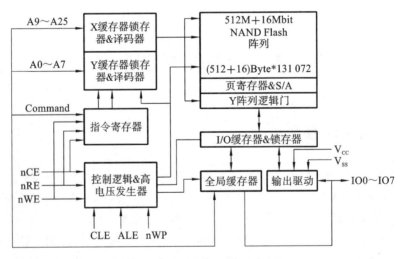

图 3-4 NAND Flash 芯片的内部结构

在实际使用过程中,NOR Flash 存储器和 NAND Flash 存储器的区别较大,总结如下。

1. 接口

NOR Flash 存储器采用 SRAM 接口,提供足够的地址引脚来寻址,可以很容易地存取其片内的每一个字节;NAND Flash 存储器使用复杂的 I/O 口且以串行方式存取数据,各个产品

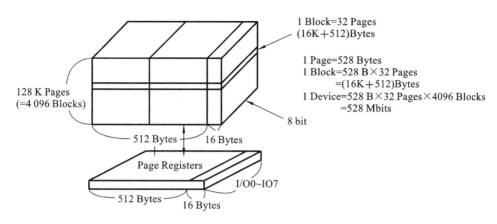

图 3-5　NAND FLASH 芯片的页块存储结构

或厂商的方法可能各不相同,通常是采用 8 个 I/O 引脚来传输控制信号、地址和数据信息。

2. 读/写的基本单位

NOR Flash 存储器的操作以"字"为基本单位,而 NAND Flash 存储器的操作以"页面"为基本单位,页的大小一般为 512B。

3. 性能

NOR Flash 存储器的地址线和数据线是分开的,传输效率很高,程序可以在芯片内部执行,NOR Flash 存储器的读取速度比 NAND Flash 存储器的稍快一些;NAND Flash 存储器的写入速度比 NOR Flash 存储器的快很多,因为 NAND Flash 存储器的读/写以页为基本单位。

4. 容量和成本

NAND Flash 存储器具有较大的单元密度,容量可以制作得比较大,且其生产过程更为简单,价格较低;而 NOR Flash 存储器的价格则较高,容量相对较小。

5. 易用性

NOR Flash 存储器使用方法简单,不需要特别的驱动程序即可使用。而 NAND Flash 存储器需要驱动程序(内存技术驱动程序 MTD)支持才能使用。

3.4　典型的 DRAM 芯片及其应用

3.4.1　DRAM 芯片的结构和操作

DRAM 要不断进行刷新(Refresh)才能保留数据,因此刷新操作是 DRAM 最重要的操作。一般存储体(Bank)中电容的数据有效保存期上限是 64 ms,也就是说,每一行刷新的最长循环周期是 64 ms。因此,刷新速度＝行数量/64 ms。经常在看内存的规格时,会看到 4096 Refresh Cycles/64 ms 或 8192 Refresh Cycles/64 ms 的标识,这里的"4096"与"8192"就代表这个芯片中每个 Bank 的行数。刷新命令一次对一行有效,发送间隔也是随总行数而变化的。当总行数为 4096 时,这个间隔是 15.625 μs;当总行数为 8192 时,这个间隔就为 7.812 5 μs。

本节要介绍的实例 HY57V561620 为 8192 Refresh Cycles/64 ms 规格的 DRAM。

SDRAM 是多 Bank 结构的,这样设计的好处是可以让多个 Bank 交替工作。例如,在具有两个 Bank 的 SDRAM 模组中,其中一个 Bank 在进行预充电期间,另一个 Bank 马上可以被存取,两个 Bank 交替进行预充电和数据存取,就无须等待了,从而大大提高了存储器的访问速度。为了实现这个功能,DRAM 需要增加对多个 Bank 的管理,控制 Bank 预充电操作。在一个具有两个以上 Bank 的 SDRAM 中,一般会多一根称做 BAn 的引脚,用来实现在多个 Bank 之间的选择。

DRAM 具有多种工作模式。SDRAM 器件的引脚分为以下几类。

(1)控制信号:包括片选、时钟、时钟使能、行列地址选择、读/写有效及数据有效。

(2)地址信号:时分复用引脚,根据行列地址选择引脚,控制输入的地址为行地址或列地址。

(3)数据信号:双向引脚,受数据有效信号的控制。

SDRAM 的所有操作都同步于时钟。根据时钟上升沿控制引脚和地址输入的状态,可以产生多种输入命令。SDRAM 支持的操作命令有初始化配置、预充电、行激活、读操作、写操作、自动刷新、自刷新等。所有的操作命令通过控制线 CS#、RAS#、CAS#、WE#,以及地址线、片选地址 BA 输入。HY57V561620 芯片的功能表(首列描述了相应的操作命令)如表 3-1 所示。

表 3-1 HY57V561620 功能表

Command	CKEn-1	CKEn	$\overline{CS}$	$\overline{RAS}$	$\overline{CAS}$	$\overline{WE}$	DQN	ADDR	A10/AP	BA
Mode Register Set	H	X	L	L	L	L	X	OP code		
No Operation	H	X	H	X	X	X	X	X		
			L	H	H	H				
Bank Active	H	X	L	L	H	H	X	RA		V
Read	H	X	L	H	L	H	X	CA	L	V
Read with Autoprecharge									H	
Write	H	X	L	H	L	L	X	CA	L	V
Write with Autoprecharge									H	
Precharge All Banks	H	X	L	L	H	L	X	X	H	X
Precharge selected Bank									L	V
Burst Stop	H	X	L	H	H	L	X	X		
UDQM,LDQM	H	X					V	X		
Auto Refresh	H	H	L	L	L	H	X	X		
Self Refresh Entry	H	L	L	L	L	H	X	X		
Self Refresh Exit	L	H	H	X	X	X	X	X		
			L	H	H	H				

续表

Command		CKEn-1	CKEn	$\overline{CS}$	$\overline{RAS}$	$\overline{CAS}$	$\overline{WE}$	DQN	ADDR	A10/AP	BA
Precharge power down	Entry	H	L	H	X	X	X	X		X	
				L	H	H	H				
	Exit	L	H	H	X	X	X	X		X	
				L	H	H	H				
Clock Suspend	Entry	H	L	H	X	X	X	X		X	
				L	V	V	V				
	Exit	L	H	X	X	X	X	X			

3.4.2　HY57V561620 芯片特点

HY57V561620 芯片的存储容量为 4 M×4Bank×16 位(32 MB),工作电压为 3.3 V,常见封装为 54 脚 TSOP,兼容 LVTTL 接口,支持自动刷新和自刷新,数据宽度为 16 位。HY57V561620 芯片的引脚分布如图 3-6 所示,主要引脚功能如表 3-2 所示。

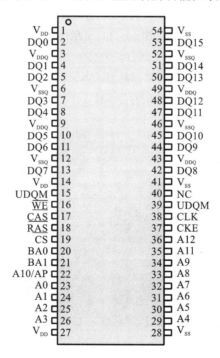

图 3-6　HY57V561620 引脚分布

表 3-2　HY57V561620 引脚功能

引脚	名称	描述
CLK	时钟	芯片时钟输入
CKE	时钟使能	片内时钟信号控制
$\overline{CS}$	片选	禁止或使能 CLK、CKE 和 DQM 外的所有输入信号

引脚	名称	描述
BA0,BA1	组地址选择	用于片内 4 个组的选择
A12～A0	地址总线	行地址：A12～A0；列地址：A8～A0；自动预充电标志：A10
$\overline{\text{RAS}}$	行地址锁存	
$\overline{\text{CAS}}$	列地址锁存	行、列地址锁存和写使能信号引脚
$\overline{\text{WE}}$	写使能	
LDQM,UDQM	数据 I/O 屏蔽	在读模式下控制输出缓冲；在写模式下屏蔽输入数据
DQ15～DQ0	数据总线	数据输入输出引脚
V_{DD}/V_{SS}	电源/地	内部电路及输入缓冲电源/地
V_{DDQ}/V_{SSQ}	电源/地	输出缓冲电源/地
NC	未连接	未连接

3.4.3　HY57V561620 芯片应用

　　下面以 S3C2410 和 HY57V561620 为例，介绍 HY57V561620 的典型应用电路。图 3-7 所示的 S3C2410 核心电路由 CPU、Flash 和 SDRAM 构成。其中，SDRAM 采用两片 HY57V561620 构成。前面提到 HY57V561620 是 4 M×4Banks×16 bit 规格的存储芯片，HY57V561620 的行地址 RA0～RA12 和列地址 CA0～CA8 采用地址复用方式。这里采用两片 HY57V561620 组成 32 位 64 MB 的内存空间。

图 3-7　S3C2410 最小系统(CPU＋FLASH＋SDRAM)

1. 确定 BA0、BA1 的接线

　　根据用户设计的存储体总线宽度和容量，参考 S3C2410 芯片手册给出的 SDRAM Bank 地址配置接线参考方法，可知 SDRAM 只能连接在 nGCS6 和/或 nGCS7 片选引脚上，因此，HY57561620 的 BA0 和 BA1 连接 S3C2410 的 A[25：24]两根地址线。

2. 确定其他接线

　　S3C2410 提供了 SDRAM 的接口，相关引脚描述如下。

nSRAS:SDRAM 行地址选通信号。

nSCAS:SDRAM 列地址选通信号。

nGCS6:SDRAM 芯片选择信号（选用 Bank6 作为 SDRAM 空间，也可以选择 Bank7）。

nGCS7:SDRAM 芯片选择信号（选用 Bank7 作为 SDRAM 空间，也可以选择 Bank6）。

nWBE[3:0]:SDRAM 数据屏蔽信号。

SCLK0[1]:SDRAM 时钟信号。

SCKE:SDRAM 时钟允许信号。

DATA[0:31]:32 位数据信号。

ADDR[2:14]:行列地址信号。

ADDR[25:24]:Bank 选择线。

图 3-8 列出了 HY57V561620 和 S3C2410 的连接方法，其中，BA0、BA1 需要连接 ADDR24 和 ADDR25，通过 S3C2410 的说明可知，因为内存总大小是 64 MB，因此，Bank 选择信号必须使用 ADDR24 和 ADDR25。因为 HY57V561620 的行、列地址复用，因此 S3C2410 必须知道行、列地址各多少位，这个参数需要用 BANKCON6 寄存器的 SCAN 字段指定。

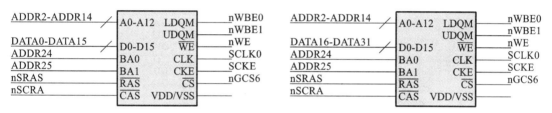

图 3-8   两片 HY57V561620 和 S3C2410 连接

3.5   典型的 SRAM 芯片及其应用

3.5.1   SRAM 芯片结构和操作

SRAM 由于不需要进行充电操作，其结构和操作相对于 DRAM 来说简单很多。典型的 SRAM 存储芯片引脚主要包括一组地址引脚、一组双向数据引脚、一根 CE 片选引脚、一根 WE 写入使能引脚、一根 WE 输出使能引脚等。当 SRAM 得到一个地址之后，WE 告诉 SRAM 要写入数据。OE 引脚让 SRAM 进行读取操作而不是写入操作。一般的 CPU 都具有和 SRAM 接口相连的总线，因此连接方法也比较简单。有的芯片 WE 引脚和 OE 引脚合二为一，称读/写引脚 RD/WE，该引脚为低电平时，SRAM 执行写操作；该引脚为高电平时，执行读操作。图 3-9 显示了典型的 SRAM 和 CPU 的连接方式。

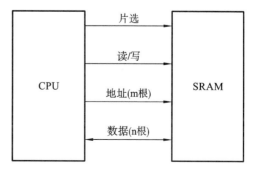

图 3-9   SRAM 和 CPU 的连接

3.5.2 IS61LV25616AL 芯片特点

Integrated Silicon Solution,Inc(ISSI)公司的 IS61LV25616AL 是一个 256K×16 位字长的高速率 SRAM,它采用高性能 CMOS 工艺制造。高度可靠的工艺水准加上创新的电路设计技术,造就了这款高性能、低功耗的器件。当 CE 处于高电平(未选中)时,IS61LV25616AL 进入待机模式。在此模式下,功耗可降低至 CMOS 输入标准。其主要特征如下:工作电压为 3.3 V,访问时间为 10 ns,芯片容量为 256 KB×16,封装形式为 44 引脚 TSOPII 封装、48 引脚 mBGA 封装或 44 引脚 SOJ 封装。IS61LV25616AL 的引脚排列如图 3-10 所示,引脚功能如表 3-3 所示。

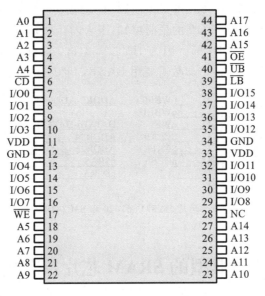

图 3-10　IS61LV25616AL 引脚排列

表 3-3　IS61LV25616AL 引脚功能表

A0～A17	地址输入
I/O0～I/O15	数据输入/输出
$\overline{\text{CE}}$	芯片使能输入
$\overline{\text{OE}}$	输出使能输入
$\overline{\text{WE}}$	写使能输入
$\overline{\text{LB}}$	低字节控制(I/O0～I/O7)
$\overline{\text{UB}}$	高字节控制(I/O8～I/O15)
NC	不连接
VDD	电源
GND	地

3.5.3 IS61LV25616AL 芯片应用

图 3-11 所示为两片 SRAM 存储器 IS61LV25616AL 组成 32 位内存的例子。两片 SRAM 并联成 32 位数据位宽,片选 CE 作为地址输出最高位。地址最高位为"1"时,第一片 IS61LV25616AL 的 CE 有效并置低;最高位为"0"时第二片 IS61LV25616AL 的 CE 有效并置低。输出使能 OE、写使能 WE、数据线、地址线均以总线形式相连接。LB 和 UB 直接接地。

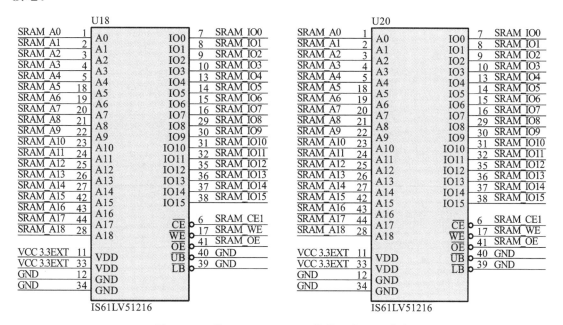

图 3-11　两片 IS61LV25616AL 并联组成 32 位内存

3.6　典型 NAND Flash 芯片及其应用

3.6.1　K9F1208 芯片概述

K9F1208 是 Samsung 公司生产的采用 NAND 技术的大容量、高可靠 Flash 存储器。该器件存储容量为 64 M×8 位,除此之外还有 2 048 K×8 位的空闲存储区。该器件采用 48 引脚 TSOP 封装,工作电压为 2.7～3.6 V。K9F1208 对 528 B 一页的写操作所需时间典型值是 200 μs,而对 16 KB 一块的擦除操作所需时间典型值仅为 2 ms。8 位 I/O 端口采用地址、数据和命令复用的方法。这样既可减少引脚数,还可使接口电路更简洁。K9F1208 芯片引脚分布和功能说明分别如图 3-12 和表 3-4 所示。

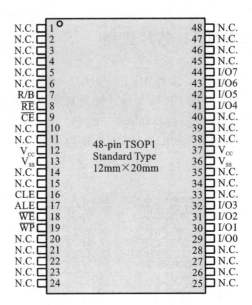

图 3-12　K9F1208 芯片引脚分布

表 3-4　K9F1208 芯片引脚功能

引脚	描述	引脚	描述
I/O0~I/O7	数据、命令、地址输入/输出引脚	$\overline{WP}$	写保护
CLE	命令锁存使能	R/$\overline{B}$	是否忙碌
ALE	地址锁存使能	V_{cc}	电源(2.7~3.3)
$\overline{CE}$	芯片使能	V_{ss}	地
$\overline{RE}$	读使能	N.C.	无连接
$\overline{WE}$	写使能		

K9F1208 芯片有 4 096 个块,每个块有 32 个页,每个页有 528 个字节,块是 NAND Flash 存储器中最大的操作单元,擦除是以块为单位完成的,而编程和读取是以页为单位完成的。因此,对 NAND Flash 存储器的操作要形成以下三类地址:块地址(Block Address)、页地址(Page Address)和页内地址(Column Address)。由于 NAND Flash 存储器的数据线和地址线是复用的,因此,在传送地址时要用 4 个时钟周期来完成。表 3-5 所示的是 K9F1208 芯片的读操作过程的命令。

表 3-5　K9F1208 芯片的读操作过程

	I/O0	I/O1	I/O2	I/O3	I/O4	I/O5	I/O6	I/O7
1st Cycle	A0	A1	A2	A3	A4	A5	A6	A7
2nd Cycle	A9	A10	A11	A12	A13	A14	A15	A16
3rd Cycle	A17	A18	A19	A20	A21	A22	A23	A24
4th Cycle	A25	*L	*L	*L	*L	*L	*L	*L

NAND Flash 存储器写块操作流程如图 3-13 所示。进行写操作时先要写入命令字 80H,通知 K9F1208 进行写操作,然后顺序写入目的地址和待写入的数据。应该注意的是,写入一次地址便可以连续写入多个字节数据。地址指针的调整是由 K9F1208 内部逻辑控制的,不用

外部干预。写入操作是以页为单位(1～528 B)进行的,即每次连续写入不能超过 528 B。这是由 K9F1208 的工作方式决定的:写入的数据先保存至 Flash 内部的页寄存器(528 B)中,然后再写入存储单元。数据写完之后还要给 K9F1208 发出一个写操作指令 10H,通知其将页寄存器中的数据写入存储单元,随后就应该对状态引脚进行查询。如果该引脚为低电平,则此次写操作结束。最后的步骤是数据校验,如果采用了 ECC 校验模式,则此步骤可以省略。

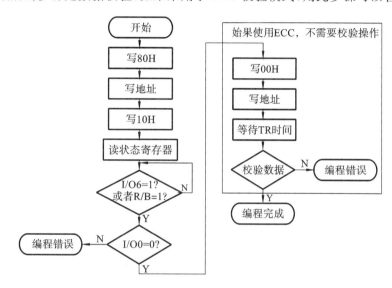

图 3-13　NAND Flash 写块操作流程

读操作、擦除操作等其他操作过程均与此类似,可参考相应的器件说明文档。限于篇幅,这里不再赘述。读操作流程如图 3-14 所示,擦除操作流程如图 3-15 所示。

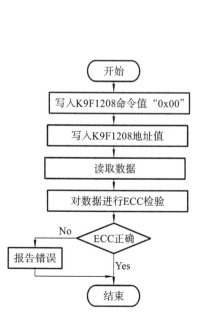

图 3-14　NAND Flash 读操作流程

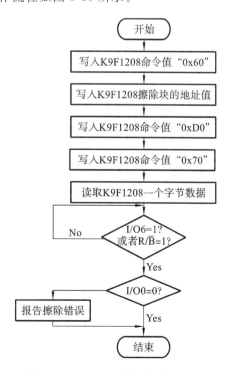

图 3-15　K9F1208 擦除操作流程图

3.6.2 K9F1208 芯片的应用

图 3-16 所示的 S3C2410 最小系统电路板采用了 NAND Flash 存储器作为程序存储器。芯片型号是 Samsung 公司的 K9F1208，容量为 64 MB。图 3-16 所示的为 S3C2410 处理器对 NAND Flash 控制器的支持，S3C2410 处理器可以直接与 NAND Flash 存储器相连。图 3-17 所示的为 S3C2410 处理器与 K9F1208 存储芯片的具体接口电路。

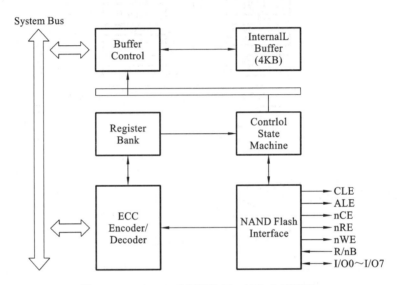

图 3-16 S3C2410 处理器的 Nand Flash 控制器

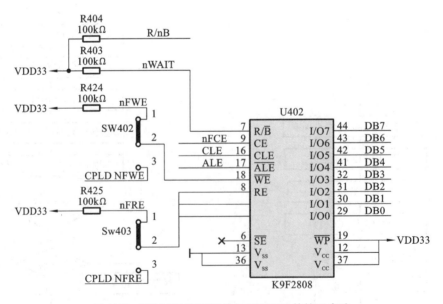

图 3-17 K9F1208 存储芯片与 S3C2410 的接口电路

3.7　典型 NOR Flash 芯片及其应用

3.7.1　AM29LV160DB 芯片概述

AM29LV160DB 是 AMD 公司的产品,采用 3.0 V 供电,容量为 16 MB,是可变扇区结构的 Flash ROM。每个扇区最低可擦写一百万次,读取时间只有 70 ns,在高温情况下数据可保存 20 年。AM29LV160DB 有 35 个扇区(SA0～SA34),SA0 扇区为 16 KB 空间,SA1 和 SA2扇区为 8 KB 空间,SA3 扇区为 32 KB 空间,其余扇区均为 64 KB 空间,这种构造方式有利于优化内存分配。为消除总线竞争,芯片有独立的片选使能(CE♯)、写使能(WE♯)和输出使能(OE♯),BYTE♯引脚用于选择字(16 位)或字节(8 位)操作方式,RY/BY♯输出引脚用于输出 Ready 与 Busy信号。为保护片内数据或程序,AM29LV160DB 具有扇区保护和解保护功能。当处于扇区保护功能状态时,片内任何扇区都不能进行编程和擦除操作,这对保证数据安全很有效。图 3-18 是 AM29LV160DB 芯片的逻辑原理图。其中 A0～A19 是 20 位地址总线,DQ0～DQ15 是16 位数据总线,DQ15 即 A-1。

Am29LV160DB 的功能选项及真值表如表 3-6 所示(H 表示高电平,L 表示低电平)。

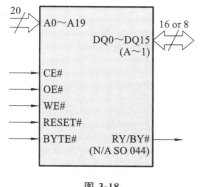

图 3-18

表 3-6　Am29LV160DB 功能选项及真值表

操作	CE♯	OE♯	WE♯	RESET♯	地址
读数据	L	L	H	H	输入
写数据	L	H	L	H	输入
待命状态	V_{CC}	—	—	V_{CC}	—
输出禁止	L	H	H	H	—
复位	—	—	—	L	—
扇区保护	L	H	L	+12V	A0＝A6＝L, A1＝H
扇区解保护	L	H	L	+12V	A1＝A6＝H, A0＝L

NOR Flash 存储器上电后处于数据读取状态,此时可以进行正常的读,就像读取SDRAM/SRAM/ROM 一样。一般在对 Flash 进行操作前都要读取芯片信息,比如设备 ID号,其目的是判断程序是否支持该设备,这可以通过 NOR Flash 的命令寄存器来完成。在完成信息获取后一般就要擦除数据。NOR Flash 支持扇区擦除(Sector Erase)和整片擦除(Chip Erase)。这两种模式都有对应的命令序列。在完成擦除命令后,NOR Flash 会自动返

回数据读取状态。完成擦除后就需要对芯片进行写入操作,也就是进行编程。这就需要进入编程状态。在完成编程命令后,NOR Flash 会自动返回数据读取状态。值得注意的是,编程前一定要进行擦除,这是因为编程只能将"1"改写为"0",通过擦写可以将数据全部改写为"1"。

3.7.2　AM29LV160DB 芯片应用

在 Flash 的实际应用当中,系统地址的映射问题需要特别留心。由于 CPU 存储控制器的差异,许多 CPU 要求外部地址线的连接随数据总线的宽度不同而变化。以 S3C44B0 或 S3C2440 为例,这两者是以固定字节(8 bit)方式编排地址总线的,即地址线的最低位 A0 始终寻址以字节为单位的存储单元。当与 16 bit 数据宽度的 Flash 相连时,CPU 的 A0 空接,而从 A1 开始与 Flash 的地址总线连接。图 3-19 为 AM29LV160DB 与 S3C2440A(ARM9)的连接电路原理图。

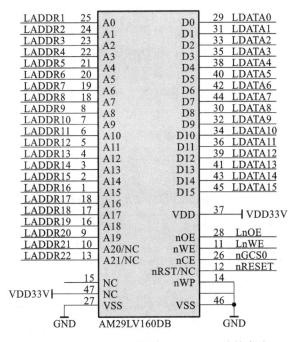

图 3-19　AM29LV160DB 与 S3C2440A 连接电路

习　　题

1. 试述储存器的分类。
2. 试述 Flash 存储器的特点和分类。
3. 试述 DRAM 芯片的结构和特点。
4. 试以一款典型 DRAM 芯片为例介绍 DRAM 芯片的应用方式。
5. 试述 SRAM 芯片的结构和特点。

6. 试以一款典型 SRAM 芯片为例介绍 SRAM 芯片的应用方式。

7. 试述 NAND Flash 芯片的结构和特点。

8. 试以一款典型 NAND Flash 芯片为例介绍 NAND Flash 芯片的应用方式。

9. 试述 NOR Flash 芯片的结构和特点。

10. 试以一款典型 NOR Flash 芯片为例介绍 NOR Flash 芯片的应用方式。

第4章　接口和总线

在嵌入式系统设计和实现中,CPU 和存储器两部分具有较强的通用性,但是外部设备、接口和总线的设计却因项目不同而差异很大,这也体现了项目的特点。本章具体介绍接口和总线的概念、典型的总线、典型的外设,具体包括 USB 总线、I^2C 总线、SPI 总线、RS-232C 总线、RS-485 总线、按钮、LED、LCD、ADC/DAC、看门狗、典型传感器等。

4.1　接　　口

CPU 与存储器和外部设备(外设)的数据交换都需要通过接口来实现,前者称为存储器接口,后者则统称为 I/O 接口。存储器通常在 CPU 的同步控制下工作,接口电路比较简单;而 I/O 设备品种繁多,相应的接口电路也各不相同。通常所说的接口仅指 I/O 接口,而不包括存储器接口。

4.1.1　接口的功能

计算机 CPU 与外部设备(简称外设)之间的数据交换必须通过接口来完成,如图 4-1 所示。各类外设都通过接口电路连接到系统的总线上。接口通常要实现如下功能:外设识别和寻址、速度匹配和缓冲、时序匹配、信息格式匹配和信息类型转换等。

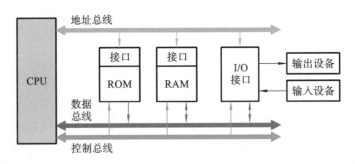

图 4-1　外设通过 I/O 接口电路连接到系统总线

4.1.2　接口的结构

接口电路一般由数据存储电路、控制命令逻辑电路、状态设置和存储电路等三个部分构成。数据存储电路由一组寄存器组成,暂存 CPU 和外设之间传输的数据;控制命令逻辑电路由一组命令字寄存器和执行逻辑组成,完成全部接口操作的控制;状态设置和存储电路由一组数据寄存器组成,CPU 和外设根据该寄存器内容有条件地动作。接口电路提供相应的三类端口给用户来操作这三个部分,这三类端口分别称为数据端口、控制端口和状态端口。图4-2为接口电路的构成示意图。

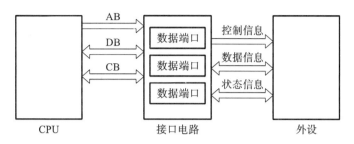

图 4-2　接口电路的构成

数据端口存放数据信息,数据可能来自 CPU,也可能来自外设,是 CPU 和外设需要传输的有效数据。控制端口存放控制信息,控制信息由 CPU 发出,用于控制外设接口工作及外设的启动和停止的信息。状态端口存放外设的状态信息,该信息表示外设当前所处的工作状态。例如,READY(就绪信号)表示设备是否已经准备好输入数据,BUSY(忙信号)表示设备是否已经准备好接收数据。

4.1.3　数据传输方式

在嵌入式系统中,CPU 通过接口和外设进行数据传输的方式主要有程序查询方式、中断方式、直接存储器存取方式(DMA)等几种。

1. 程序查询方式

这种方式下,CPU 通过 I/O 指令询问指定外设当前的状态,如果外设准备就绪,则进行数据的输入或输出,否则 CPU 等待,循环查询。这种方式的优点是结构简单,只需要较少的硬件电路。其缺点是由于 CPU 的速度远远高于外设的,因此 CPU 通常处于等待状态,工作效率很低。

2. 中断方式

在这种方式下,CPU 不再被动等待,在外设没有准备好之前可以执行其他程序。一旦外设为数据交换准备就绪,便可以向 CPU 提出中断服务请求。中断方式的优点是显而易见的,它不但为 CPU 省去了查询外设状态和等待外设就绪所花费的时间,提高了 CPU 的工作效率,还满足了外设的实时性要求。中断方式的缺点是每传输一个字符都要进行中断,需要交换大量数据,系统的性能会很差。

3. DMA

DMA 最明显的一个特点就是它不是使用软件方式而是采用一个专门的控制器来控制内存与外设之间的数据交流,无须 CPU 介入,大大提高了 CPU 的工作效率。在进行 DMA 数据传输之前,DMA 控制器会向 CPU 申请总线控制权,如果 CPU 允许,则将总线控制权交出。在执行 DMA 数据交换时,总线控制权由 DMA 控制器掌握,在传输结束后,DMA 控制器将总线控制权交还给 CPU。

4.1.4　接口设计的一般方法

接口设计是嵌入式系统实现(包括硬件设计和软件设计)中最复杂、最烦琐、最具个性的部分。接口设计在很大程度上决定了产品的基本功能和用途。

接口设计首先应在硬件上分析接口两侧的情况。然后在此基础上考虑 CPU 总线与 I/O 设备之间信号的转换,合理选用 I/O 接口芯片,进行硬件连接。最后进行接口驱动程序的分析与设计。

对于 CPU 要考虑的因素包括:CPU 的特点(如字长、直接寻址范围),总线情况(如系统总线的类型、地址总线、数据总线和控制总线的时序及逻辑关系等),端口地址分配情况(哪些可供用户使用),系统时钟频率及时序,中断使用情况等。另外,软件开发还需要考虑接口驱动程序的编写,以及与应用程序、操作系统之间的连接。

对于 I/O 设备本身需要考虑的因素包括:用户任务要求(应达到什么目的、是数据采集还是过程控制),I/O 设备的特点及功能,信号特点(是模拟还是数字、是并行还是串行信号等),信号的传送方式,连接总线及传送速率,控制信号及时序,开始及结束传送的方式等。

根据 CPU 和 I/O 设备的特点,设计接口时要做如下工作:选择合适的接口电路,选定适应的工作方式(如无条件、查询、中断或 DMA),配搭必要的辅助电路(如锁存器、缓冲器及译码电路),选择中断管理方式,安排优先级别及中断矢量,选定或设计中断管理电路,合理安排端口地址,选定与 CPU 或微机系统匹配的时钟及时序等。

4.2　总　线　概　述

任何一个微处理器都要与一定数量的部件和外围设备连接,但如果将每一种部件和外围设备都分别用一组线路与 CPU 直接相连接,那么连线将会错综复杂,甚至难以实现。为了简化硬件电路设计和系统结构,常用一组线路,配以适当的接口电路,与各部件和外围设备连接,这组共用的连接线路称为总线。采用总线结构便于部件和设备的扩充,尤其是制定了统一的总线标准后就容易使不同设备实现互连。简而言之,总线是各种信号线的集合,是嵌入式系统中各部件之间传输数据、地址和控制信息的公共通路。

在嵌入式系统中有各种类型的总线,包括内部总线、器件总线、内总线和外总线。

内部总线即集成电路芯片内部各模块之间的信号通道。

器件总线即芯片间的互连总线,可由开发人员自定义,也可以使用工业标准的总线。典型的器件总线有 I^2C、SPI 等。

内总线即设备内部的总线,用于电路板间互连,一般采用标准总线,如 ISA 总线、PCI 总线等。内总线也可以由开发人员根据需要自定义。

外总线即设备间总线,用于在不同设备间通信,一般采用标准总线,如 RS232、USB 等。

从广义上说,总线方式可以分为并行总线和串行总线,相应的通信称为并行通信和串行通信。并行通信的速度快、实时性好,但由于占用的 I/O 引脚多,不适于小型化产品;而串行通信的速率虽低,但在数据通信吞吐量不是很大的微处理电路中则显得更加简易、方便、灵活。随着微电子技术和计算机技术的发展,总线技术也在不断地发展和完善,从而计算机总线技术种类繁多,各具特色。

总线的主要参数有总线带宽、总线位宽、总线工作频率等几个。

总线带宽是指一定时间内总线上可以传输的数据量,即常说的最大稳态数据传输率,单位是 MB/s。

与总线带宽密切相关的两个概念是总线位宽和总线工作频率。总线位宽是指总线能同时传输的数据位数,即人们常说的 32 位、64 位等总线宽度的概念。总线的位宽越宽,总线每秒数据传输率越高,也就是总线带宽越宽。总线工作频率以 MHz 为单位,总线工作频率越高,则总线工作速度越快,也即总线带宽越宽。总线带宽与总线位宽和总线工作频率的换算关系一般为:

$$总线带宽＝总线位宽×总线工作频率/8$$

在嵌入式系统中,常用的总线有 USB 总线、I^2C 总线、DMA 总线、SPI 总线、I^2S 总线、CAN 总线、RS-232C/485 总线、IEEE1394 总线等。ISA 总线、PCI 总线等在通用计算机中使用得十分广泛,而在嵌入式系统中使用得较少。

标准总线一般由国际标准化组织发布,业界统一,其优点是可简化设计、易于扩展、便于更新、方便维修。通用设备(如 PC 机)的内、外总线都采用标准总线。专用总线一般由设备设计者定义,能较好地适应设备特点。其特点是专用性好、效率高、开销少、成本低,但是难以兼容。嵌入式设备因受应用环境限制,不易实现标准总线,且可能存在浪费,因此经常采用专用总线,甚至许多较小的系统也可能不需要内总线,而直接使用 I/O 资源完成输入/输出。

4.3　SPI 总线

4.3.1　SPI 总线结构

SPI(Serial Peripheral Interface)总线即串行外围设备接口,是 Motorola 公司推出的三线同步串行接口,包括一条时钟线 SCLK、一条数据输入线 MOSI 和一条数据输出线 MISO。SPI 接口通常在 CPU 和外围低速器件之间进行同步串行数据传输。

SPI 接口是以主-从方式工作的,这种模式通常有一个主器件和一个(或多个)从器件。SPI 接口协议要求接口设备按主-从方式进行配置,且同一时间内总线上只能有一个主器件。一般情况下,实现 SPI 接口需要 3～4 根信号线。其中:同步时钟线(SCLK)用于同步主器件和从器件之间的串行数据,由主器件输出并决定传输速率;主输出、从输入线(MOSI)用于主器件的输出、从器件的输入;主输入、从输出线(MISO)用于从器件的输出、主器件的输入。

从选择线(SS)用于使能从器件。当 SPI 工作在三线方式时,从选择线被禁止,而当其工作在四线方式时,从选择线用于使能从器件。

图 4-3 所示为基于 SPI 总线的单主器件和单从器件之间的通信。

SPI 总线的主要特点:可以同时发送和接收串行数据,可以当做主机或从机工作,提供频率可编程时钟,可以发送结束中断标志,具有写冲突保护和总线竞争保护等。

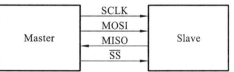

图 4-3　基于 SPI 总线的单主器件和
单从器件之间的连接

SPI 总线有 SPI0、SPI1、SPI2 和 SPI3 等 4 种工作方式。这 4 种方式通过判断 MOSI 及
MISO 上的数据在 SCK 的哪种极性和相位上有效来区分。4 种方式的工作模式如图 4-4 所
示,其中使用最为广泛的是 SPI0 和 SPI3 方式。

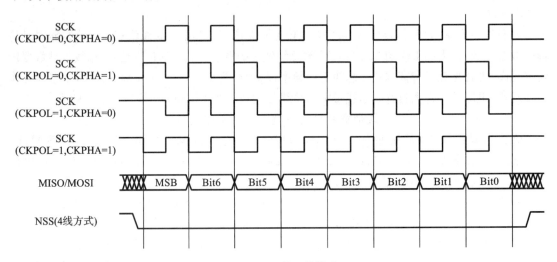

图 4-4　SPI 的工作模式

CKPOL—极性;CKPHA—相位

SPI 接口的内部硬件实际上是两个移位寄存器,传输的数据为 8 位,在主器件产生的使能
信号和移位脉冲控制下按位循环传输,高位在前、低位在后。SCK 的每个脉冲完成 1 位数据
向对方寄存器的移位操作,8 个脉冲周期完成 1 个字节的交换。图 4-5 所示为 SPI 接口的内部
工作原理。

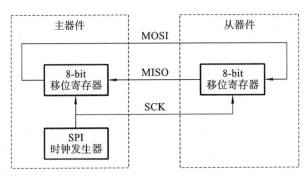

图 4-5　SPI 接口的内部工作原理

4.3.2　SPI 总线的应用

对于支持 SPI 总线的微处理器,使用 SPI 总线连接不同的 SPI 外设器件十分方便。不支持
SPI 总线的微处理器(如标准 51 内核单片机,以及一些 32 位微处理器)中没有 SPI 总线接口可
用,对这些微处理器可以使用软件方式模拟 SPI 时序,从而在系统中利用具有 SPI 接口的外设。

x25045 是 Xicor 公司生产的支持四线 SPI 总线的可编程专用看门狗定时器,定时时间通
过软件进行设定。x25045 和微处理器之间通过 SPI 总线通信。x25045 芯片有 8 只引脚,表
4-1 列出了 x25045 芯片引脚排列和功能。在使用 51 单片机控制 x25045 时,可以使用软件在

单片机 I/O 引脚上模拟 SPI 的操作,包括串行时钟、数据输入和数据输出。

表 4-1 x25045 芯片引脚排列和功能

脚序	名称	功能描述
1	CS/WDI	芯片选择输入
2	SO	串行输出。当读数据时,数据在 SCK 脉冲的下降沿由这个引脚送出
3	WP	写保护。当 WP 引脚是低电平时,向 X5045 中写的操作别禁止,但是其他的功能正常
4	VSS	地
5	SI	串行输入。SI 是串行数据输入端,指令码、地址、数据都是通过这个引脚进行输入,在 SCK 的上升沿进行数据的输入,并且高位 MSB 在前
6	SCK	串行时钟。串行时钟的上升沿通过 SI 引脚进行输入。下降沿通过 SO 引脚进行数据的输出
7	RESET	复位输出
8	VCC	正电源

该芯片与单片机的连接如图 4-6 所示。

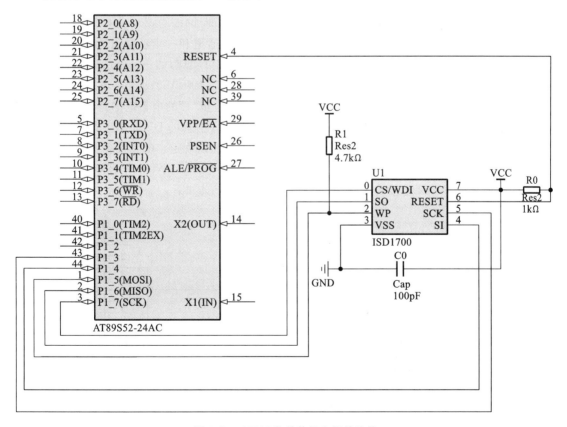

图 4-6 x25045 和单片机之间的连接

对于不同的串行接口外围芯片,它们的时钟时序是不同的。对于在 SCLK 的上升沿输入(接收)数据和在下降沿输出(发送)数据的器件,一般应将其串行时钟输出口 P1.3 的初始状态设置为"1",而在允许接收后再置 P1.3 为"0"。这样,MCU 在输出 1 位 SCK 时钟的同时,将使接口芯片串行左移,从而输出 1 位数据至 MCS-51 单片机的 P1.4 口(模拟 MCU 的 MISO线),此后再置 P1.3 为"1",使 MCS-51 系列单片机从 P1.0(模拟 MCU 的 MOSI 线)输出 1 位数据(先为高位)至串行接口芯片。至此,模拟 1 位数据输入(输出)便宣告完成。此后再置 P1.3 为"0",模拟下一位数据的输入与输出……依次循环 8 次,即可完成一次通过 SPI 总线传输 8 位数据的操作。对于在 SCK 的下降沿输入数据和上升沿输出数据的器件,应取串行时钟输出的初始状态为"0",即在接口芯片允许时,先置 P1.3 为"1",以便外围接口芯片输出 1 位数据(MCU 接收 1 位数据),之后置时钟为"0",使外围接口芯片接收 1 位数据(MCU 发送 1 位数据),从而完成 1 位数据的传输。

4.4　RS232C 总线及 RS485 总线

4.4.1　RS232C 总线

RS232C 是美国电子工业协会(Electronic Industry Association,EIA)制定的一种串行物理接口标准。RS 是英文"recommanded standard"(推荐标准)的缩写,232 为标识号,C 表示修改次数。RS232C 总线标准设有 25 条信号线,包括一个主通道和一个辅助通道。在多数情况下主要使用主通道,对于一般双工通信,仅需几条信号线就可实现,如一条发送线、一条接收线及一条地线。RS232C 标准规定的数据传输速率为 50、75、100、150、300、600、1 200、2 400、4 800、9 600 和 19 200 b/s。RS-232C 采用负逻辑电平。逻辑"1"的电平范围是－15～3 V,逻辑"0"的电平范围是＋3～＋15 V。该标准规定采用一个 25 引脚的 DB25 连接器,对连接器的每个引脚的信号内容加以规定,同时还对各种信号的电平加以规定。随着设备的不断改进,出现了代替 DB25 的 DB9 接口,现在都把 RS232C 接口称作 DB9。图 4-7 所示为 RS232C 接口(采用 DB9)和 MAX232 连接的电路,图中 DB9 各引脚的定义如下。

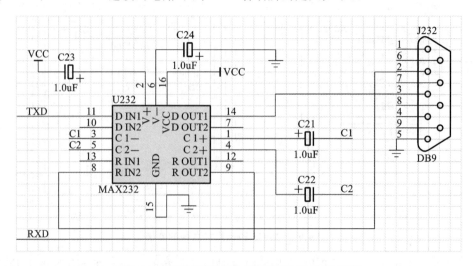

图 4-7　RS232C 接口(DB9)和 MAX232 电平转换

引脚 1:DCD,载波检测。

引脚 2:RXD,接收数据。

引脚 3:TXD,发送数据。

引脚 4:DTR,数据终端准备好。

引脚 5:SG,信号地。

引脚 6:DSR,数据准备好。

引脚 7:RTS,请求发送。

引脚 8:CTS,允许发送。

引脚 9:RI,振铃提示。

通用异步收发器(Universal Asynchronous Receiver and Transmitter,UART)是多数嵌入式微处理器(包括单片机)的标配通信部件,提供异步串行通信接口,使用 TTL 逻辑电平标准。TTL 电平必须通过合适电路进行电平转换才能连接 RS232C 标准接口。常用的电平转换器件有 MC1488、MC1489、MAX232 等。图 4-7 所示为利用 MAX232 芯片进行电平转换实现 RS232C 接口(DB9)的原理。

RS232C 通信的几个关键参数有:波特率(Baud Rate)、起始位个数、数据位个数、停止位个数、校验位和校验方式等。典型的波特率有 19 200 b/s、9 600 b/s、4 800 b/s 等,校验方式有 ODD 校验和 EVEN 检验,也可以是无校验(NULL)。

在实践中经常会用到 RS-232C 接口,一般采用 D 型 9 针串口连接两个串行设备。最简单的情况下,串口数据传输只要有接收引脚 Rx、发送引脚 Tx 以及地线 GND 就能实现。通信双方的 Rx 引脚与 Tx 引脚交叉相连,地线 GND 直接连接。

4.4.2　RS485 总线

RS232C 标准定义的通信距离比较短,在通信速率低于 20 Kb/s、不使用 Modem 的情况下 RS232C 直接连接进行通信的最大距离为 15 m,而且码元畸变的概率高达 4%。在要求通信距离为几十米到上千米时,广泛采用 RS232C 衍化的新标准 RS485 串行总线,其通信时序与 RS232C 的相同。RS485 采用平衡发送和差分接收,因此具有抑制共模干扰的能力。加之总线收发器具有高灵敏度,能检测低至 200 mV 的电压,故传输信号能在千米以外得到恢复。

RS485 总线的特点如下。

(1) 电气特性:逻辑"1"的电平范围为+2～+6 V;逻辑"0"的电平范围为-6～-2 V。其接口信号电平比 RS232C 的降低了,不易损坏接口电路的芯片,且该电平与 TTL 电平兼容,可方便地与 TTL 电路连接。

(2) 数据最高传输速率为 10 Mb/s。

(3) 接口采用平衡驱动器和差分接收器的组合,抗共模干扰能力增强,即抗噪声干扰性好。

(4) RS485 接口的最大传输距离标准值为 1220 m,实际上可达 3000 m。RS232C 接口在总线上只允许连接 1 个收发器,即具有单站能力,而 RS485 接口在总线上允许连接多达 128 个收发器,即具有多站能力。这样用户可以利用单一的 RS485 接口方便地建立起通信网络。

RS485 的应用方式很简单。发送端将串行口的 TTL 电平信号转换成差分信号后分 A、B

两路输出,经过线缆传输之后在接收端将差分信号还原成 TTL 电平信号。常用电平转换器件有 DS3695、DS3696(RS485 收发器)。图 4-8 所示为 RS485 收发器的结构和 DS3695 的使用。

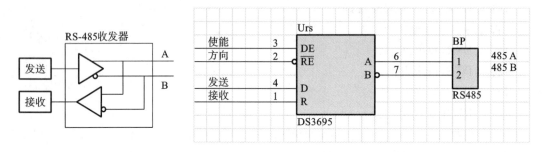

图 4-8 RS485 收发器的结构和 DS3695 的使用

4.5 USB 总线

4.5.1 USB 总线概述

USB(Universal Serial Bus)即通用串行总线,作为一种新的外设连接技术,最初是由 Compaq、IBM、Intel、Microsoft、NEC 等公司于 1994 年联合提出的。USB 由于具有支持即插即用和热拔插,以及速度快、易于扩展、总线供电等优点,目前已成为 PC 机与外部通信的主流接口,并迅速在自动化测试等众多领域中得到应用,以满足对数据通信更高的要求。尤其在 USB 实现传输速度达到 480 Mb/s 之后,其应用范围更加广阔,一些原来不能应用 USB 的场合也可以使用,如大容量的数据采集、高保真的图像视频传输等。USB 实际也是一种通信协议,支持主系统与其外设间的数据传输。

1996 年发布了 USB 1.0 标准,1998 年发布了 USB 1.1 标准。USB 1.1 标准支持两种传输速度,即 1.5 Mb/s 低速传输和 12 Mb/s 全速传输,支持热拔插和即插即用,最多可同时连接 127 台设备。1999 年发布了 USB 2.0 标准,最高传输速率达 480 Mb/s(高速),是 USB 1.1 的 40 倍,且向下兼容 USB 1.1。最新的 USB3.0 标准传输带宽高达 500Mb/s。

4.5.2 USB 工作原理

USB 实体包含两条电源线(VCC、GND)和两条以差分方式传送的信号线(D+、D-)。其结构如图 4-9 所示。USB 的输出特性是差分驱动、支持半双工方式,USB 的接收采用差分接收。

发送方、接收方与总线的接口如图 4-10 所示。在 USB 接口中,当主设备或 HUB 没有外设接入时,该设备中 D+ 和 D- 端均通过电阻接地。当有全速设备接入时,该设备中 D+ 端通过上拉电阻接至电源,提升了主设备 D+ 端的电平,使得系统侦知有全速设备接入,如图4-10 所示。当有低速设备接入时,D- 端的上拉电阻提升了主设备 D- 端的电平,使系统能侦知有低速设备的接入。

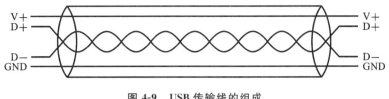

图 4-9 USB 传输线的组成

全速设备电缆与电阻的连接

低速设备电缆与电阻的连接

图 4-10 发送方、接收方与总线的连接

USB 采用多级星形网络把所有的外设连接起来,如图 4-11 所示。

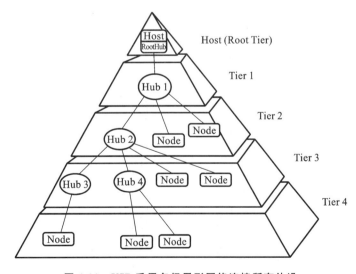

图 4-11 USB 采用多级星形网络连接所有外设

USB 体系结构中包括三种设备,即 Host(即 USB 主控制器)、Device(USB 设备)和 HUB(集线器,也是设备)。

USB 通信采用主从结构,只有 Host 能够与 Device 通信,而两个 Host 或两个 Device 之间不能通信。通过 HUB 的扩展,Host 可以与多个 Device 相连,每个 USB 系统有且只有一个 Host,它负责管理整个 USB 系统(包括 Device)的连接与删除、Host 与 Device 的通信、USB 线路的控制等。Host 端有一个 Root Hub 可提供一个或多个 USB 下行端口,每个端口可以连接一个 USB Hub 或一个 USB Device。在 USB 网络中,一切信息交换都以 Root Hub 为一方,且都是由 Root Hub 发起的。所有的 USB Device 在网络中具有相同的地位,USB Device 在加入系统时,会由 Host 分配唯一的 8 位地址加以识别,这个地址是动态分配的,与设备接入的先后有关,而与设备本身的性质无关。

为了避免连接错误,USB 定义了两种不同规格的星形 USB 连接头:A 型连接头和 B 型连接头。其中,A 型连接头用来连接下游的设备,为长方形扁平状,B 型连接头用来连接上游的设备或集线器,为正方形。每个连接头内拥有四个针脚:两个是用来传递差分数据,另两个则用于 USB 设备的电源供给。

4.5.3 典型 USB 接口芯片

嵌入式系统中常用的 USB 接口芯片有 PDIUSBD12、CH374/CH375、CH340 等。PDIUSBD12 是一款性价比很高的 USB 器件。它通常用做微控制器系统中实现与微控制器进行通信的高速通用并行接口。它还支持本地的 DMA 传输。

这种实现 USB 接口的标准组件使得设计者可以在各种不同类型的微控制器中选择最合适的微控制器。这种灵活性减少了开发时间,降低了开发风险及费用(使用已有的结构和减少固件上的投资),从而用最快捷的方法实现最经济的 USB 外设解决方案。

PDIUSBDI2 完全符合 USB 1.1 的规范,它还符合大多数器件的分类规格:成像类设备、海量存储器件、通信器件、打印设备及人机接口设备。同样,PDIUSBD12 能够理想地支持许多外设,如打印机、扫描仪、外部的存储设备(Zip 驱动器)和数码相机等。

PDIUSBDI2 的引脚如图 4-12 所示,引脚说明如表 4-3 所示。

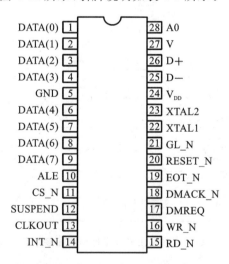

图 4-12　PDIUSBDI2 的引脚安排

表 4-3　PDIUSBD12 主要引脚功能

管脚	符号	类型	描述
1	DATA(0～7)	I/O	双向数据位 0～7
10	ALE	I	地址锁存使能
11	CS_N	I	片选(低电平有效)
12	SUSPEND	I, OD4	器件处于挂起状态
13	CLKOUT	O2	可编程时钟输出
14	INT_N	OD4	中断(低电平有效)
15	RD_N	I	读选通(低电平有效)
16	WR_N	I	写选通(低电平有效)
17	DMREQ	O4	DMA 请求
18	DMACK_N	I	DMA 应答(低电平有效)
19	EOT_N	I	DMA 传输结束(低电平有效)
25	D—	A	USB D— 数据线
26	D+	A	USB D+ 数据线
28	A0	I	地址位。A0 为 1 时选择命令,A0 为 0 时选择数据

　　PDIUSBD12 内部含有集成收发器接口,可通过端口电阻直接连接到 USB 通信电缆。片内集成有 3.3 V 调节器,可为模拟收发器提供电源。该电压要么外接 1.5 kΩ 的上拉电阻,要么连接内部集成的 1.5 kΩ 上拉电阻。由于其片内还集成了 6～48 MHz 倍频 PLL,因此只需外接低频晶振即可工作。图 4-13 所示中选用 Atmel 公司的 AT89S51 作为 PDIUSBD12 的控制器,此接口工作在非 DMA 传输方式下,PDIUSBD12 与 AT89S51 的数据交换采用中断方式,其中断可通过图中的外部中断 0(INT0)来完成。在这一方式下,AT89S51 通过控制 PDIUSBD12 来使集线器与主机通信,并完成 USB 协议的处理(即 PDIUSBD12 的固件)。该协议的处理包括描述符请求、地址设置、端点的配置等。图 4-13 所示中,地址线 P2.7/A15 为 PDIUSBD12 的片选线,P2.6/A14 为 PDIUSBD12 的命令/数据选择线,地址 0X7FFF 为写命令,0X3FFF 为读/写数据。

　　CH340 芯片是一个 USB 总线的转接芯片,实现 USB 转串口或者 USB 转打印口。在串口方式下,CH340 提供常用的 MODEM 联络信号,用于为计算机扩展异步串口,或者将普通的串口设备直接升级到 USB 总线。图 4-14 所示为 CH340 芯片的典型应用方式。

　　CH340 芯片的典型特点如下。

　　(1) 全速 USB 设备接口,兼容 USB V2.0;

　　(2) 兼容 Windows 操作系统,在 Windows 2000 及以上系统下无需驱动程序;

　　(3) 支持 IEEE-1284 规范的双向通信,支持单向和双向传输打印机;

　　(4) 软件兼容 CH341,可以直接使用 CH341 的驱动程序;

　　(5) 支持 5 V 电源电压和 3.3 V 电源电压甚至 3 V 电源电压;

　　(6) CH340H 内置时钟,无需外部晶振;

　　(7) 采用 SOP-28 无铅封装,兼容 RoHS,引脚兼容 CH341。

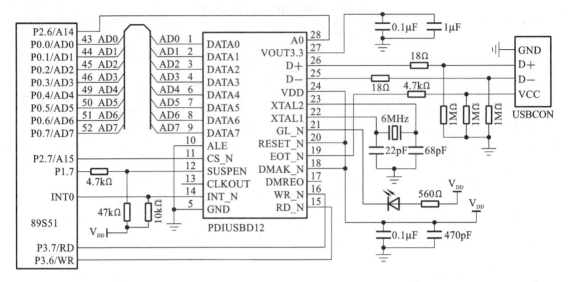

图 4-13 PDIUSBD12 和 89S51 的接口电路图

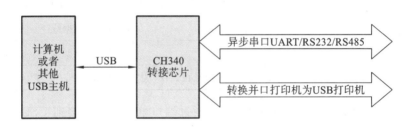

图 4-14 CH340 芯片典型应用方式

CH340 芯片的引脚图如图 4-15 所示。常用的引脚有：

UD+(10)是 USB 信号,直接连到 USB 总线的 D+ 数据线;

UD-(11)是 USB 信号,直接连到 USB 总线的 D- 数据线;

RSTI(2)是输入,外部复位输入,高电平有效,内置下拉电阻;

D7~D0(22~15)是三态输出,8 位,并行数据输出,接 CPU 的 DATA7~DATA0;

STB♯(25)是输出,数据选通输出,低电平有效,接 CPU 的片选信号。

图 4-15 CH340 芯片的引脚图

CH340 芯片支持 5 V 电源电压或者 3.3 V 电源电压。当使用 5 V 工作电压时,CH340 芯片的 VCC 引脚输入外部 5 V 电源,并且 V3 引脚应该外接容量为 0.1 μF 的电源退耦电容。当使用 3.3 V 工作电压时,CH340 芯片的 V3 引脚应该与 VCC 引脚相连接,同时输入外部的 3.3 V电源,并且与 CH340 芯片相连接的其他电路的工作电压不能超过 3.3 V。CH340 自动支持 USB 设备挂起以节约功耗,NOS♯引脚为低电平时将禁止 USB 设备挂起。

4.6　I²C 总线

4.6.1　I²C 总线概念

I²C(Inter Integrated Circuit)总线是 Phillips 公司推出的高性能串行总线。该总线是一种廉价优质的串行总线,适用于消费电子、通信电子和工业电子等领域的低速器件。大多数嵌入式处理器和 I/O 芯片都集成了 I²C 总线接口,如 E²PROM 存储器、温度传感器等。I²C 总线最主要的优点是简单和有效性。I²C 总线的标准传输速度是 100 Kb/s,最大长度 7.62 m,并且能够支持 40 个具有独立地址的组件。I²C 总线是一种多主机的总线,可以连接多个能控制总线的器件,但同一时刻只能有一个器件控制总线而成为主机。图 4-16 所示的是 I²C 总线的使用方式。挂接在 I²C 总线上的器件,无论是微处理器、LCD 驱动器,还是存储器,都具有唯一的地址。

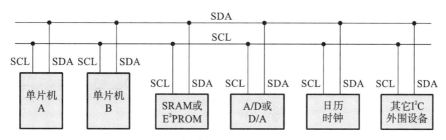

图 4-16　I²C 总线的使用方式

I²C 总线定义了两根传输线,一根是双向的数据线 SDA,另一根是时钟线 SCL。所有连接到 I²C 总线的设备把串行数据 SDA 引脚接到总线的 SDA 线上,把时钟 SCL 引脚接到总线的 SCL 线上。I²C 总线接口的数据线 SDA 和时钟线 SCL 都是双向传输线。总线备用时,SDA 和 SCL 都必须保持高电平状态。

I²C 总线上控制总线的设备称为主机,主机启动开始信号以后,发送一个地址字节,该字节的高 7 位为从机地址,最低位(LSB)为数据传输方向位,"0"表示写,"1"表示读,如图 4-17 所示。每个支持 I²C 总线的从设备都设定有唯一的地址,如果其地址和总线上的地址匹配,则该从设备响应,并准备好下一步的数据收发。

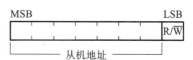

图 4-17　I²C 总线上的地址字节

4.6.2　I²C 总线操作时序

1. 总线数据传输的开始和结束

在 I²C 总线传输过程中,将两种特定的情况定义为起始信号和结束信号,如图 4-18 所示。当 SCL 保持高电平时,SDA 从"1"跳变到"0",标志着一个数据传输进程的开始;当 SCL 保持高电平时,SDA 从"0"跳变到"1",标志着一个数据传输进程的结束。

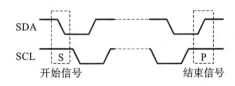

图 4-18 I²C 总线起始信号和结束信号

起始信号和结束信号由主设备产生。当 I²C 总线上出现起始信号时,总线进入"忙"状态;当 I²C 总线上出现结束信号时,总线进入"空闲"状态。挂接在 I²C 总线上的主 I²C 和从 I²C 通过检测起始信号和结束信号判断总线的"忙"、"闲"状态。由于 I²C 总线协议不定义优先级概念,因此任何新进程的开始必须等待当前进程的结束。数据传输的结束信号由主设备发出。刚刚结束一个进程的用户有立即启动一个新进程的优先权:该用户可以不发出结束信号而直接发出一个新的起始信号和另一个从 I²C 地址,从而不给其他用户申请总线的机会,以保持自己继续使用总线的权利。

使用硬件接口可以很容易地检测起始和结束信号,没有这种接口的处理器(如大多数单片机)每时钟周期必须至少对 SDA 取样两次以检测这种变化。

2. 总线上数据的有效性

I²C 总线数据传输时,在时钟线 SCL 高电平期间,数据线必须保持稳定的逻辑电平状态,高电平为数据"1",低电平为数据"0"。只有当时钟线为低电平时,才允许数据线上存在电平状态变化,如图 4-19 所示。

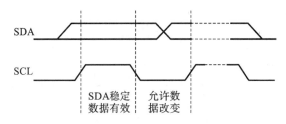

图 4-19 I²C 总线数据有效的时序

3. 数据传输的格式

I²C 总线可以采用 7 位地址来进行数据传输。取得总线使用权的主设备放在 SDA 上的第 1 个字节的高 7 位是从设备的目标地址,第 0 位是操作命令:"1"表示读,"0"表示写。地址字节之后则是连续的数据字节。数据传输字节数是没有限制的。每传送一个字节后都会跟随一个应答位,并且首先发送的数据位为最高位。I²C 总线数据传输时,每个数据位必须有一个时钟脉冲。在全部数据传输完成后,由主控制器发送结束信号,如图 4-20 所示。

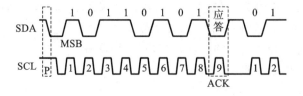

图 4-20 I²C 总线数据传输的时序

I²C 总线是各种总线中使用信号线最少,并具有自动寻址、多主机时钟同步和仲裁等功能的总线。因此,使用 I²C 总线设计的计算机系统十分方便、灵活,其体积也较小,因而在各类实际操作中得到广泛应用。

4.6.3　I²C 总线的应用

AT24CXX E2PROM 是带有 I²C 总线接口的系列 E2PROM,主要包括 AT24C01/02/08/16 等。其容量(字节数×页)分别为 128×8/256×8/1024×16/2048×8,适用于 1.8 V 到 5.0 V 的低电压操作。它具有低功耗和高可靠性的特点。图4-21 所示是 AT24C256 的引脚排列。SCL 是串行时钟,漏极开路,需接上拉电阻。SDA 是串行数据线,漏极开路,需接上拉电阻。A0、A1、A2 是器件寻址地址输入端。在 AT24C01/02 中,引脚被硬连接,其他 AT24CXX 均可接寻址地址线。WP 是写保护,接低电平时可对整片空间进行读/写;高电平时不能读取受保护区。

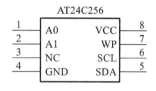

图 4-21　AT24C256 的引脚排列

对于支持 I²C 总线的处理器,可以直接把 SCL 和 SDA 连接到相应总线,使用较为简单。但是,在实际应用中很多处理器并没有集成 I²C 总线,这时可以通过对 I²C 总线时序进行模拟,让该处理器支持 I²C 总线。可以用处理器的两根空闲 I/O 线来实现 I²C 总线,用软件控制这两个 I/O 模拟产生 I²C 总线所需的相应时序。图4-22 所示是基于 I²C 总线的 AT24C08 存储芯片和 51 系列单片机应用的电路。A0、A1、A2 为器件地址线,WP 为写保护引脚,SCL 和 SDA 为串行时钟线和串行数据线。

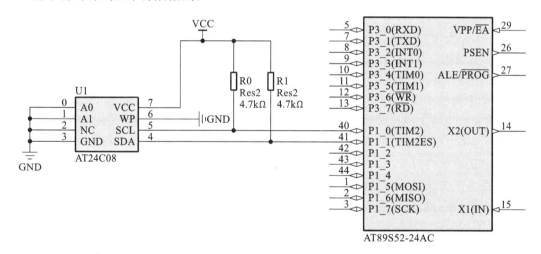

图 4-22　AT240C08 存储芯片和 51 系列单片机的连接

单片机(此处型号是 AT89S52,实际上任意 51 系列的单片机都类似)通过 P1.0 和 P1.1 两个引脚连接 AT24C08 的 SCL 和 SDA 两根线。由于 AT89S52 并不支持 I²C 总线协议,所以必须通过程序在 P1.0 和 P1.2 两个管脚上形成 I²C 总线时序来与 AT24C08 进行信息交互。引脚 A0、A1、A2 用于多个器件级联时设置各个器件地址。当这些引脚悬空时默认值为 0 (24WC01 除外)。当使用 24WC01 或 24WC02 时最多可级联 8 个器件。WP 引脚为写保护。如果 WP 管脚连接到 VCC,则所有的内容都被写保护(只能读)。如果 WP 管脚连接到 VSS 或悬空,则允许器件进行正常的读/写操作。

4.7　其他常用总线

4.7.1　I²S 总线

音响数据的采集、处理和传输是多媒体技术的重要组成部分。众多的数字音频系统已经进入消费市场，如数字音频录音带、数字声音处理器。对于设备和生产厂家来说，标准化的信息传输结构可以提高系统的适应性。I²S(Inter-IC Sound Bus)总线是飞利浦公司为数字音频设备之间的音频数据传输而制定的一种总线标准，该总线专注于音频设备之间的数据传输，广泛应用于各种多媒体系统。它采用了沿独立的导线传输时钟与数据信号的设计，通过将数据和时钟信号分离，避免了因时差诱发的失真，为用户节省了购买抗音频抖动的专业设备的费用。

在飞利浦公司的 I²S 标准中，既规定了硬件接口规范，也规定了数字音频数据的格式。I²S 有三个主要信号。

（1）串行时钟（SCLK），也称位时钟（BCLK），即对应数字音频的每一位数据 SCLK 都有一个脉冲。SCLK 的频率＝2×采样频率×采样位数。

（2）帧时钟（LRCK），用于切换左右声道的数据。LRCK 为"1"表示正在传输的是左声道的数据，LRCK 为"0"则表示正在传输的是右声道的数据。LRCK 的频率等于采样频率。

（3）串行数据（SDATA），就是用二进制补码表示的音频数据。有时为了使系统间能够更好地同步，还需要另外传输一个信号（MCLK），即主时钟，也称系统时钟（System Clock），其频率是采样频率的 256 倍或 384 倍。

I²S 格式的信号无论有多少位有效数据，数据的最高位总是出现在 LRCK 变化（也就是一帧开始）后的第二个 SCLK 脉冲处。这就使得接收端与发送端的有效位数可以不同。如果接收端能处理的有效位数少于发送端，则可以放弃数据帧中多余的低位数据；如果接收端能处理的有效位数多于发送端，则可以自行补足剩余的位。这种同步机制使得数字音频设备的互连更加方便，而且不会造成数据错位。

4.7.2　IEEE1394

IEEE1394 是苹果公司开发的串行标准，中文译名为火线（Firewire）接口。同 USB 一样，IEEE1394 也支持外设热插拔，可为外设提供电源，省去了外设自带的电源，能连接多个不同设备，支持同步数据传输。在数字相机、数字摄像机、便携式计算机，甚至桌面 PC 等众多产品中对 IEEE1394 技术提供了全面的支持，然而 IEEE1394 的潜在市场远非这些，IEE1394 无论是在计算机硬盘还是网络互联等方面都有其广阔的用武之地。

IEEE1394 有两种传输方式：Backplane 模式和 Cable 模式。Backplane 模式的最低速率也比 USB 1.1 的最高速率高，分别为 12.5 Mb/s、25 Mb/s 和 50 Mb/s，可以用于多数的高带宽应用。Cable 模式是速度非常快的模式，分为 100 Mb/s、200 Mb/s 和 400 Mb/s 几种，在 200 Mb/s 下可以传输未经压缩的高质量数据或电影。IEEE1394B 是 IEEE1394 技术的升级版本,是仅有的专门针对多媒体(视频、音频),不同类别计算机而设计的家庭网络标准。它通过低成本、安全的 CAT5(五类)线缆互连实现了高性能家庭网络。IEEE1394 则更适用于那些数据传输量更大的设备,如视频设备或计算机硬盘等。

IEEE1394 接口有 6 针和 4 针两种类型。6 边形的为 6 针接口,小型四边形的则为 4 针接口。最初,苹果公司开发的 IEEE1394 接口是 6 针的,随后,SONY 公司将早期的 6 针接口进行改良,设计成现在常见的 4 针接口,并将其命名为 ILINK(这也是 IEEE1394 的另外一种叫法)。6 针接口主要用于普通的台式计算机,时下很多主板都整合了这种接口,特别是苹果公司生产的计算机,全部采用这种接口;另一种是 4 针接口,从外观上就显得要比 6 针的小巧很多,主要应用于便携式计算机和 DV 上。4 针接口没有提供电源引脚,所以无法供电,其优势就是小巧。

4.8　LED

尽管嵌入式设备不像微机系统一样强调友好、美观的操作界面,甚至还有不少嵌入式设备几乎没有任何人机界面(如某些机箱式设备的内部插卡或内部模块),但是大多数嵌入式设备,尤其是一些仪器、仪表都有操作面板。操作面板上通常安装有各式各样的旋钮、按键(键盘也由若干按键有序排列而成)、发光二极管、数码管等元器件,它们是嵌入式设备最基本、最简单的外设。本节主要介绍其中的 LED(发光二极管)。

LED 是有两只引脚的可发光器件,其工作原理很简单。发光二极管与普通二极管都是由一个 PN 结组成,都具有单向导电性,只要在两只引脚上加合适电压(一般是 3 V 或 5 V)就可以使之发光。发光颜色与使用的材料有关,一般选用不同颜色的发光二极管区分设备不同的工作状态。硬件设计中一般可以直接把发光二极管的一端连接在某个空闲 I/O 引脚或 GPIO 引脚上,另一端接地。通过编程控制相应 I/O 引脚或 GPIO 引脚的电平,即可使发光二极管点亮或熄灭。图 4-23 中左边为发光二极管的实物,右边是在电路中常用的方式,实际使用会在电路中串联一个适当阻值的电阻,起到限制电流大小保护 LED 的作用。

图 4-23　电路中 LED 实物和典型应用电路

4.9　数　码　管

数码显示管是一种常用来显示数字、字母或特殊符号、小数点的简单输出设备。该器件由 7 个具有一定长度的 LED(发光二极管)组成,形成一个“日”字形的结构,如图 4-24 所示。每个数码管内含的 7 个发光二极管每个都可以单独控制其点亮和熄灭。所有发光二极管具有一个公共端,连接在一起。另外一端均单独控制,以便控制各个发光二极管的点亮和熄灭。如果所有 LED 的阴极连接在一起,就称之为共阴极数码管;如果所有 LED 的阳极连接在一起,则称之为共阳极数码管。

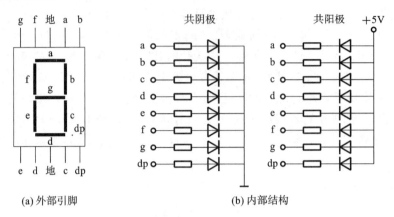

(a) 外部引脚   (b) 内部结构

图 4-24   数码管的结构

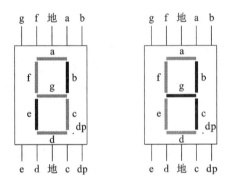

图 4-25   数码管显示数字 5 和字母 C

只要适当地控制每段发光二极管的点亮和熄灭,就能"显示"出不同的符号,例如某个数字或字母或特殊符号。如图 4-25 所示,同时点亮 a、f、g、c、d 等五段发光二极管,则显示数字"5";若同时点亮 a、f、e、d 等四段发光二极管,则显示字母"C"。当然,这些符号可能并不美观,甚至还会造成一些视觉误判,但是这类器件还使用在很多场合。

数码管的显示方法有很多,单个数码管一般采用静态显示,多个数码管一般采用字位扫描动态显示,以便节省 I/O 引脚的使用。动态显示方法利用了人眼视觉暂留的特性,分时轮流显示各位数码管,由于时间间隔短,所以用户看起来是所有位同时显示。

单片机控制多个 LED 的字位扫描方式如图 4-26 所示。图中所举实例最多支持 16 个数码管。在该方式下,各数码管的同名字段(包括小数点字段)并联后,通过 74LS273 连接到处理器的 P1 端口。而各个数码管的公共端通过 74LS138 译码器连接 P3 端口的低 4 位。这里的数码管是共阳极结构。显示数据的时候,先通过控制 P3 端口的低 4 位选通第 1 个数码管,然后通过 P1 端口往该数码管上送待显示的位数据,间隔一个较短的时间后,到控制 P3 端口的低 4 位选通第 2 个数码管,接着通过 P1 端口往该数码管上送待显示的位数据……如此轮流选通每一个数码管并显示相应的位数据。对用户来说,由于每个数码管熄灭的时间间隔不长,看起来所有数码管是同时显示的。该电路有两个地方需要注意,一是如果 P1 端口专用于数码管,则可以去掉 74LS273 芯片;二是如果 P3 端口够用或数码管位数较少,则可以去掉 74LS138 芯片。

字位扫描方式最大的问题是显示亮度可能不够。由于各数码管分时点亮,当显示位数为 n 时,每一位点亮的时间只有显示时间的 1/n,位数过多时显示亮度将大幅下降,甚至到了达不到实际使用要求的程度。

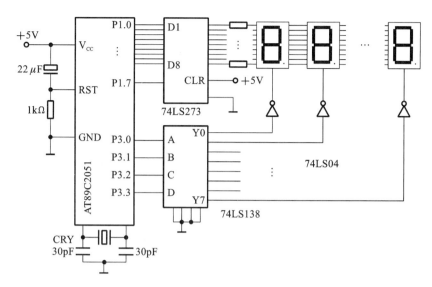

图 4-26　多位 LED 字位扫描方式进行动态显示

4.10　继　电　器

4.10.1　继电器的工作原理

继电器(Relay)是一种常用的电路通断控制开关,逻辑上相当于一个开关,常用于用低压电路控制高压电路通断的情况,或者用于实现电路中低压电路与高压电路两个部分的物理隔离。继电器实际上是用小电流去控制大电流运作的一种"自动开关",在电路中起着自动调节、安全保护、转换电路等作用,在自动化的控制电路中十分常见。图 4-27 展示了一个 3.3 V 继电器应用电路,用 3.3 V 的低压信号控制另外一个 5 V 高压电路的通断。

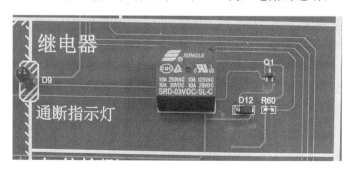

图 4-27　继电器应用电路

继电器内部一般由铁芯、线圈、衔铁、触点簧片等组成。只要在线圈两端加上一定的电压,线圈中就会流过一定的电流,从而产生电磁效应,衔铁就会在电磁力吸引的作用下克服返回弹簧的拉力吸向铁芯,从而带动衔铁的动触点与静触点(常开触点)吸合。

4.10.2 继电器的应用

图 4-28 展示了用继电器控制 LED 灯亮灭的简单应用场景,通过小电流电信号 Relay 控制右侧大功率 LED 灯的亮灭。

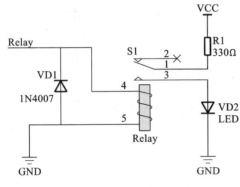

图 4-28 中左侧电路为控制回路,控制回路中 Relay 是输入的控制信号,工作电压是 3.3 V,控制回路中包括一个绕有线圈的铁芯(形成一个电磁铁)。图 4-28 中右侧所示即为被控制回路,工作电压是 5 V,电路两端为电源 VCC 和地 GND,中间串联了负载 LED、限流电阻以及继电器衔铁和触点簧片。继电器类似一个单刀双掷开关,不工作的时候(默认状态)弹簧控制 1 号引脚与 3 号引脚处于断开的状态,被控制电路形成断路。当 Relay 信号为高电平时,电流流过控制回路,电磁

图 4-28 继电器控制负载电路图

铁产生磁性,将靠近磁极端的可拨动衔铁吸引,使得 1 号引脚与 3 号引脚连通,此时被控制电路形成通路,负载 LED 工作,即被点亮。当 Relay 信号恢复为低电平时,电磁铁磁性消失,继电器恢复默认的断开状态,被控制电路形成断路。

从电路中也可以看出,左侧控制回路与右侧被控制回路在物理上相互隔离,可以起到很好的保护作用,并且可以轻松实现较小电流控制大电流负载。

4.11　红外对射管

4.11.1 红外对射管的工作原理

红外对射管是红外线发射管与红外线接收管的合称,两者的外观与普通的发光二极管很相似。红外线发射管与红外线接收管的颜色一般分别为透明和黑色。

红外发射管是由红外发光二极管组成的发光体,其内部是用红外辐射效率高的材料制成的 PN 结,当向此 PN 结施加正向偏压时,注入的电流会使 PN 结激发出一定的红外光。

红外接收管内部则是由具有光敏特征的 PN 结构成的,有单向导电性。平常工作时需要加上反向偏压;在没有收到红外光照射时,接收管两端输出的饱和反向漏电流很小,接收管处于截止状态;当受到红外光照射时,PN 结光敏特性饱和反向漏电流马上增加,形成光电流(光信号转化成电流信号),且输出的电流与红外光强度成正相关,在一定的范围内随入射光强度的增大而增大。

在具体使用时,既可以直接检测红外接收管输出电流的绝对值大小,也可以通过比较电路转化为 0 与 1 电平信号,便于单片机通过比较电平信号来判断红外接收管的工作状态。

4.11.2 红外对射管的应用

红外对射管一般用于遮挡检测或近距离检测。图 4-29 展示了一个利用红外对射管进行遮挡检测的电路,用于检测左边的发射管与右边的接收管之间是否存在遮挡。正常工作时,发

射管一直处于红外光发射状态,红外光的方向(即发射方向)指向接收管,接收管处于红外光接收状态。D11 发光二极管用于指示是否遮挡。当物体横梗于或离开红外光光路时,红外光被阻断或导通,导致红外接收管向外输出的电信号发生改变。这时单片机可以通过查询或中断的方式捕获到这个电平信号的变化,从而判断光路中是否有遮挡物体存在。

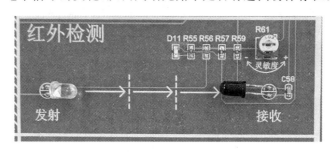

图 4-29　红外遮挡检测

图 4-30 是检测遮挡状态的红外对射管的电路图。上电后一直给红外发射管 IrLEDTx1 一个正向偏压用于发射红外光,而红外接收管 IrLEDRx1 则是置于反向偏压下。在有红外光照射时,接收管的饱和反向漏电流比较大,LM_IN_N 处电压较低;反之,饱和反向漏电流较小,LM_IN_N 处电压较高。图示中使用了 LM393 双电压比较芯片,并将 LM_IN_N 与来自可调电位器 R1 的参考电压 LM_IN_P 信号分别输入到比较器的 IN－ 与 IN＋ 引脚中,比较器的输出信息 LM_OUT 就是 0 与 1 电平信号(连接有 LED 指示灯),用于指示红外通道中是否有遮挡。

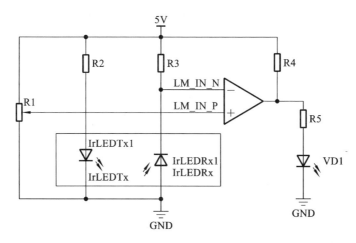

图 4-30　红外对射管电路图

红外对射管之间有遮挡时,接收管的饱和反向漏电流增加,带动 LM_IN_N 处电压降低,此时与来自可调电位器 R1 控制的参考电压 LM_IN_P 相比较(R1 可以用来调节敏感度):当 LM_IN_P 的电压大于 LM_IN_N 的电压时,LM_OUT 输出高电平,VD1 指示灯随即亮起。

红外对射管根据发射管与接收管的摆放方式可以分为直射式(也叫对射式)和反射式。发射管与接收管互朝对方摆放属于直射方式。直射方式常用于检测红外对射管之间是否有遮挡物体。图 4-30 所述的例子就是直射式,图 4-31(左)所示也是直射式红外对射管。红外对射管也可以工作于反射方式下,即将发射管与接收管并排放置,可用于判断对管前方是否有障碍物。如果前方有障碍物,红外光将会被障碍物反射回来,而被接收管接收。反射方式的红外对射管一般用于距离检测、障碍物检测或避障场景中。图 4-31(右)展示了反射式红外对射管的电路,其工作原理与直射式对管的完全一样。

图 4-31 直射式红外对射管(左)和反射式红外对射管(右)

4.12 LCD 显示屏

4.12.1 LCD 显示屏的结构

LCD (Liquid Crystal Display,液晶显示器)是常用的显示图文显示器件。从宏观上看,LCD 由很多像素构成,一个像素就是一个显像点。横向和纵向的若干像素点排列成一块完整的屏幕。在单色液晶显示屏中,一个液晶就是一个像素,而在彩色液晶显示屏中每个像素由红绿蓝三个液晶共同构成。当不同像素点有规律地呈现不同颜色时,屏幕上就出现了相应的图像。彩色液晶屏的像素点通过 RGB 三原色不同分量的混合显示不同颜色。每个像素点都包含红、绿、蓝三个微小色块,这些微小色块叫子像素。三个子像素各自参与显示的权重不同,像素就呈现出不同的颜色。LCD 内含的液晶(即液态晶体,Liquid Crystal)具有独特的光学性质,光线会沿着液晶的晶体方向传播,所以液晶会扭曲光线的传波方向。而液晶的晶体方向可以通过变化的电场去改变,通过控制液晶两端施加的电压大小,使其发生特定程度的扭曲,从而间接控制光线的传播方向而获得特定形状的图案。

LCD 的原始光源是背光源(back-light),背光源为白光。白光在通过 LCD 内部各构件的过程中,通过信号控制(选择像素点和调节电压),最终呈现出特定的颜色和图案。LCD 的基本构造是在两片平行的玻璃基板当中按输入到输出的方向先后放置背光模组、偏光片、TFT(薄膜晶体管)、液晶、彩色滤光片、偏光片,如图 4-32 所示。光线从背光模组发出,从左往右发出。背光模组发的白光通过偏光片时,部分与偏光片偏振方向相应的光能通过。在光线通过液晶之前,TFT 阵列(即薄膜晶体管)已经根据用户的要求选择了特定位置的液晶分子并通过

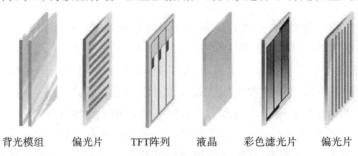

背光模组   偏光片   TFT阵列   液晶   彩色滤光片   偏光片

图 4-32 LCD 显示构成(光线从左往右传输)

改变电压改变了它们的转动方向。光线通过各个液晶时先改变其传播方向(已经隐含有用户想显示的图案信息),然后通过彩色滤光片获得相应的三原色色彩信息,最后通过偏光片有选择性地射出(无法射出的部分即为黑色),呈现给用户特定的颜色和图案。

每个像素都有一个 8 位的寄存器,寄存器的值决定着三个子像素各自的亮度。不过寄存器的值并不直接驱动三个子像素的亮度,而是通过一个调色板来访问。为每个像素都配备一个物理的寄存器是不现实的,实际上只为一行像素配备足够多的寄存器。这些寄存器作为整体被轮流地连接到每一行上并装入该行的内容。将所有的像素行都被驱动一遍就意味着显示了一个完整的画面(Frame)。

4.13.2 典型 LCD 显示屏

ATK-4.3 寸 TFT LCD 模块是 ALIENTEK(正点原子)推出的 4.3 寸电容触摸屏模块,具有 800×480 屏幕分辨率,16 位真彩显示,自带 Graphics RAM 图像寄存器,内嵌 NT35510 驱动而无需外加驱动器。

ATK-4.3 寸 TFT LCD 模块通过 2.54 mm 间距的 2×17 排针同外部连接,模块的引脚如图 4-34 所示。

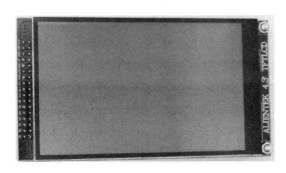

图 4-33 ATK-4.3 寸 TFT LCD 模块　　　图 4-34 TFTLCD 器件引脚图

主要引脚的名称和功能如下:

LCD_CS:LCD 片选信号(低电平有效)。

RS:命令/数据控制信号(0:命令;1:数据)。

WR、RD:分别为写使能信号与读使能信号(低电平有效)。

RST:复位信号(低电平有效)。

DB1~DB16:双向数据总线,一共有 16 根信号。

BL:背光控制引脚(高电平点亮背光,低电平关闭)。

VDD3.3、BL_VDD、GND:主电源供电引脚(3.3V),背光供电引脚(5V)和接地引脚。

MISO、MOSI、T_PEN、T_CS、MO 与 CLK:这 6 个引脚与电容触摸屏有关。

可以看出,LCD 控制总共需要 21 个 I/O 口,背光控制需要 1 个 I/O 口,模块采用 3.3 V 与 5 V 双电源,同时接上后才能正常工作。

4.12.3 LCD 显示屏的典型应用

LCD 显示屏在电子产品中应用很广泛,用于显示各种图像和文字等,这里我们以经典的 ARM 处理器 STM32F103ZET6 通过 FSMC 总线控制 TFT LCD 显示为例介绍 TFT LCD 的应用。

FSMC 总线(可变静态存储控制器)非常方便连接各种同步或异步存储器、16 位 PC 存储卡等。典型的存储芯片如 SRAM、NAND FLASH、NOR FLASH、PSRAM,一般具有大容量且引脚数在 100 脚以上的 STM32F103 芯片都带有 FSMC 接口。TFT LCD 模块可以被当作 SRAM 来使用。SRAM 的控制信号一般有:地址线(如 A0~A18)、数据线(如 D0~D15)、写信号(WE)、读信号(OE)、片选信号(CS)。如果 SRAM 支持字节控制,那么还有 UB/LB 信号。而 TFT LCD 的信号在上一节有介绍,包括 RS、D0~D15、WR、RD、CS、RST 和 BL 等。其中真正在操作 LCD 的时候需要用到的就只有:RS、D0~D15、WR、RD 和 CS。其操作时序和 SRAM 的控制完全类似,主要的区别在于 TFT LCD 有 RS 信号,但是没有地址信号。

TFT LCD 通过 RS 信号来决定传送的是数据还是命令,本质上可以理解为一个地址信号,因此用户可以把 RS 接在 CPU 的 A0 地址线上。当 FSMC 控制器往 A0 上输出 0 的时候,对 TFT LCD 来说,就是写命令。当 A0 变为 1 时对 TFT LCD 来说就是写数据,这样就把数据和命令区分开了,这样的操作类似于对 SRAM 的两个连续地址进行操作。STM32 的 FSMC 支持 8/16/32 位数据宽度,这里用到的 TFT LCD 是 16 位宽度,所以在设置的时候,选择 16 位宽即可。图 4-35 所示为 STM32F103ZET6 CPU 对 TFT LCD 进行控制的典型电路。

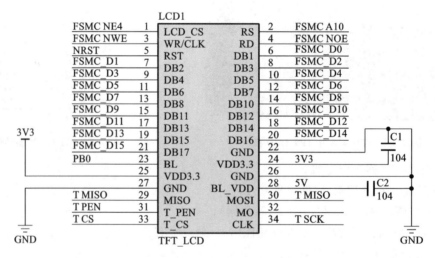

图 4-35　TFT LCD 引脚原理图

图 4-35 所示中 TFT LCD 的 16 位双向数据线 DB1~DB16 分别接到 FSMC_D0~FSMC_D15,并且直接使用 CPU 的复位信号 NRST 接到复位 LCD 引脚 RST。PB0 引脚作为背光控制信号连接 BL,可以通过 PB0 输出 PWM 信号控制背光的亮度。

在 16 位模式下,NT35510 驱动采用 RGB565 格式存储颜色数据,低 16 位数据总线(高 8 位未使用)与 MCU(CPU)的 16 位数据总线以及 24 位 LCD GRAM 的关系如图 4-36 所示。

35510总线 (16位)	D15	D14	D13	D12	D11			D10	D9	D8	D7	D6	D5		D4	D3	D2	D1	D0		
MCU数据 (16位)	D15	D14	D13	D12	D11			D10	D9	D8	D7	D6	D5		D4	D3	D2	D1	D0		
LCD GRAM (24位)	R[4]	R[3]	R[2]	R[1]	R[0]	R[4]	R[3]	R[2]	G[5]	G[4]	G[3]	G[2]	G[1]	G[0]	G[5]	G[4]	B[4]	B[3]	B[2]	B[1]	B[0]	B[4]	B[3]	B[2]

图 4-36　16 位总线与 24 位 GRAM 的对应关系

从图 4-36 可以得知,NT35510 分别将高位的 R、G、B 数据搬运到低位做填充,凑成 24 位后再显示。在 STM32F103ZET6 需要传输的 16 位数据中,最低五位代表蓝色,中间六位代表绿色,最高 5 位代表红色,且数值越大,颜色越深。

最后按照 NT35510 操作的流程和指令格式控制 LCD 进行显示。NT35510 的指令是 16 位宽,数据除了 GRAM 读/写时是 16 位宽,其他都是 8 位有效宽度(虽然有 16 位,但是高 8 位无效)。图 4-37 所示为 NT35510 操作的一般流程,在完成 ID 读取之后,进行扫描方式的设置,然后设定读/写区域(指定起始坐标),最后对 GRAM 进行写或读等操作,其中读操作就是输出颜色。

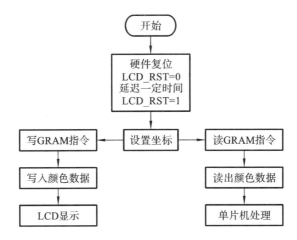

图 4-37　TFT LCD 使用流程

画点的流程:设置坐标→写 GRAM 指令→写入颜色数据。

读点的流程:设置坐标→读 GRAM 指令→读取颜色数据。

基于画点的流程,就可以写特定的字符或数字了,因为它们都是由点构成的。

NT35510 典型的指令有:读取 ID 指令、存储访问控制指令、存储写控制指令、设置横坐标指令、设置纵坐标指令等。

读取 ID 指令(0xDA00、0xDB00、0xDC00):根据读取的 ID 执行不同的初始化代码,该初始化代码由厂家提供,不必深究。指令格式如表 4-2 所示。

表 4-2　读取 ID 指令格式

顺序	控制			各位描述								HEX
	RS	RD	WR	D15	D14	D13	D12	D11	D10	D9	D8	D7～D0	
指令 1	0	1	↑	1	1	0	1	1	0	1	0	00H	DA00H
参数 1	1	↑	1	0	0	0	0	0	0	0	0	00H	00H
指令 2	0	1	↑	1	1	0	1	1	0	1	1	OOH	DB00H

续表

顺序	控制			各位描述								HEX
	RS	RD	WR	D15	D14	D13	D12	D11	D10	D9	D8	D7~D0	
参数 2	1	↑	1	0	0	0	0	0	0	0	0	80H	80H
指令 3	0	1	↑	1	1	0	1	1	1	0	0	00H	DC00H
参数 3	1	↑	1	0	0	0	0	0	0	0	0	00H	00H

存储访问控制指令(0x3600):该指令可以控制连续操作 GRAM 时指针的增长方向,指令格式如表 4-3 所示,具体的方向由 D7(MY)、D6(MX)、D5(MV)控制,如表 4-4 所示。

表 4-3 存储访问控制指令格式

顺序	控制			各位描述									HEX
	RS	RD	WR	D15~D8	D7	D6	D5	D4	D3	D2	D1	D0	
指令	0	1	↑	36H	0	0	0	0	0	0	0	0	3600H
参数	1	1	↑	00H	MY	MX	MV	ML	BGR	MH	RSMX	RSMY	00XXH

表 4-4 写 GRAM 时指针增长方向控制

控制位			效果
MY	MX	MV	LCD 扫描方向(GRAM 自增方式)
0	0	0	从左到右,从上到下
1	0	0	从左到右,从下到上
0	1	0	从右到左,从上到下
1	1	0	从右到左,从下到上
0	0	1	从上到下,从左到右
0	1	1	从上到下,从右到左
1	0	1	从下到上,从左到右
1	1	1	从下到上,从右到左

存储写控制指令(0x2C00):该指令用于向 GRAM 连续写入颜色数据,指令格式见表 4-5。收到指令后,数据宽度变为 16 位,用户可以往 LCD GRAM 里面连续写颜色数据,写入的目的地址将根据指令 0x3600 设置的扫描方向进行自增。例如,设置的方向是从左到右,从上到下,且起始坐标与结束坐标都已设置好,则每写入一个颜色值,起始横坐标 SC 自增 1,直到结束横坐标 EC,再回到起始横坐标 SC;然后起始纵坐标 SP 自增 1,直到结束纵坐标,其间无需再设置坐标,从而大大提高写入速度。

表 4-5 存储写控制指令格式

顺序	控制			各位描述									HEX
	RS	RD	WR	D15~D8	D7	D6	D5	D4	D3	D2	D1	D0	
指令	0	1	↑	2CH	0	0	0	0	0	0	0	0	2C00H
参数 1	1	1	↑	D1[15:0]									XX

续表

顺序	控制			各位描述									HEX
	RS	RD	WR	D15~D8	D7	D6	D5	D4	D3	D2	D1	D0	
……	1	1	↑	D2[15:0]									XX
参数 n	1	1	↑	Dn[15:0]									XX

设置横坐标指令(0x2A00~0x2A03):该指令用于设置起始横坐标 SC 与结束横坐标 EC,指令格式如表 4-6 所示。如果 EC 没有变化,则在初始化时只需设置一次。

表 4-6 设置横坐标指令格式

顺序	控制			各位描述									HEX
	RS	RD	WR	D15~D8	D7	D6	D5	D4	D3	D2	D1	D0	
指令 1	0	1	↑	2AH	0	0	0	0	0	0	0	0	2A00H
参数 1	1	1	↑	00H	SC15	SC14	SC13	SC12	SC11	SC10	SC9	SC8	SC[15:8]
指令 2	0	1	↑	2AH	0	0	0	0	0	0	0	1	2A01H
参数 2	1	1	↑	00H	SC7	SC6	SC5	SC4	SC3	SC2	SC1	SC0	SC[7:0]
指令 3	0	1	↑	2AH	0	0	0	0	0	0	1	0	2A02H
参数 3	1	1	↑	00H	EC15	EC14	EC13	EC12	EC11	EC10	EC9	EC8	EC[15:8]
指令 4	0	1	↑	2AH	0	0	0	0	0	0	1	1	2A03H
参数 4	1	1	↑	00H	EC7	EC6	EC5	EC4	EC3	EC2	EC1	EC0	EC[7:0]

设置纵坐标指令(0x2B00~0x2B03):该指令用于设置起始纵坐标 SP 与结束纵坐标 EP,指令格式如表 4-8 所示。如果 EP 没有变化,则在初始化时只需设置一次。

表 4-8 设置纵坐标指令格式

顺序	控制			各位描述									HEX
	RS	RD	WR	D15~D8	D7	D6	D5	D4	D3	D2	D1	D0	
指令 1	0	1	↑	2BH	0	0	0	0	0	0	0	0	2B00H
参数 1	1	1	↑	00H	SP15	SP14	SP13	SP12	SP11	SP10	SP9	SP8	SP[15:8]
指令 2	0	1	↑	2BH	0	0	0	0	0	0	0	1	2B01H
参数 2	1	1	↑	00H	SP7	SP6	SP5	SP4	SP3	SP2	SP1	SP0	SP[7:0]
指令 3	0	1	↑	2BH	0	0	0	0	0	0	1	0	2B02H
参数 3	1	1	↑	00H	EP15	EP14	EP13	EP12	EP11	EP10	EP9	EP8	EP[15:8]
指令 4	0	1	↑	2BH	0	0	0	0	0	0	1	1	2B03H
参数 4	1	1	↑	00H	EP7	EP6	EP5	EP4	EP3	EP2	EP1	EP0	EP[7:0]

4.13　编　码　器

4.13.1　编码器的原理

编码器是一种将模拟信号(如长度、距离、转速)转换为连续脉冲信号的器件。编码器往往需要一些特殊器件(如直射式红外对管)配合起来才能正常工作。编码器的形状有多种,常见的有长条形、圆形、圆弧形。圆形的编码器又叫码盘(Encoding Disk),一般用于测量角位移。根据工作方式,码盘也可分为光学编码器和接触式编码器,前者使用更常见。图 4-38 所示为光学式编码器码盘,码盘上均匀地开有若干个长方形孔,左边的码盘精度低,右边的码盘精度高。使用中,光电码盘与电动机同轴,电动机旋转时码盘与电机同速旋转。码盘的边缘在旋转过程中会切割直射式红外对管的红外线通道。由于边缘开有许多小孔,因此码盘在转动过程中会让红外对管检测电路输出若干脉冲信号。每个脉冲信号对应一个小孔,通过统计脉冲的数量和时间就可以计算出码盘的转动角度或速度。

要统计码盘的转动方向,就需要使用双通道的码盘,如图 4-39 所示。通过计算双通道产生的相位差来判断转动方向。

  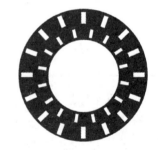

图 4-38　两种精度的光学式码盘　　　　　　　　图 4-39　双通道的光学式码盘

假如外圈码盘的信号是 A 信号,内外圈码盘的信号是 B 信号。在正转和反转的情况下的时序如图 4-40 所示。当编码器正转时,A 路信号相位超前 B 路信号相位。当 A 路信号脉冲处在上升沿时,B 路信号相位为高电平。或者当 A 路信号脉冲处在下降沿时,B 路信号相位为低电平;当编码器反转时,A 路信号相位落后 B 路信号相位,当 A 路信号脉冲处在上升沿时,B 路信号相位为低电平。或者当 A 路信号脉冲处在下降沿时,B 路信号相位为高电平。所以,通过以上的办法可以判断编码器的正转与反转。

因为 A 路信号与 B 路信号的脉冲波形是相同的,只是相位不同,所以可以通过计数器计数 A 路或者 B 路脉冲的个数来实现多圈的计数。如果 A 路信号与 B 路信号是 256 孔码盘产生的脉冲,那么当计数器达到 256 时就是编码器转过了一圈。结合上面的原理可以实现编码器正转与反转的计数。

编码器主要应用于数控机床、机械附件、机器人、自动装配机、自动生产线、制图仪和测角仪等场景中。图 4-41 展示了码盘(编码器)的典型应用场景。

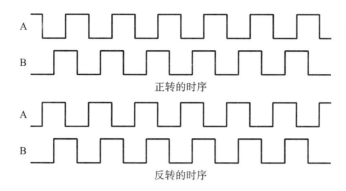

图 4-40　双通道码盘正转和反转的时序

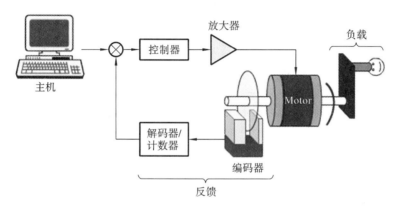

图 4-41　编码器(码盘)典型应用场景

4.14　ADC 和 DAC

在数据采集系统、工业过程控制、测量及分析等领域,对信号的处理广泛采用了计算机技术。由于系统实际测控的往往都是一些模拟信号(如温度、压力、位移、图像等),要使计算机能识别和处理这些模拟信号,就必须先将它们转换成数字信号,同时,经计算机分析和处理后输出的数字量也往往需要将其转换为相应的模拟信号才能为测控系统的执行机构所接受。这样,就需要一种能在模拟信号与数字信号之间起转化作用的电路。这个电路就是我们常说的模/数转换器(Analog to Digital Converter,ADC)和数/模转换器(Digital to Analog Converter,DAC)。ADC 将模拟信号转换成数字信号,DAC 将数字信号转换为模拟信号。

4.14.1　ADC 的主要技术指标

A/D 转换包含三个部分:抽样、量化和编码。一般情况下,量化和编码是同时完成的。抽样是将模拟信号在时间上离散化的过程,量化是将模拟信号在幅度上离散化的过程,编码是指将每个量化后的样值用一定的二进制代码来表示。

ADC 的重要技术指标有分辨率、转换时间等。ADC 分辨率以输出二进制(或十进制)数的位数来表示。它说明 ADC 对输入信号的分辨能力。转换时间是指 ADC 从转换控制信号到来开始,到输出端得到稳定的数字信号所经过的时间。ADC 的转换时间与转换电路的类型有关。不同类型的转换器的转换速度相差甚远。在实际应用中,应从系统数据总线的位数、精度要求、输入模拟信号的范围及极性等方面综合考虑选用 ADC。

ADC 根据分辨率可分为 4 位、6 位、8 位、10 位、16 位等规格;根据转换速度可分为超高速(转换时间≤330 ns),次超高速(转换时间的 330 ns～3.3 μs),高速(转换时间为 3.3～333 μs)和低速(转换时间＞330 μs)等规格。

4.14.2 典型 ADC 和应用

目前生产 ADC 和 DAC 的主要厂家有 ADI、TI、BB、Philip、Motorola 等公司。ADI 公司生产的各种 ADC 和 DAC 一直保持着市场的领导地位,包括高速、高精度数据转换器和目前流行的微转换器系统(Micro Converters TM)。

ADC0809 是 8 位逐次逼近型 ADC。它由一个 8 路模拟开关、一个地址锁存译码器、一个 ADC 和一个三态输出锁存器组成(见图 4.42)。多路开关可选通 8 个模拟通道,允许 8 路模拟量分时输入,共用 ADC 进行转换。三态输出锁存器用于锁存 A/D 转换完的数字量,当 OE 端为高电平时,才可以从三态输出锁存器取走转换完的数据。

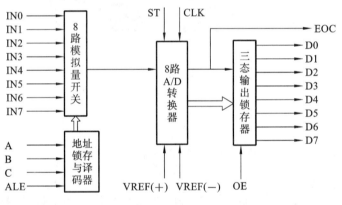

图 4-42 ADC0809 内部结构

ADC0809 的主要引脚功能如下所述。

D0～D7:8 位数字量输出引脚。

IN0～IN7:8 位模拟量输入引脚。

VREF(+):参考电压正端。

VREF(-):参考电压负端。

START:A/D 转换启动信号输入端。

ALE:地址锁存允许信号输入端。ALE 和 START 这两种信号用于启动 A/D 转换。

EOC:转换结束信号输出引脚,开始转换时为低电平,转换结束时为高电平。

OE:输出允许控制端,用于打开三态数据输出锁存器。

CLK:时钟信号输入端(一般为 500 kHz)。

A、B、C:地址输入线。

ADC0809 的各引脚工作原理如下所述。

IN0～IN7:8 条模拟量输入通道。ADC0809 对输入模拟量的要求是信号单极性,电压范围为 0~5 V,若信号太小,就必须进行放大。输入的模拟量在转换过程中应该保持不变,若模拟量变化太快,则需在输入前增加采样保持电路。

地址输入和控制线:4 条。ALE 为地址锁存允许输入线,高电平有效。当 ALE 线为高电平时,地址锁存与译码器将 A、B、C 三条地址线的地址信号进行锁存,经译码后,被选中通道的模拟量进入转换器进行转换。A、B 和 C 为地址输入线,用于选通 IN0~IN7 上的 1 路模拟量输入。通道选择表如表 4-9 所示。

表 4-9　ADC0809 通道选择表

A	B	C	选择的通道
0	0	0	IN0
1	0	0	IN1
0	1	0	IN2
1	1	0	IN3
0	0	1	IN4
1	0	1	IN5
0	1	1	IN6
1	1	1	IN7

数字量输出及控制线:11 条。ST 为转换启动信号。当 ST 为上升沿时,所有内部寄存器清零;当 ST 为下降沿时,开始进行 A/D 转换。在转换期间,ST 应保持低电平。EOC 为转换结束信号。当 EOC 为高电平时,表明转换结束;否则,表明正在进行 A/D 转换。OE 为输出允许信号,用于控制三条输出锁存器向单片机输出转换得到的数据。OE＝1,则输出转换得到的数据;OE＝0,则输出数据线呈高阻状态。D0~D7 为数字量输出线。

CLK 为时钟输入信号线。由于 ADC0809 的内部没有时钟电路,故所需时钟信号必须由外界提供,频率通常为 500 kHz,VREF＋、VREF-为参考输入电压。

在应用 ADC0809 时需要注意以下几个方面。

(1) ADC0809 内部带有输出锁存器,可以与嵌入式、单片机等直接相连。

(2) 初始化时,应使 ST 和 OE 信号全为低电平。

(3) 输送待转换的那一通道的地址到 A、B、C 端口上。

(4) 在 ST 端给出一个宽度至少为 100 ns 的正脉冲信号。

(5) 是否转换完毕要根据 EOC 信号来判断。

(6) 当 EOC 变为高电平时,将 OE 置为高电平,这时转换的数据就会输出给处理器。

4.14.3　DAC 主要技术指标

DAC 是一种将离散的数字量转换为连续变化的模拟量的电路。数字量是用代码按数位组合起来表示的,是一种将离散的数字量转换为连续变化的模拟量的电路。数字量是用代码按数位组合起来表示的,每位代码都有一定的权。为了将数字量转换为模拟量,必须将每一位代码按其权的大小转换成相应的模拟量,然后将代表每位的模拟量相加,所得的总模拟量与数字量成正比。这就是 DAC 的基本指导思想,其主要技术指标有以下几种。

(1) 分辨率:用 DAC 的最小输出电压与最大输出电压的比值来表示。例如,10 位 DAC

的分辨率为：$\dfrac{U_{LSB}}{U_M} = \dfrac{1}{2^n-1} = \dfrac{1}{2^{10}-1} = \dfrac{1}{1023} \approx 0.001$，可见输入数字量的位数 n 越多，D/A 转换器的分辨率越高。一般也把位数 n 叫做分辨率。

（2）建立时间：一般所指的建立时间是输入数字量变化后，模拟输出量达到终值误差 $\pm LSB/2$ 时所需的时间。

4.14.4 典型 DAC 及其应用

DAC0832 是分辨率为 8 位的 DAC 芯片，图 4-43 所示为 DAC0832 的内部结构。芯片内有两级输入寄存器，使 DAC0832 具备双缓冲、单缓冲和直通三种输入方式，以适用于各种电路（如多路 D/A 异步输入、同步转换等）。D/A 转换结果采用电流形式输出。若需要相应的模拟信号，则可通过一个高输入阻抗的线性运算放大器来实现这个功能。运算放大器的反馈电阻可以通过 RFB 端引用片内固有电阻，也可以外接电阻。该芯片逻辑输入满足 TTL 电压电平范围，可直接与 TTL 电路或微机电路相接。

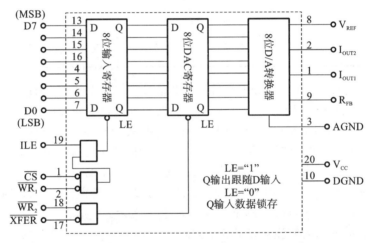

图 4-43　DAC0832 内部结构

DAC0832 的主要引脚和功能说明。

$\overline{CS}$：片选信号输入线，低电平有效。可对写信号 $\overline{WR1}$ 是否有效起控制作用。

ILE：允许输入锁存信号，高电平有效。输入寄存器的锁存信号 $\overline{LE1}$ 由 ILE、$\overline{CS}$、$\overline{WR1}$ 的逻辑组合产生。ILE 为高电平、$\overline{CS}$ 为低电平、$\overline{WR1}$ 输入脉冲时，在 $\overline{LE1}$ 产生正脉冲。当 $\overline{LE1}$ 为高电平时，输入线的状态可以发生变化。在 $\overline{LE1}$ 负跳变时，将输入在数据线上的信息打入脉冲输入寄存器。

$\overline{WR1}$：写信号 1，低电平有效。当 $\overline{WR1}$、$\overline{CS}$、I_{LE} 都有效时，可将数据写入 8 位输入寄存器。

$\overline{WR2}$：写信号 2，低电平有效，当 $\overline{WR2}$ 有效时，$\overline{XFER}$ 在传送控制信号的作用下，可将输入寄存器中的 8 位数据送到 DAC 存储器。

$\overline{XFER}$：数据传送控制信号，低电平有效。当 $\overline{XFER}$ 和 $\overline{WR2}$ 有效时，在 $\overline{LE2}$ 引脚上产生正脉冲；在 $\overline{LE2}$ 的下降沿触发时，输入寄存器的内容送入 DAC 寄存器。

V_{REF}：基准电压输入端，与 DAC 内的 R-2RT 网络相连，可在 $\pm 10V$ 内调节。

DI7-DI0：8 位数字量输入端，前 4 位是最高位，后 4 位为最低位。

I_{OUT1}：电流输出线 1。当 DAC 全为 1 时，I_{OUT1} 最大；全为 0 时，输出电流为 0。

I_{OUT2}:电流输出线 2。其值与 I_{OUT1} 的值之和为一常数。单极性输出时接地,双极性输出时接运算放大器。

R_{FB}:反馈电阻。芯片内部有反馈电阻,可用做外部运算放大器的反馈电阻。

DAC0832 的应用方式有三种:单缓冲方式、双缓冲方式和直通方式。

1)单缓冲方式

如果采用单缓冲方式,则输入寄存器和 DAC 寄存器同时接收数据,或者只用输入寄存器而把 DAC 寄存器接成直通方式。此方式适用于只有 1 路模拟量输出或几路模拟量异步输出的情形。

2)双缓冲方式

如果采用双缓冲方式,则先使输入寄存器接收数据,再控制输入寄存器输出数据到 DAC 寄存器,即分两次锁存输入数据。此方式适用于多个 D/A 转换同步输出的情形。

3)直通方式

如果采用直通方式,则数据不经两级锁存器锁存,ILE 接高电平,即 $\overline{WR_1}$、$\overline{WR_2}$、$\overline{XFER}$、$\overline{CS}$ 均接地。此方式适用于连续反馈控制线路,但在使用时,必须通过另加 I/O 接口与 CPU 连接,以匹配 CPU 与 DAC。

图 4-44 所示的为 DAC0832 和单片机连接成双缓冲方式,控制两片 DAC0832 同步完成模拟量输出。

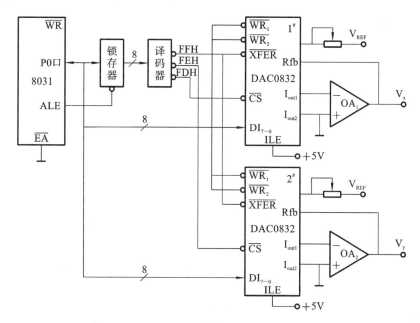

图 4-44 DAC0832 和单片机连接成双缓冲方式

4.15 WatchDog

嵌入式系统一般工作在比较复杂的环境中,如电磁干扰严重、长时间工作、震动、温度和湿度指标恶劣等。因此,嵌入式系统的正常工作常会受到干扰,造成程序的不受控、死循环等,使得系统无法继续工作,甚至发生不可预料的后果。所以,出于对嵌入式系统的运行状态进行实时监测的考虑,便有了 WatchDog(俗称"看门狗")技术的产生。WatchDog 的基本原理就是通过监测,在系统出现死机/程序失控时能够复位系统,使其自动重新运行。WatchDog 采用硬件和软件相结合的方法来实现其基本功能。

WatchDog 内部包含一个定时器,可以称之为 WatchDog Timer。这个定时器与普通定时器在作用上又有所不同:普通定时器一般起计时作用,计时超时(Time Out)则引起一个中断,如触发一个系统时钟中断;而 WatchDog 计时超时时也会引起事件的发生,只是这个事件除了可以是系统中断外,还可以是一个特别的系统重启信号,根据这个信号,嵌入式系统就可以自动重启。

在硬件方面:定时器不断计数(定时),计数到预定时间 T(如 T＝10 秒)就输出一个脉冲。若把此脉冲引入 CPU 的复位引脚上,则可以让系统复位。每隔周期 T,系统就会复位一次。

在软件方面:程序中插入一段专门的代码来把定时器的计数清零。由于嵌入式程序几乎都是循环程序,因此只要程序工作正常,系统每隔一段时间便会重复运行上述代码,产生一个信号将定时器的计数清零(这个过程称为"喂狗"),这样,定时器就总是不能记满时间 T,从而避免了系统复位。但是当程序死机时,就会长时间不能喂狗,则定时器不可避免地要产生溢出,从而使系统复位。

Watchdog 的功能已经由集成芯片具体实现,常用的 WatchDog 芯片有 MAX813、5045、IMP813、CD4060 等。其中,CD4060 是非常廉价的简单计数器芯片,它为 14 位二进制串行计数/定时器,在要求不高的场合应用得比较多。图 4-45 所示单片机应用实例采用了 CD4060 构成看门狗。在正常工作时,安插在循环程序中的清除脉冲信号能够周期性地消除看门狗定时器的定时时间,即用硬件喂狗使看门狗定时器不会产生溢出。当系统受到干扰使程序"跑飞"时,循环程序中的清除脉冲的周期性信号消失,则停止喂狗。此时,看门狗定时器中的定时时间由于得不到及时消除而产生溢出,立即通过 14 位二进制串行计数/定时器 CD4060 的 Q14 端、二极管 VD2 给单片机 AT89C2051 的 RST 端发出一个复位信号(正脉冲),使系统复位并重新启动。

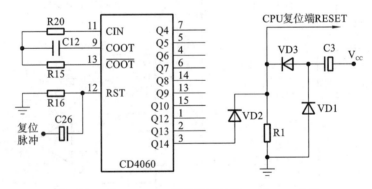

图 4-45　基于 CD4060 计数器设计的 WatchDog 电路

4.16　压力传感器

4.16.1　压力传感器的原理

压力传感器是将重量信号或压力信号转换成电量信号的转换装置。导体或半导体材料在外力作用下产生机械变形时,其电阻值相应地发生变化,这种现象称为"应变效应"。压力传感器是基于应变效应制作的。传感器的上下表面各嵌有 2 个半导体材料制作的应变片压力电阻,并组成全桥式电路,如图 4-46 所示。当传感器不受载荷时,嵌入其中的应变片不发生变形,阻值不变,电桥平衡,输出电压为零;当传感器受力时,应变片就会发生形变,阻值发生变化,电桥失去平衡,而从输出电压。用户通过检测输出电压的大小可以推算出压力或重量。压力传感器采用全桥电路的目的是提高测量精度,输出的信号采用差分方式。

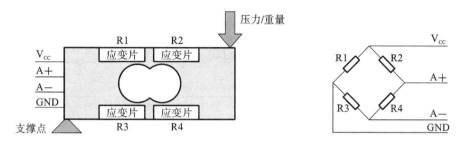

图 4-46 压力传感器结构和原理

4.16.2 压力传感器应用

压力传感器输出的是一对差分模拟信号,因此在实际应用中必须连接 A/D 转换电路。由于压力传感器输出的信号比较微弱,也需要使用高分辨率的 ADC 芯片。HX711 是一款专为高精度电子秤而设计的 24 位 A/D 转换器芯片,芯片集成有稳压电源、片内时钟振荡器,具有集成度高、响应速度快、抗干扰性强等优点,降低了电子秤的整机成本,提高了整机的性能和可靠性。HX711 具有两个独立的测量通道:通道 A 和通道 B,应用时可以任选一个。图 4-47 显示了 HX711 芯片的引脚名称和功能。HX711 芯片与 CPU 芯片的接口和编程非常简单,所有控制信号直接由引脚驱动,无需对芯片内部的寄存器编程。

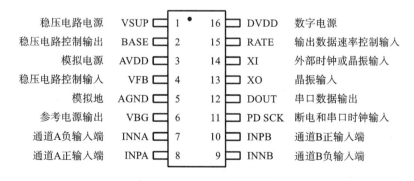

图 4-47 HX711 芯片引脚

HX711 的主要工作时序如图 4-48 所示。CPU 依据 PD_SCK 和 DOUT 两个信号来控制 HX711 测量数据的读取。PD_SCK 是时钟输入信号,DOUT 是数据输出信号。当 DOUT 信号变为低电平时,CPU 可得知 HX711 中测量数据已准备好,接下来就可以进行数据的读取。CPU 严格按照时序图设置 PD_SCK 时钟引脚,为 HX711 提供同步时钟信号。HX711 芯片则参考此时钟信号,对 A/D 转换后的数据按位依次输出。此时 CPU 对 DOUT 引脚进行数据读取,得到 A/D 转化的数字结果。

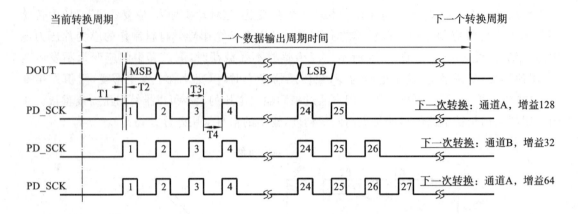

符号	说明	最小值	典型值	最大值	单位
T_1	DOUT下降沿到PD_SCK脉冲上升沿	0.1			μs
T_2	PD_SCK脉冲上升沿到DOUT数据有效			0.1	μs
T_3	PD_SCK正脉冲电平时间	0.2		50	μs
T_4	PD_SCK负脉冲电平时间	0.2			μs

图 4-48　HX711 的工作时序图

由时序图可以看出,从 DOUT 变为低电平开始,CPU 提供 PD_SCK 时钟信号,并在每个时钟高电平区间读取从高位到低位的 24 位数据,并且通过调整连续时钟信号的个数(24～26 个)设置下一次测量时的通道以及增益倍数。

图 4-49 所示为压力传感器与 HX711 构成的压力检测电路。压力传感器(电子秤)一共有 4 根线,分别是 3V3,GND,A＋和 A-。其中 A＋,A-是输出的模拟信号(图中左下角信号),直接接入 HX711 通道 A 的两个差分输入端 INA＋,INA-。

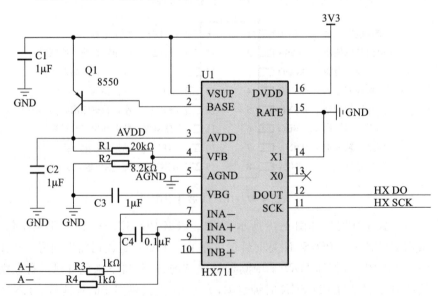

图 4-49　压力传感器与 HX711 构成的压力检测电路

4.17 气压传感器

4.17.1 气压传感器的原理

XGZP6847 是一款气压传感器,为压阻式压力传感器,是利用单晶硅的压阻效应构成的。当压力发生变化时,单晶硅产生应变,使直接扩散在上面的应变电阻产生与被测压力成正比的变化,再由桥式电路获得相应的电压输出信号。XGZP6847 传感器实物如图 4-50 所示,上部是塑料材质的进气孔,下面是传感器主体。XGZP6847 共有 6 个引脚,其中的 1、2、3 号引脚都不需要外接其他电子元件,4 脚接 +5 V 电源,6 脚接地,5 脚是模拟信号输出引脚。

XGZP6847 传感器输出的信号为 0.5~4.5 V,根据具体型号的不同,范围略有变化,输出电压与压力基本成线性关系。

4.17.2 气压传感器的应用

图 4-50 XGZP6847 传感器

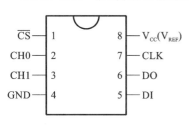

图 4-51 ADC0832 芯片引脚

XGZP6847 气压传感器输出的是模拟信号,因此在实际应用中必须连接 A/D 转换电路。由于气压传感器输出的信号比较微弱,也需要使用高分辨率的 ADC 芯片。ADC0832 是一款 8 位分辨率的 A/D 转换器芯片,体积小、兼容性强,可以适应一般的模拟量转换要求。由于内部电源输入与参考电压复用,所以芯片的模拟电压输入在 0~5 V 之间。ADC0832 芯片有 8 个引脚,芯片主要引脚如图 4-51 所示。

$\overline{CS}$:片选使能,低电平有效。

CH0:模拟输入通道 0。

CH1:模拟输入通道 1。

GND:地信号。

DI:数据信号输入,选择通道控制。

DO:数据信号输出,转换的结果输出。

CLK:时钟信号输入。

$V_{CC}(V_{REF})$:电源输入及参考电压输入(复用)。

图 4-52 展示了 ADC0832 芯片的工作时序。依靠 DI 引脚与 CLK 引脚的配合选择使用的通道(通道 0 和通道 1 任选其一,如果采用差分方式输入,则同时选择两个通道),接下来使用 CLK 信号与 ADC0832 芯片同步,在每个 CLK 信号周期的上升沿时刻获取 DO 上的数据信号(高电平表示 1)。从图中可以看出,先从高位开始接收,依次从第 7 位到第 0 位,然后又从第 0 位到第 7 位,这是一个对称的数据,传输 2 遍数据可以方便 CPU 验证数据的有效性,避免各种原因导致的数据不正确。读取一个完整的 8 位数据后,利用此数据和参考电压计算出相应的电压值。最后依据一定的算法和配准,将电压值转化为真实的气压值。

图 4-53 展示了一个 XGZP6847 气压传感器模块与 ADC0832 组合的气压测量电路。其中

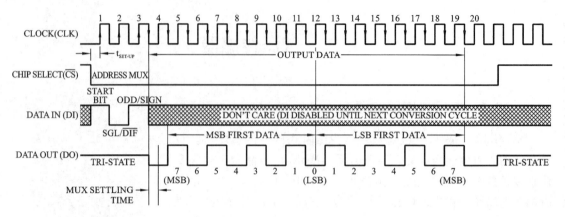

图 4-52 ADC0832 芯片工作时序

ADC08_DI 来自 CPU,用于选择测量通道,ADC08_CS 和 ADC08_CLK 都来自 CPU,分别用于提供片选信号和时钟控制信号。5VSIG_IN3 用于连接 CPU 的数据线,获取转换的结果

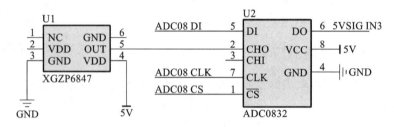

图 4-53 XGZP6847 与 ADC0832 组合的气压测量电路

习 题

1. 试分析计算机中外设必须通过接口连接到总线上的原因。

2. 试述接口的典型结构。

3. 试述接口传输数据的四种典型方式和特点。

4. 试述总线的概念和技术指标。

5. 试述 SPI 总线的结构和特点。

6. 试述 RS-232C 总线的特点及其在嵌入式应用中电路连接的典型方式。

7. 试述 USB 总线的结构和工作原理,并以一个典型 USB 接口芯片介绍其在嵌入式应用中的电路典型连接方式。

8. 试述 I^2C 总线的结构和工作原理。

9. 试述 A/D 和 D/A 的概念,以及它们主要的技术指标。

10. 试述 ADC0809 芯片的结构和应用方式。

11. 试述 WatchDog 的概念和工作原理。

第5章 嵌入式硬件设计及其方法

嵌入式系统硬件是嵌入式系统的实物,由芯片、元件、接插口、导线和电路板综合构建而成。本章主要介绍硬件设计和实现过程中的重要概念、方法和设计工具,具体内容包括电路原理图、印制电路板 PCB、设计流程及设计原则、常用硬件设计工具、典型单元电路设计案例。

5.1 硬件设计概述

1. 电路

电路是由若干相互连接、相互作用的基本电子器件组成的具有特定功能的电子系统。图 5-1 所示为一个最简单的电路,包括一个 5V 电源、一只发光二极管、一个开关、1A 保险丝和 1 个电阻。其中保险丝起到保险作用,过热自熔断,电阻起到限流调节作用。该电路虽然简单,但它揭示了电路的三个要素:基本元器件、相互连接与实现特定功能。该电路的功能就是:在接通开关时,发光二极管 LED 发光,断开开关时,发光二极管 LED 熄灭,当电路异常短路时保险系自动熔断切断电路。

图 5-1　灯光控制电路

对于一个嵌入式系统来说,其硬件的制作过程主要包括原理图设计、印制电路板设计,以及仿真、制版、元器件和芯片焊接等。

2. 电路原理图

电路原理图一般简称为电路图。电路图是一种描述系统硬件(元器件)之间的逻辑连接及芯片引脚之间的逻辑连接的图纸。不同的嵌入式系统具有不同的电路原理图。电路原理图的设计是硬件系统设计最重要、最基础的工作。电路原理图也是电子技术的"语言",是电子工程师交流的工具。图 5-2 为图 5-1 所示灯光控制电路的电路原理图,图中每个元件有标号,例如电阻 R1、开关 S1。多数元件还有描述,例如 VD1 发光二极管的描述是"LED",二针电源插座 P1 的描述是"DC5V",有了这些描述用户可以直观知道该元件的作用。不同类型的元件符号各不相同,便于用户区分。有了这样一张标准、清晰的电路原理图,电子工程师之间就可以进行电路设计上的交流。

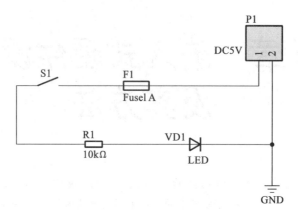

图 5-2 基于 8031 的最小系统(部分)

3. 印制电路板

印制电路板(Print Circuit Board,PCB)是电子元器件的支撑体,也是电子元器件电气连接的提供者。由于它是采用电子印刷技术制作的,故其名称中有"印制"二字。在印制电路板出现之前,电子元器件之间的互连都是依靠电线直接连接实现的。而 PCB 的元器件之间的连接导线主要采用敷铜实现,此外,在 PCB 上还印制了一些器件的标识等信息。PCB 的设计以电路原理图为依据,实现电路设计者所需要的功能。PCB 的设计主要指版图设计,需要综合考虑外部连接的布局、内部电子元件的优化布局、金属连线和通孔的优化布局、电磁保护、热耗散等各种因素。优秀的 PCB 设计不仅可以完美实现预期的功能,而且有良好的可靠性、电磁兼容性、散热性能,还能节约生产成本。不合理的 PCB 设计可能导致电路工作不稳定,甚至电路无法正常工作,或存在安全隐患。简单的 PCB 设计可以手工实现,复杂的 PCB 设计则需要借助计算机辅助设计(CAD)实现。图 5-3 所示是一个正在设计中的 PCB 图的一部分。

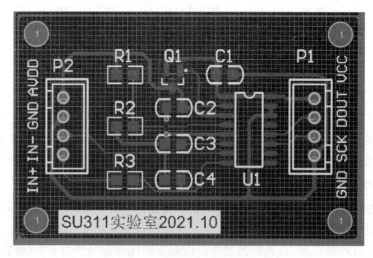

图 5-3 一个正在设计中的 PCB 图

电路板系统根据布线方式的不同可分为单面板(Single-Sided Boards)、双面板(Double-Sided Boards)和多层板(Multi-Layer Boards)等三种。

单面板是最基本的 PCB,所有元器件和芯片集中在其中一面,导线则集中在另一面上。因为单面板只有一面布线,在设计线路上有许多严格的限制,所以只有早期的电路才使用这类电路板。

双面板两面都有布线。如果要使某条导线跨越两面,两面间必须有适当的电路连接才行。这种电路间的桥梁称为导孔(Via)。导孔是充满或内壁涂有金属的小孔,它可以与两面的导线相连接。双面板比单面板更适合用在较复杂的电路上。

多层板可以增加布线的面积。多层板使用了更多单面或双面的布线板。多层板使用数片双面板,并在每层板间放进一层绝缘层后粘牢(压合)。板子的层数就代表了有几层独立的布线层,通常都为偶数层,且包含了最外侧的两层。

4. 仿真

在很多高端嵌入式电路板开发当中,涉及许多高速数字电路设计技术。有许多从逻辑角度看来正确的设计,如果在实际 PCB 设计中处理不当就会导致整个设计失败,而在高速器件设计中,时序问题的影响更为关键,如果设计不当,很容易出现问题。在实际硬件当中,如果发生时序不匹配的问题,则很难确定问题发生的确切位置,给硬件调试带来诸多麻烦,进而影响设计的质量和设计速度。因此,设计原理图时,需要通过仿真来确定终端串联匹配电阻的大小。在 PCB 布线前,通过仿真来确定关键信号的走线长度和层次;布线后,必须通过仿真来分析是否满足时序要求。

5.2　电路原理图设计

电路原理图的绘制通常是借助原理图设计系统(如常用的 Protel 99)来完成的。在这一过程中,要充分利用设计系统所提供的各种原理图绘图工具和各种编辑功能来实现用户要求的电路,得到一张原理正确而且具有一定美感的电路原理图。

电路原理图一般由电子元器件、连接、标号等几部分组成,如图 5-4 所示。该原理图由 ADC 芯片 HX711,电阻 R1、R2,电容 C1、C2、C3、C4,三极管 8550,接插头 P1 和 P2 等构成。其中,元器件之间的连线代表了它们之间的电气连接。此外,电源 V_{CC}、AV_{DD}、电源地 GND 等标号

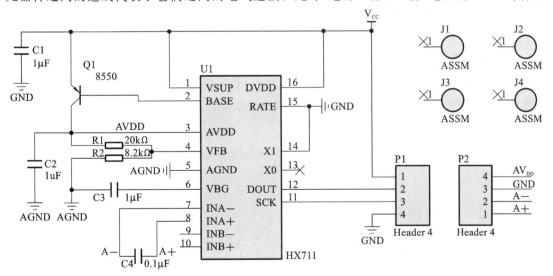

图 5-4　设计中的电路原理图

清晰地表达了电气内涵。虽然这只是一张简单的电路图,但电路图中一些基本的元素都蕴含其中。

5.2.1　原理图设计流程

原理图设计是电路设计的基础,只有在设计好原理图的基础上才可以进行 PCB 的设计和电路仿真等。电路原理图设计必须借助电子设计自动化工具(EDA)来完成,典型的设计工具有 Protel、Cadence 等。不同工具的设计过程大同小异,一般而言,原理图的具体设计过程包括以下几个步骤。

1. 新建原理图文件

在进入真正动手使用各种编辑工具创建元器件和连线之前,首先要构思好原理图,即必须知道所设计的电路需要由哪些模块构成,具体使用哪些规格的元器件和芯片,以及它们之间的逻辑连接关系。

2. 设置工作环境

根据实际电路的功能和复杂程度来设置工作环境,包括图纸的大小、量度单位和精度、网格的参数、坐标的设置等。在电路设计的整个过程中,有些参数可以调整,有些参数一旦设定就不可以调整。

3. 放置组件(元器件或芯片)

从组件库中选取组件,放置到图纸的合适位置,并对组件的名称、封装进行定义和设定;根据组件之间的连接关系对组件在工作平面上的位置进行调整和修改,使得原理图简洁、美观。

4. 原理图的布线

根据实际电路的需要,利用各种工具、指令进行布线,将工作平面上的元器件用具有电气意义的导线、符号连接起来,构成一幅完整的电路原理图。

5. 原理图的电气检查

当完成原理图布线后,需要设置项目选项,检查原理图中可能存在的错误。

6. 建立网络表

完成上面的步骤以后,就可以看到一张完整的电路原理图了,但是要完成电路板的设计,就需要生成一个网络表文件。网络表是 PCB 和电路原理图之间的重要纽带。

7. 产生元器件清单等报表

可以利用工具生成元器件清单等报表,便于用户按单采购相应的元器件,用于后面电路实物焊接。

5.2.2　电路原理图的设计原则

为了设计高质量、高可靠性的电路原理图,降低设计难度,缩短设计周期,设计原理图时一般应遵循以下几个原则。

(1) 尽可能选择典型电路,并符合常规用法,为硬件系统的标准化、模块化打下良好的基础。同时,这也是降低设计难度和减少硬件失能风险的最佳办法。

（2）系统扩展与外围设备的配置水平应充分满足应用系统的功能要求，并适当留有余地，以便进行二次开发。图 5-5 展示了一个方便用户切换两种输入设备的灵活设计示例。用户的外部设备存在 5V 和 3V 两种规格，用户将来选择何种设备具有不确定性，因此在设计电路原理图的时候将考虑支持两种设备，通过选择特定部分的元件焊接并结合跳线的方式让用户选择，图中 P5 是跳线插座。

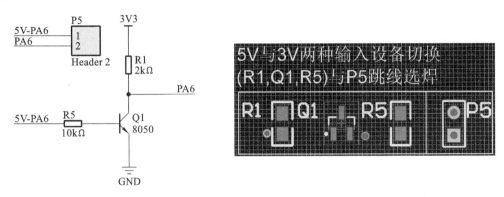

图 5-5　方便用户切换两种输入设备的灵活设计示例

（3）硬件结构应结合应用软件方案一并考虑。硬件结构与软件方案会产生相互影响，考虑原则是软件能实现的功能尽可能由软件实现，以简化硬件结构。但必须注意，由软件实现的硬件功能一般响应时间比硬件实现的长，且需占用较长的 CPU 时间。

（4）系统中的相关器件要尽可能做到性能匹配。如选用 CMOS 芯片单片机构成低功耗系统时，系统中所有芯片都应尽可能选择低功耗产品。

（5）可靠性及抗干扰设计是硬件设计必不可少的部分，它包括芯片、元器件选择，以及去耦滤波、印制电路板布线、通道隔离等。

（6）外围电路较多时，必须考虑其驱动能力。驱动能力不足时，系统工作不可靠，可通过增设总线驱动器增强驱动能力或减少芯片功耗来降低总线负载。

（7）尽量朝芯片方向设计硬件系统。系统元器件越多，元器件之间的干扰也越强，功耗也随之增大，也不可避免地降低了系统的稳定性。

5.3　PCB 设计

5.3.1　设计过程

PCB 的基本设计流程可分为前期准备，电路板结构设计，调入网络表文件和修改元器件封装，PCB 布局，布线，敷铜，网络、DRC 和机械结构检查、制版。

1. 前期准备

前期准备主要包括准备原理图、网络表和元器件的封装、焊盘封装、环境参数设置等内容。利用原理图设计工具绘制原理图，并且生成对应的网络表。当然，在某些特殊情况下，如 PCB 比较简单或已经有了网络表，也可以不进行原理图的设计，直接进入 PCB 设计系统。在 PCB

设计系统中,可以直接取用元器件封装,人工生成网络表。在画出非标准元器件的封装时,建议将自己所画的元器件都放入一个专门建立的 PCB 库文件中,以便以后调用。设置 PCB 设计环境和绘制印刷电路的版框(含中间的镂空)等,包括设置格点大小和类型、光标类型、版层参数、布线参数等。大多数参数都可以选用系统默认值,而且这些参数经过设置,符合个人的习惯,以后无须再去修改。

2. 电路板结构设计

根据已经确定的电路板尺寸和各项机械要求定位,并按定位要求放置所需的接插件、按键/开关、螺丝孔、装配孔等。此外,还要充分考虑和确定布线区域和非布线区域(如螺丝孔周围一定范围属于非布线区域)。对于标准板,可从其他板中调入。

3. 调入网络表和修改元器件封装

这一步是非常重要的一个环节,网络表是 PCB 自动布线的灵魂,也是原理图设计与 PCB 设计的接口,只有将网络表装入后,才能进行电路板的布线。

在原理图设计的过程中,ERC 检查不会涉及元器件的封装问题。因此,在原理图设计时,元器件的封装可能被遗忘。在引进网络表时,可以根据设计情况来修改或补充元器件的封装。当然,可以直接在 PCB 内人工生成网络表,并且指定元器件封装。

4. PCB 布局

布局就是在 PCB 上放置元器件。在放置元器件时,一定要考虑元器件的实际尺寸(如所占面积和高度)、元器件之间的相对位置,以保证电路板的电气性能和生产安装的可行性和便利性。图 5-6 显示了灯光控制电路 PCB 中 P1 电源插座布局的错误示范,P1 插座贴在板子右边边缘布局,将来用户拔插电源插头的时候很不方便。因此 P1 插座应该继续往板子右边挪动,使其一部分伸出板子边缘外,如图 5-7 所示。同时,应该在保证前述原则能够实现的前提下,适当修改元器件的摆放,使之整齐、美观。例如,同样的元器件要求摆放整齐、方向一致。这个步骤关系到 PCB 板的整体外观和下一步布线的难易程度。

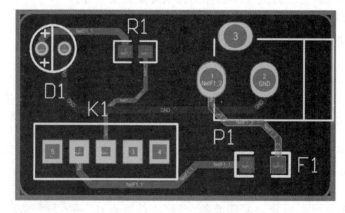

图 5-6　灯光控制电路 PCB 中 P1 电源插座布局错误

5. 布线

布线是整个 PCB 设计中最重要的工序,它直接影响 PCB 的性能。在 PCB 的设计过程中,布线首先要求是连通,这是对 PCB 设计最基本的要求。其次是要满足电气性能指标。这是衡量一块 PCB 是否合格的标准。在连通之后认真调整布线,使其能达到最佳的电气性能。最

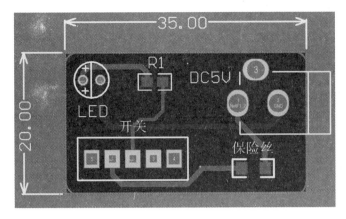

图 5-7　布局和布线完成的灯光控制电路 PCB

后,要符合一般审美标准且便于后期测试。布线要整齐划一,不能纵横交错、毫无章法。图 5-7
显示了灯光控制电路 PCB 布局布线完成之后的结果,元器件摆放整齐,疏密合适,布线没有直
角,布线均匀。

6. 敷铜

敷铜一般敷地线(注意模拟地和数字地的分离),采用多层板时还可能需要敷电源线。图
5-8 展示了在灯光控制电路 PCB 中在 Bottom 底层为地线 GND 敷铜的过程和结果。

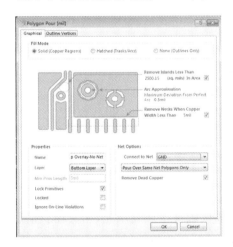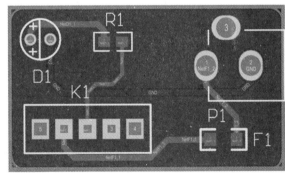

图 5-8　灯光控制电路 PCB 在 Bottom 底层为地线 GND 敷铜

7. 网络、DRC 和机械结构检查

首先,在确定电路原理图设计无误的前提下,将所生成的 PCB 网络文件与原理图网络文
件进行物理连接关系的网络检查(Net Check),并根据输出文件结果及时对设计进行修正,以
保证布线连接关系的正确性;其次,在网络检查通过后,对 PCB 设计进行 DRC 检查,并根据输
出文件结果及时对设计进行修正,以保证 PCB 布线的电气性能;最后,进一步对 PCB 的机械
结构进行检查和确认。

8. 制版

这一步生成 PCB 制造厂商需要的若干个制版文件,即 Gerber 光绘文件。一般每层都需

要一个对应的光绘文件。

5.3.2 PCB 设计的一般原则

1. PCB 布局原则

①按电气性能合理分区，一般可分为数字电路区、模拟电路区和功率驱动区。

②完成同一功能的电路应尽量靠近放置，并调整各元器件以保证连线最为简洁；同时，还应调整各功能块间的相对位置使功能块间的连线最简洁。

③卧装电阻、电感、电解电容等元器件的下方应避免布过孔，以免波峰焊后过孔与元器件壳体短路。

④对于质量较大的元器件应考虑安装位置和安装强度。

⑤I/O 驱动元器件应尽量靠近 PCB 的边缘、靠近引出接插件。

⑥电源插座要尽量布置在 PCB 的四周，应方便电源插头的插拔。

⑦时钟产生器（如晶振）要尽量靠近用到该时钟的元器件。

⑧布局要求均衡，疏密有序。

2. PCB 布线的原则

①一般应先对电源线和地线进行布线，以保证电路板的电气性能。注意，电源线与地线应尽可能呈放射状。

②优先对要求较严格的线进行布线（如高频线、时钟线）。

③输入端与输出端的边线应避免相邻平行，以免产生反射干扰。必要时应加地线隔离，两个相邻层的布线应互相垂直，这是因为布线相互平行容易产生寄生耦合。

④振荡器外壳接地，时钟线应尽量短，且不能到处引线，影响布局。

⑤尽可能采用 45°的折线布线，以减小高频信号的辐射，不可使用 90°折线布线。

⑥关键信号应预留测试点，以方便生产和维修、检测。

⑦信号线的过孔数量应尽可能地少。

⑧关键线应尽量短而粗，并在两边加上保护地。

⑨通过扁平电缆传送敏感信号时，要用"地线—信号线—地线"的方式引出。

⑩原理图布线完成后，应对布线进行优化，对未布线区域进行地线填充，用大面积铜层作地线用，在 PCB 上把没被用上的地方都与大面积铜层相连接作为地线用。

3. PCB 布线工艺要求

①线。一般情况下，线尽量走宽一些。在布线面积适中的情况下，一般信号线宽为 8～12 mil，电源线宽为 30 mil 或 40 mil；线与线之间和线与焊盘之间的距离不小于 10 mil。在实际应用中，条件允许时应考虑加大距离。

②焊盘。焊盘与过孔的基本要求是焊盘的直径比过孔的直径要大 20 mil。例如，通用插脚式电阻、电容和集成电路等可以采用略大一些的焊盘/过孔尺寸。在实际应用中，应根据实际元器件的尺寸来定，有条件时，可适当加大焊盘尺寸。PCB 上设计的元件安装孔径应比元件管脚的实际尺寸大 0.2～0.4 mm。

③过孔。过孔尺寸一般为 50 mil/28 mil。当布线密度较高时，过孔尺寸可适当减小，但不宜过小，可考虑采用 40 mil/24 mil。

④焊盘、线、过孔的间距要求。焊盘和过孔间距不小于 12 mil,焊盘和焊盘间距不小于 10 mil,焊盘和导线间距应大于 10 mil,导线和导线间距应大于 8 mil。在布线密度较高时,上述尺寸可以略微减小,极限值建议征询 PCB 厂商的意见,避免实际生产时加工精度达不到而影响 PCB 质量。

5.3.3　高速电路设计

很多高端嵌入式电路板开发随着系统设计复杂性和集成度的大规模提高,PCB 上的时钟频率也越来越高。高速问题的出现给硬件设计带来了更大的挑战。在现代高速电路设计中,传统的设计方法已经很难适应。现代高速电路的信号边沿速率快,元器件之间的干扰大,铜皮导线往往要当作传输线来处理,许多传统 PCB 设计中忽略的因素已经成为影响高速数字系统性能的首要因素。总之,高速电路硬件设计是一个非常复杂的设计过程,需要综合考虑制作工艺、系统成本、信号完整性、电源完整性、电磁兼容、机械设计、热分析等因素对设计的影响。在设计硬件时主要考虑终端匹配电阻、信号线长度和层次、时序仿真等几个因素。

在传统的设计流程中,PCB 设计的质量主要依赖于设计人员的经验,PCB 板的性能只有在制作完成后才能够通过仪器测量来评判。在 PCB 板调试阶段中发现的问题,必须等到在下一次 PCB 设计中加以修改。但更为困难的是,有些问题往往很难将其量化成前面电路设计和版图设计中的参数,所以对于较为复杂的 PCB,一般都需要通过反复多次上述的过程才能最终满足设计要求。可以看出,采用传统的 PCB 设计方法,产品开发周期较长,研制开发的成本也相应较高。图 5-9 所示的是传统 PCB 设计的一般流程。

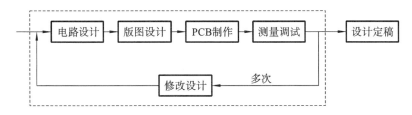

图 5-9　传统 PCB 设计流程

高速电路多采用基于信号完整性(Signal Integrate,SI)分析的 PCB 设计方法。基于信号完整性分析的 PCB 设计流程如图 5-10 所示。在 PCB 设计之前,应首先建立高速数字信号传输的信号完整性模型(SI 模型)。根据 SI 模型对信号完整性问题进行一系列的 SI 仿真分析,根据仿真计算的结果选择合适的元器件类型、参数和电路拓扑结构,作为电路设计的依据。

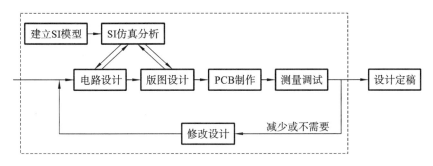

图 5-10　基于 SI 分析的 PCB 设计流程

在 PCB 版图设计开始之前,将获得的各信号的边界值作为版图设计的约束条件,以此作为 PCB 版图布局、布线的设计依据。在 PCB 版图设计过程中,将部分完成或全部完成的设计送回 SI 模型进行设计后的信号完整性分析,以确认实际的版图设计是否符合预计的信号完整性要求。

若仿真结果不能满足要求,则需修改版图设计甚至电路设计,这样可以降低因设计不当而导致产品失败的风险。在 PCB 设计完成后,就可以进行 PCB 制作。PCB 制造参数的公差范围应在信号完整性分析的解空间的范围之内。PCB 制作完毕后,再用仪器进行测量、调试,以验证 SI 模型及 SI 分析的正确性,并以此作为修正模型的依据。在 SI 模型及分析方法正确的基础上,通常 PCB 不需要或只需要很少的重复修改设计及制作就能够最终定稿,从而可以缩短产品开发周期、降低开发成本。

HyperLynx 是一套完整的电磁兼容和信号完整性分析工具,用于解决信号完整性问题。HyperLynx 包括布线前仿真工具 LineSim 和布线后仿真工具 BoardSim。PCB 设计人员用这些工具在生产之前找到信号完整性问题。LineSim 用在布线设计前约束布线和各层的参数、设置时钟的布线拓扑结构、选择元器件的速率、诊断信号完整性,并尽量避免电磁辐射及串扰等问题。BoardSim 用于布线后快速地分析设计中的信号完整性、电磁兼容性等问题,生成串扰强度报告,区分并解决串扰问题。HyperLynx 具有良好的兼容性,与主要 PCB 产品都有接口,如 Power PCB、Expedition、BoardStation 等。

5.4　CPLD/FPGA 芯片设计

5.4.1　CPLD/FPGA 芯片分类

CPLD/FPGA 可以从编程工艺上分为以下几种类型。

(1) 熔丝(Fuse)型器件。早期的 PROM 器件就是采用熔丝结构的,编程过程根据设计的熔丝图文件来烧断对应的熔丝,达到编程的目的。

(2) 反熔丝(Anti-fuse)型器件。它是对熔丝技术的改进,在编程处通过击穿漏层使得两点之间获得导通,这与熔丝烧断获得开路的原理正好相反。某些 FPGA 采用了此种编程方式,如 Amtel 公司的 FPGA 器件。

无论是熔丝还是反熔丝结构,都只能编程一次,因而此类器件又称为 OTP(一次性可编程,One Time Programming)。

(3) EPROM 型。EPROM 常被称为紫外线擦除电可编程逻辑器件。它是用较高的编程电压进行编程,当需要再次编程时,可用紫外线进行擦除。

(4) E^2PROM 型。E^2PROM 即电可擦写编程器件,现在大部分 CPLD 及 GAL 器件都采用这种结构。它是对 EPROM 的工艺的改进,不需紫外线擦除,而直接用电擦除。

(5) SRAM 型。SRAM 即查找表结构的器件。大部分 FPGA 器件都采用这种编程工艺。如 Xilinx 和 Atera 的 FPGA 器件都是采用 SRAM 结构编程方式。这种编程方式在编程速度、编程要求上要优于前四种方式,不过 SRAM 器件的编程信息存放在 RAM 中,在断电后就丢失了,再次上电需要再次编程,因而需要专用的器件来完成这类配置操作。前四种器件在编程后是不会丢失编程信息的。

（6）Flash 型。采用 Flash 工艺的 CPLD/FPGA 可以实现多次编程,同时做到断电后不需要重新配置。

5.4.2　CPLD/FPGA 硬件设计流程

集成电路的设计一般是先进行软、硬件功能的划分,将设计分为两部分,即芯片硬件设计和软件协同设计。其中,芯片硬件设计部分包括以下工作。

（1）电路设计与输入。电路设计与输入是指通过某些规范的描述方式,将电气工程师的电路构思输入给 EDA 工具。常用的设计输入方法有硬件描述语言（HDL）和原理图设计输入方法等。其中,使用最为广泛的 HDL 语言有 VHDL 和 Verilog HDL。

（2）功能验证,即前仿真。电路设计完成后,要用专用工具对设计进行功能仿真,验证电路功能是否符合设计要求。常用的仿真工具有 Model Tech 公司的 ModelSim、Synopsys 公司的 VCS、Cadence 公司的 NC-Verilog 和 NC-VHDL、Aldec 公司的 Active HDL 和 VHDL/Verilog HDL 等。通过仿真能及时发现设计中的错误,加快设计进度、提高设计可靠性。

（3）综合优化（Synthesize）。综合优化是把 HDL 语言翻译成最基本的与或非门的连接关系（网表）,并根据要求（约束条件）优化所生成的门级逻辑连接,输出.edf 和.edn 等文件,导出给 CPLD/FPGA 厂家的软件进行实现和布局、布线。常用的专业综合优化工具有 Synplicity 公司的 Synplify/Synplify Pro、Amplify 等,Synopsys 公司的 FPGA Compiler Ⅱ,Exemplar Logic 公司的 LeonardoSpectrum 等。另外,FPGA/CPLD 厂商的集成开发环境也带有一些综合工具,如 Xilinx ISE 中的 XST 等。

（4）综合后仿真。综合完成后需要检查综合结果是否与原设计一致,这一过程称为综合后仿真。在仿真时,把综合生成的标准延时文件反标注到综合仿真模型中去,可估计门延时带来的影响。

（5）布局、布线。综合的结果是通用的门级网表,这些只是一些与或非门的逻辑关系,与芯片实际的配置情况还有差距。此时应该使用 FPGA/CPLD 厂商提供的实现与布局、布线工具,根据所选芯片的型号进行芯片内部功能单元的实际连接与映射。这种实现与布局、布线工具一般要选用所选器件的生产商开发的工具,因为只有生产者最了解器件内部的结构,如在 ISE 的集成环境中完成实现与布局、布线的工具是 Flow Engine。

（6）时序验证。时序验证的目的是保证设计满足时序要求,即 Setup/Hold Time 符合要求,以便数据能被正确采样。时序验证的主要方法包括 STA（Static Timing Analysis）和后仿真,其中后仿真较为常用。在后仿真中将布局、布线的时延反标注到设计中去,使仿真既包含门延时又包含线延时信息。这种后仿真是最准确的仿真,能较好地反映芯片的实际工作情况。仿真工具与综合前仿真工具相同。

（7）板级仿真与验证。在以上各步完成后,应生成并下载 BIT 或 PROM 文件,进行板级调试。特别是在有些高速设计情况下还需要使用第三方的板级验证工具进行仿真和验证。示波器和逻辑分析仪（Logic Analyzer,LA）是逻辑设计的主要调试工具。

5.4.3　Xilinx ISE Design Suite 开发环境

ISE Design Suite 是 Xilinx 公司主流的 FGPA 开发工具,集 SOC 开发、综合、布局布线、

生成.bit 文件、下载等功能于一体,包含了很多常用 IP 核,功能非常强大。ISE Design Suite 14.5 支持用户方便地编写 Verilog/VHDL 代码,支持 Xilinx 公司所有的 FPGA 芯片型号选型,提供大量稳定可靠的常用 IP 核。图 5-11 所示为 ISE Design Suite 的工作主界面。

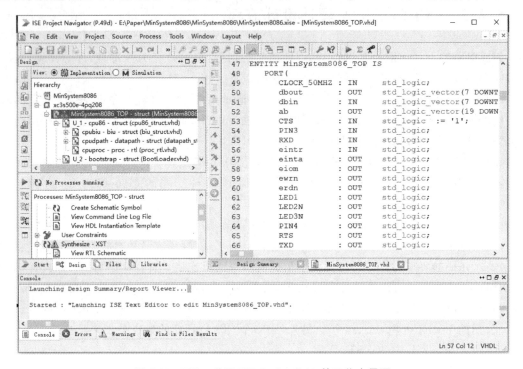

图 5-11　Xilinx 公司 ISE Design Suite 的工作主界面

在该集成开发环境下,FPGA 工程设计分为下面五个步骤:设计输入(Design Entry)、综合(Synthesis)、实现(Implementation)、验证(Verification)、下载(Download)。

1. 设计输入(Design Entry)

设计输入的形式大致有两种,一种是直接画元器件的图进行输入,还有一种是以硬件描述语言的方式进行输入。ISE Design Suite 集成开发环境的工具包括硬件描述语言编辑器、元器件原理图编辑器、状态机编辑器、IP 核生成器和测试激励生成器等。在设计过程中用得最多的是用硬件描述语言对想要实现的逻辑进行描述。除了可用硬件描述语言对逻辑进行描述外,还可以用画元器件电路图的方法描述逻辑。元器件电路图方法的优点是可以很清晰地知道设计逻辑是由哪些元器件构成的。但是它最致命的缺点是如果要做任何一点修改都是非常困难的,非常不利于更新维护。在 ISE Design Suite 集成开发环境中设计逻辑的时候通常采用硬件描述语言的方法,VHDL 和 Verilog 是两种主流的硬件描述语言。它们最大的优点是设计者不需要知道设计的逻辑由哪些元器件构成,只需要描述设计逻辑的行为,用硬件描述语言设计好的功能模块可以重复利用,跟其他数字模块对接的时候只需要对相应的数字模块进行实例化就可以了,这种方法非常便于产品的升级、产品的日常维护。所以在 FPGA 集成开发环境中通常使用硬件描述语言进行逻辑设计。

2. 综合(Synthesis)

综合是将用硬件描述语言的逻辑转换成 FPGA 内部元器件的连接方式。综合是对于使用硬件描述语言而言的,如果用元器件电路图方法进行的设计就不需要综合,综合的过程是将硬件描述语言描述的行为转换为 FPGA/CPLD 内部基本结构所对应的网表文件。在 ISE Design Suite 中,综合工具主要有 Synplicity 公司的 Synplify/Synplify Pro、Synopsys 公司的 FPGA Compiler II/Express、Exemplar Logic 公司的 LeonardoSpectrum 和 Xilinx ISE 中的 XST 等。图 5-12 是综合的选项,图中用底色标识的 Synthesize-XST 就是综合选项。

图 5-12　综合和实现选项

3. 实现(Implementation)

实现是指将综合后的器件对应到所选的 FPGA 芯片内部并进行连接。ISE Design Suite 的实现过程分为翻译(Translate)、映射(Map)、布局布线(Place & Route)等 3 个步骤。图5-13中底色标识的 Implement Design 就是实现选项。实现工具主要有约束编辑器(Constraints Editor)、引脚与区域约束编辑器(PACE)、时序分析器(Timing Analyzer)、FPGA 底层编辑器(FGPA Editor)、芯片观察窗(Chip Viewer)和布局规划器(Floorplanner)等。

图 5-13　实现选项

4. 验证(Verification)

验证(Verification)包含功能仿真(Simulation),验证平台仿真和后仿真等。功能仿真是通过设计激励文件,在原设计上加上激励文件,然后观察设计的输出是否是设计者所期望的输出结果。验证平台仿真是近些年比较主流的验证方式,验证平台是由 systemverilog 等高级编程语言编写出来的,激励相比于用硬件描述语言所写出来的激励更加全面、更具有随机性,测试的范围更加广泛。综合后仿真能精确给出输入与输出之间的信号延时数据,从而使仿真更加接近真实器件的特性。Synopsys 公司的 VCS 就是 Linux 环境下后仿真的主流工具。仿真是数字设计中不可缺少的一部分,通过仿真可以快速发现设计中的错误,使研发周期缩短,使设计逻辑更稳定。任何一个仿真结果出现问题,就必须返回原来的设计看哪一块的逻辑出现错误并进行修改。

5. 下载(Download)

编程(Program)就是将工程生成.bit 文件下载到开发板上,下载到板子上之后通过 Ila 中的信号可以对设计中的信号进行实时分析。Ila 是 FPGA 设计中经常会使用的调试模块,它将需要检测的信号引出来,然后在波形图中添加并进行观测。

在 ISE 中对应的工具是 iMPACT。图 5-14 是下载的界面,红色的框 Program 就是将编译好的.bit 文件下载到 FPGA 开发板上。

仿真是硬件设计中必不可少的环节,仿真属于验证当中的一部分,用 FPGA 进行逻辑设计的时候只需要前仿真,综合之后的事 FPGA 自动完成,这有利于缩短研发周期短。现在主流的仿真软件有 VCS(Linux 平台)、ModelSim 等。ModelSim 是 Windows 平台最主流的仿真软件之一,它的仿真速度很快,仿真库准确度高。ISE Design Suite 对 ModelSim 的支持非常好,在 ISE Design Suite 里面有专门针对 ModelSim 库的生成选项。ISE Design Suite 有专门的库生成工具 Xilinx Simulation Library Compilation Wizard 可以生成支持各种仿真软件的 FPGA 器件库。如图 5-15 所示为 Xilinx Simulation Library Compilation Wizard 工具中的 ModelSim 选项。

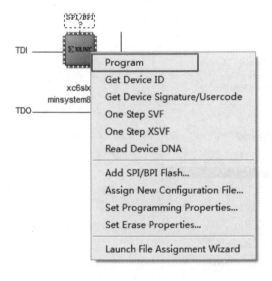

图 5-14　下载选项　　　　　　　　　图 5-15　库生成工具中的 ModelSimSE 选项

5.4.4　Altera QuartusII 开发工具

QuartusII 是 Altera 公司推出的 CPLD/FPGA 开发工具,它提供了完全集成且与电路结构无关的开发包环境,具有数字逻辑设计的全部特性。主要功能包括:可利用原理图、结构框图、VerilogHDL、AHDL 和 VHDL 完成电路描述,并将其保存为设计实体文件;芯片(电路)平面布局连线编辑;通过 LogicLock 增量设计方法,用户可建立并优化系统,添加对原始系统的性能影响较小或无影响的后续模块;具有功能强大的逻辑综合工具、完备的电路功能仿真与时序逻辑仿真工具;可进行定时/时序分析与关键路径延时分析;可使用 SignalTap Ⅱ 逻辑分析工具进行嵌入式的逻辑分析;支持软件源文件的添加和创建,并将它们链接起来生成编程文件;使用组合编译方式可一次完成整体设计流程;可自动定位编译错误;具有高效的期间编程与验证工具;可读入标准的 EDIF 网表文件、VHDL 网表文件和 Verilog 网表文件;能生成第三方 EDA 软件使用的 VHDL 网表文件和 Verilog 网表文件。

Quartus Ⅱ 软件的设计过程主要包括建立项目、输入设计电路(可采用不同方式)、设计编译、设计仿真和设计下载等。图 5-16 所示是 Quartus Ⅱ 软件的主界面。

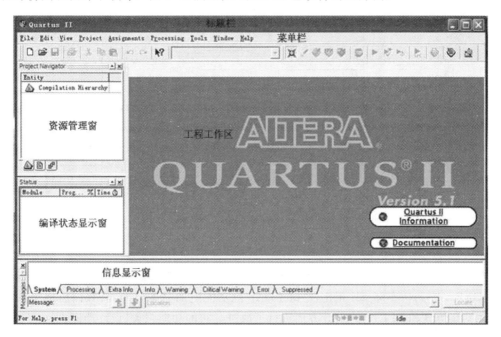

图 5-16　Quartus Ⅱ 软件主界面

5.5　典型电路设计工具

5.5.1　Protel

Protel 的前身是美国 ACCEL Technologies 公司的 Tango 软件包,当时它只能运行在计算机的 DOS 操作系统下。直到微软 Windows 操作系统问世才由澳大利亚 Protel 公司于 1991 年推出 Protel for Windows 1.0 版本。1999 年初,Protel 公司推出 Protel 99。Protel 99 是一个基于 Windows 平台的 32 位 EDA 设计系统,集电路原理图绘制、模拟电路与数字电路 混合信号仿真、多层电路板设计、可编程逻辑器件设计、图表生成等功能于一身。Protel 99 具 有丰富多样的编辑功能、强大便捷的自动化设计能力、丰富的原理图元件库,以及极其全面的 工具、文档及设计项目的组织能力。Protel 公司后来又推出 Protel 99 SE(Second Edition),这 是 Protel 99 的改良版,其改进主要是在 PCB 制版方面增加了一些更实用的功能。图 5-17 所 示为 Protel 99 SE 的主界面。

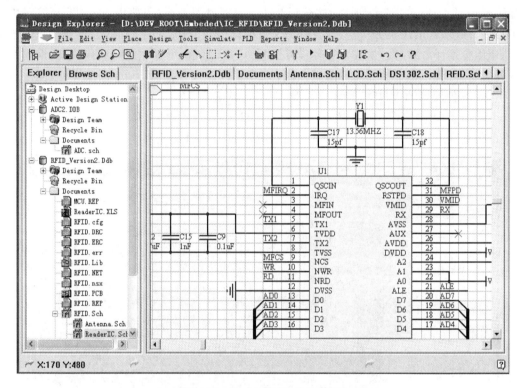

图 5-17　Protel 99 SE 的主界面

目前,Protel 公司已经改名为 Altium 公司,在 2002 年推出新一代的板级电路设计系统 Protel DXP。与 Protel 99 SE 相比,Protel DXP 除功能更加完备以外,其界面风格更加成熟、 灵活,尤其在仿真和 PLD 电路设计方面进行了改进。它的功能强大、设计严谨,但由于对操作 系统有要求,给初学者入门带来了一定的难度,另外它占用计算机的系统资源比较多,致使目 前使用 Protel DXP 的用户不如使用 Protel 99 SE 的多。

5.5.2　Altium Designer 软件

Altium Designer 是 Protel 软件开发商 Altium 公司推出的一体化的电子产品开发系统, 主要运行在 Windows 操作系统上。Altium Designer 软件集成有原理图设计、电路仿真、PCB 绘制编辑、拓扑逻辑自动布线、信号完整性分析和设计输出等功能,为设计者提供了全新的设 计解决方案,使设计者可以轻松进行设计。图 5-18 所示为 Altium Designer 的原理图设计主界面,图 5-19 所示为 Altium Designer 的 PCB 设计主界面。

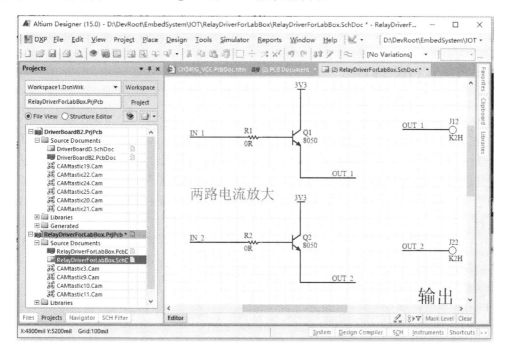

图 5-18 Altium Designer 的原理图设计主界面

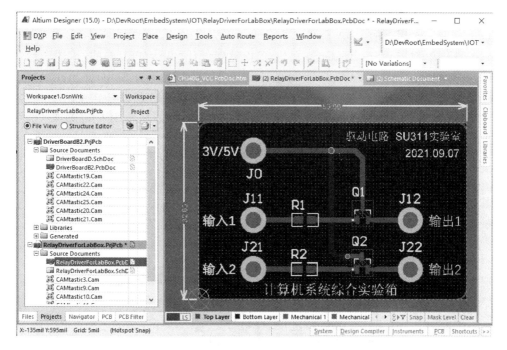

图 5-19 Altium Designer 的 PCB 设计主界面

Altium Designer 除了全面继承包括 Protel 99SE、Protel DXP 在内的先前一系列版本的功能和优点外,还增加了许多改进和很多高端功能。该平台拓宽了板级设计的传统界面,全面集成了 FPGA 设计功能和 SOPC 设计实现功能,从而允许工程设计人员能将系统设计中的

FPGA 与 PCB 设计及嵌入式设计集成在一起。由于 Altium Designer 在继承先前 Protel 软件功能的基础上,综合了 FPGA 设计和嵌入式系统软件设计功能,Altium Designer 对计算机的系统需求比先前的版本要高一些。

5.5.3　PADS 软件

PADS(Personal Automated Design Systems,个人自动设计系统)软件是美国 Mentor Graphics 公司的产品。PADS 最新和广泛应用的版本是 PowerLogic 5.0 和 PowerPCB 5.0,它们是功能强大的电路设计和制版工具。其中,PowerLogic 5.0 是一个功能强大、多页的原理图设计输入工具,具有在每页进行快速存取、在线元件编辑、库管理方便简洁等特点,所有这些都为 PowerPCB 5.0 提供了高效的电路板设计环境,提高了由原理图设计链接到 PCB 制版的转化效率。PowerPCB 5.0 是一款复杂的、高速 PCB 设计软件。它具有快速交互布线编辑器(FIRE),这一功能在众多的交互布线模式中独树一帜,由于 FIRE 采用强大功能的算法,布线完成后很少需要用户修改调整,可以使用户在布线时节省大量时间,从而提高效率。对于表面贴装元件等细小焊盘间距、高速布线的约束条件设定、图形用户界面的定制等方面功能,PowerPCB 5.0 软件都是无可挑剔的。PowerLogic 5.0 和 PowerPCB 5.0 两款软件具有运行速度快、能通过简单的操作或快捷键实现复杂的功能、工作区域视窗宽等优点。

5.5.4　Cadence

Cadence 是一个大型的 EDA 软件。它几乎可以完成电子设计的所有方面,包括 ASIC 设计、FPGA 设计和 PCB 设计。Cadence 在仿真、电路图设计、自动布局、布线、版图设计及验证等方面却有着绝对的优势。Cadence 公司还开发了自己的编程语言 Skill,并为其编写了编译器。由于 Skill 语言提供编程接口(包括与 C 语言的接口),所以能够以 Cadence 为平台进行扩展,用户可以开发自己的基于 Cadence 的工具。实际上,整个 Cadence 软件可以理解为一个搭建在 Skill 语言平台上的可执行文件集,所有的 Cadence 工具都是用 Skill 语言编写的。不过 Cadence 的工具太多,使得 Cadence 显得有点凌乱,这给初学者带来了很多的麻烦。图 5-20 所示为 Cadence 启动之后产品选择界面。该软件强大的功能和灵活的使用方式,使得其风靡全球,尤其是在高端和复杂的电子产品设计中,Cadence 更是使用广泛。图 5-21 所示是使用 Cadence 中 CIS 软件设计原理图的主要工作界面,图 5-22 所示是使用 Cadence 中 Allegro 软件进行 PCB 设计的主要工作界面。

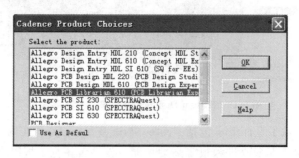

图 5-20　Cadence 产品选择界面

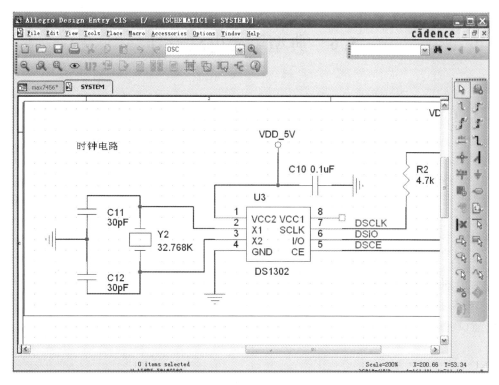

图 5-21　使用 Cadence CIS 软件设计原理图的主要工作界面

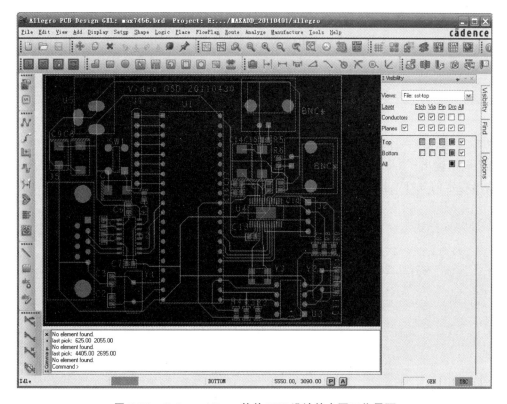

图 5-22　Cadence Allegro 软件 PCB 设计的主要工作界面

5.6　典型单元电路设计

5.6.1　电源单元电路

电源单元是所有电子电路必备的基础电路。电源单元电路的基本工作条件有三个：电压符合核心电路的电压、电压足够稳定、电流足够大。此外，保险丝、工作指示灯、开关、限流电阻也是电源单元的常用元件。在使用电池供电的系统中电源单元可能还包括降压电路、升压电路、稳压电路、充电电路、电量监控电路。

图 5-23 所示为一个最基本的电源单元电路。DC5V 是外接直流 5V 电源。S1 是电源开关，开关闭合时电源接入为设备供电。F1 是保险丝，保险丝具有易导电、高温熔断的性质，可以当作一段特殊的导线，当电源输入设备的电流过大或系统短路时，保险丝立即被产生的高温熔断，起到保护设备和外接电源的作用。P1 是电源接口，将外部电源接入设备，常见的形状有JACK 插口、圆形插口、USB 插口。

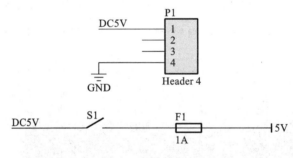

图 5-23　电源基本电路

图 5-24 展示了一个电源稳压电路。U1 是稳压芯片 AMS1117，功能是将 5V 电压转化成 3.3V 电压输出。3.3V 满足在很多电子电路的工作电压要求。5V 从 V_{in} 引脚进入，V_{out} 引脚输出稳定的 3.3V 电压。C1～C4 都是电容，用于消除电压抖动，其中 C1 和 C4 是极性电容。

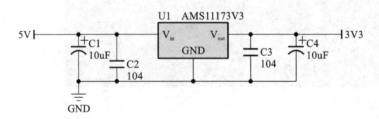

图 5-24　3.3V 稳压电路

图 5-25 所示为一个 5V 电源升压电路。V_{IN} 是电源输入（一般是电池或者低电压电源）。SX1308 是升压芯片，V_{IN} 引脚连接输入电源，EN 引脚使能升压功能。通过调整 FB 引脚处 R1

与 R2 的比例即可配置升压的比例。C1 和 C2 是两个稳压旁路电容,L1 是电感,VD1 是肖特基二极管(具有正向导通,反向截止的特点)控制电流的流动方向。V_{OUT} 则是升压后的输出电压。图中电路可以将一个 3.7V 的锂电池电压升压至 5V 再输出。

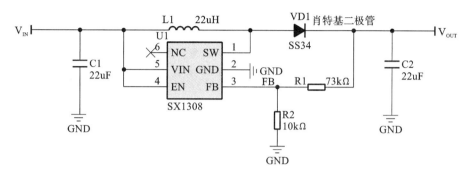

图 5-25　5V 稳压升压电路

5.6.2　复位单元电路

一般单片机复位是通过对特殊引脚提供高电平或者低电平来实现的。对于 STM32 来说,是通过对其 RST 引脚输入一个低电平进行硬件复位。复位电路如图 5-26 所示。

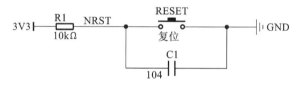

图 5-26　复位电路

NRST 是连接到 RST 引脚的信号,可以看出,当复位按钮断开时,NRST 处无电流通过,此时为高电平。一旦复位按钮被按下,电流从 3V3 电源流向 GND 地,此时电阻 R1 分得全部电压,且 NRST 与 GND 直接相连变成低电平。芯片上的 RST 引脚一旦检测到低电平,则立即复位。

5.6.3　上下拉单元电路

一般在使用单片机或者外设时,一些引脚需要设置默认电平的输入状态。例如,UART 串口中 RX 需要默认高电平,I^2C 总线上两条信号线都需要默认高电平或者通过引脚设置功能选择时前面的复位电路就使用到了上拉电路。在芯片内部没有专门处理时,就需要用到上下拉电路在芯片外部强制设置电平状态。

图 5-27 所示中 INPUT 是输入信号,OUTPUT 是输出信号。图左边部分为上拉电路,当 INPUT 不是低电平输入时,OUTPUT 会一直处于高电平状态,也就是默认状态是高电平。右边的下拉电路也同理,当 INPUT 不是高电平输入时,OUTPUT 会一直处于默认低电平的状态。这样就起到了强制设置默认电平的作用。R1 和 R2 都是限流电阻,目的是为了减小从 OUTPUT 流出的电流,起到保护引脚的作用,其阻值选择应该尽量大。

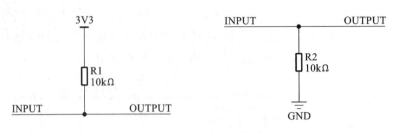

图 5-27　上拉和下拉电路

5.6.4　驱动单元电路

一般单片机作为微控制器,基于低能耗的设计,工作电压不高,工作电流也不大,引脚直接驱动能力有限。因此在面对大电流外设时,单片机 I/O 引脚无法直接驱动。此时需要设计特定的驱动电路,达到小电流控制大电流的效果。或者是在高电压工作环境下,使用较低的电压控制高电压电路通断,达到低电压控制高电压的效果。

1. 电流放大电路

这里以单片机驱动继电器为例,一般的继电器元件电流输入较大,普通的单片机引脚电流远远不够,因此可以设计电流放大电路进行驱动控制

图 5-28 所示电路利用 8050 NPN 型三极管进行电流放大。将输入电流 INPUT 输入到 NPN 型三极管的基极,电源接集电极,输出 OUTPUT 接发射极。当 INPUT 有电流输入时,OUTPUT 则会输出放大后的电流。将芯片引脚接到 INPUT,对应需要驱动的元器件接到 OUTPUT 就可以实现小电流驱动大电流。

2. 开关电路

一般单片机工作电压在 5V 到 3.3V 之间,而有些高电压外设驱动条件远高于此,因此可以设计开关电路进行控制。

图 5-29 所示是一个基于 MOS 管的开关电路。INPUT 作为输入信号,可以与单片机引脚直接相连。Load-为大电压负载的负极。IRF520N 是一个 N 沟道 MOS 管,将 INPUT 接到 MOS 管的栅极,负载负极接到 MOS 管的漏极,将 MOS 管源极接地。此时,当 INPUT 输入高电平时,栅极电压高于源极(GND)电压,则 MOS 管导通,负载有电流通过,反之,MOS 管不导通,负载不工作。这样的设计很好地实现了小电压控制大电压负载的功能,并且避免了小电压与大电压直接接触,对单片机具有保护作用。

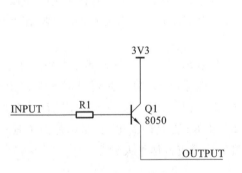

图 5-28　大电流驱动电路

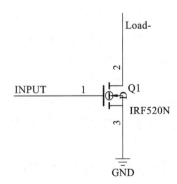

图 5-29　MOS 管开关电路

5.6.5　典型接插口电路

1. USB 接口电路

平常生活中常用的 USB 接口有数种,例如 MINIUSB 接口、USB-A 接口以及 Micro-USB 接口。这几种接口都适用于 USB2.0,它们只是在实际接口大小、形状设计上有区别,其内部传输的信号是一样的。USB 信号一般是 4 个:5V、GND、USB_D-和 USB_D+。USB_D-和 USB_D+是一对差分信号,这是由 USB 协议约定的。图 5-30 和图 5-31 是 2 种常用的 USB 接口母座电路图。

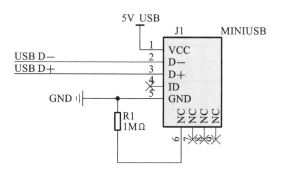

图 5-30　MINIUSB 母座接口电路图　　　　　图 5-31　USB-A 母座接口电路图

2. RJ45 接口电路

RJ45 接口常见于日常生活中使用的网络接口,包括计算机、路由器、交换机等基本都是使用 RJ45 网络接口,平常使用的网线也是使用 RJ45 接口,分为公头和母座,网线上若是公头,仪器设备上就是母座。图 5-32 就是一个 RJ45 以太网接口的电路图。

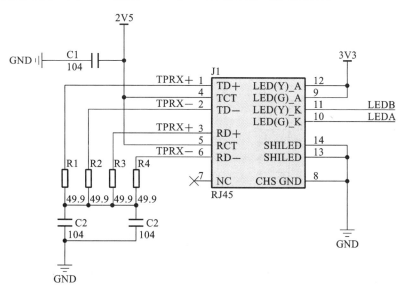

图 5-32　RJ45 网络接口母座电路

3. DB9 接口电路

DB9 接口常用于串口线,接口处为梯形形状,也分为公头和母座,接口外部的两端一般带有两个螺丝与螺母,用于固定。在接口中有两排插针/孔洞,分别有 4 根信号与 6 根信号。图 5-33 所示是 RS232 串口标准接口电路,核心为 MAX323 串口转换芯片,它可将一般的单片机串口 TTL 电平信号转换成 RS232 电平信号,最右边则使用了 DB9 接口连接外部串口线。

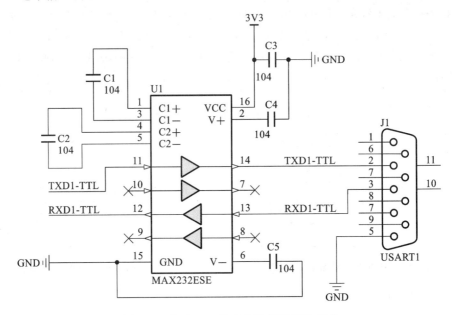

图 5-33　串口 TTL 转 RS232 标准接口电路

4. JTAG 接口

JTAG(Joint Test Action Group,联合测试工作组)接口是一种国际标准测试协议(IEEE 1149.1 兼容),主要用于芯片内部测试。现在多数的高级器件都支持 JTAG 协议,如 DSP、FPGA 器件等。标准的 JTAG 接口是 4 线:TMS、TCK、TDI、TDO,分别为模式选择、时钟、数据输入和数据输出线。接口信号电平参考电压一般直接连接 V supply,这个可以用来确定 ARM 的 JTAG 接口使用的逻辑电平(比如 3.3V 还是 5.0V,这里使用的 3.3V)。TRST 可以用来对 TAP Controller 进行复位(初始化),这是可选的。RST 则是连接单片机 MCU 的复位引脚,用于控制 MCU 硬件复位,这也是可选的。

大部分单片机 MCU 都支持 JTAG 接口的程序下载与调试,所以在嵌入式开发中 JTAG 接口电路是很常用的调试电路。JATG 调试接口的座子有很多种,一般常用的为 2 排 10 针的 DC3-20Pin 牛角座。接口电路如图 5-34 所示。

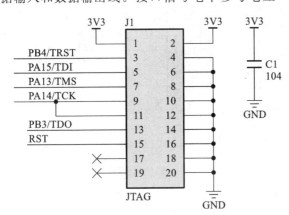

图 5-34　JTAG 调试接口电路图

习　　题

1. 试述电路原理图的主要设计流程和设计原则。
2. 试述 PCB 的主要设计流程和设计原则。
3. 试述 FPGA 的设计流程。
4. 试介绍一款典型的电路设计工具的特点。

第6章 嵌入式操作系统

嵌入式操作系统是嵌入式系统中最重要的软件,高端的嵌入式系统大多安装有操作系统。本章具体介绍嵌入式操作系统的概念、特点及实时性的概念,Linux、µc/OS、RT-Thread 等典型操作系统的特点、结构、移植和应用。

6.1 嵌入式操作系统的概念

嵌入式操作系统是覆盖在嵌入式硬件之上的基础软件,用来帮助应用程序屏蔽硬件的实现细节,提高应用程序的程序编写效率,并提高硬件资源的使用效率、可靠性和安全性。嵌入式操作系统负责嵌入式系统的全部软、硬件资源的分配和调度工作,控制和协调多任务的并发活动,为应用程序提供灵活高效的编程接口。高端嵌入式系统中大多安装有操作系统。

6.1.1 采用嵌入式操作系统的必要性

操作系统在嵌入式应用中使用得越来越广泛,尤其在功能复杂、系统庞大的应用中更是不可或缺。至少有下面几个方面是用户使用嵌入式操作系统的原因。

1. 提高了系统的可靠性

在控制系统中,出于安全方面的考虑,要求系统不能崩溃,而且还要有自愈能力。这不仅要求在硬件设计方面提高系统的可靠性和抗干扰性,而且也应在软件设计方面提高系统的抗干扰性,尽可能地减少安全漏洞和不可靠的隐患。长期以来,采用前、后台系统方式设计的软件在遇到强干扰时,程序会产生异常、出错、跑飞,甚至死循环,造成系统的崩溃。而采用操作系统设计的软件系统抗干扰的能力很强。某种干扰可能只是将若干进程中的一个破坏,可以通过系统的监控进程或异常处理程序对其进行处理(即修复)。通常情况下,这个监视进程可以用来监视各进程的运行状况,遇到异常情况时采取一些利于系统稳定、可靠的措施,如在不波及整个系统稳定的前提下,把有问题的任务清除掉。

2. 提高了开发效率,缩短了开发周期

在嵌入式操作系统的支持下,开发一个复杂的应用程序通常可以按照软件工程中的原则将整个程序分解为多个任务模块。每个任务模块的调试、修改几乎不影响其他模块。商业软件一般都提供了良好的多任务调试环境。另外,操作系统屏蔽了底层的硬件细节,应用程序开发人员不需要了解硬件细节,而只需把重点放在应用软件自身的逻辑设计上,提高了开发效率,缩短了开发周期。

3. 能充分发挥 32 位 CPU 的多任务潜力

32 位 CPU 不仅在速度上比 8/16 位 CPU 快,且在硬件上做了扩充和优化,使其适合运行多用户多任务操作系统,支持多任务的并发运行和任务切换。32 位 CPU 采用了大量利于提高系统可靠性和稳定性的设计,使其更容易做到不崩溃。例如,CPU 运行状态分为系统态和用户态,将系统堆栈和用户堆栈分开,实时地给出 CPU 的运行状态等,允许用户在系统设计中从硬件和软件两方面对内核的运行实施保护。如果嵌入式软件还是采用以前的前后台工作方式或中断工作方式,则无法充分发挥 32 位 CPU 的多任务优势。

6.1.2　嵌入式操作系统的特点

在嵌入式应用系统中,嵌入式操作系统并不像普通操作系统那样功能完整。嵌入式操作系统与普通操作系统相比,一般只有微内核,没有 Shell 及图形用户接口,甚至连文件系统和设备驱动等功能都是可有可无的。一则是因为多数嵌入式应用系统中不需要这些功能;二则是因为像通用操作系统一样完整的操作系统过于复杂,消耗系统资源过多,对嵌入式系统中性能有限的 CPU 和内存来说很难负担。很多时候,嵌入式操作系统和应用程序紧密结合,一同被编译,共同运行于同一空间。因此从源代码层次来说,操作系统和应用程序的界线不是很明确。

嵌入式操作系统是相对于一般操作系统而言的,它除具备了一般操作系统最基本的功能,如任务调度、同步机制、中断处理和内存管理等外,还有以下特点。

(1) 可拆装性。嵌入式操作系统的结构是开放性的,模块可以任意拆卸。

(2) 支持实时性。嵌入式操作系统实时性一般较强,可用于各种设备控制当中。许多人都把实时性理解为速度快。那么,速度快到什么程度才算是达到实时性要求呢? 其实,实时性的核心含义在于确定性,而不是单纯的速度快。也就是说,实时系统所要求的是在规定的时间内做完应该做的事情,且操作系统的行为是确定的,这是写出高可靠性程序的基础。

(3) 提供统一的接口。嵌入式操作系统提供各种设备驱动接口。

(4) 具有强稳定性、弱交互性。嵌入式系统一旦开始运行就不需要用户过多的干预,这就要求负责系统管理的嵌入式操作系统具有较强的稳定性。嵌入式操作系统的用户接口一般不提供操作命令,它通过系统调用方式向用户程序提供服务。

(5) 代码被固化。在嵌入式系统中,嵌入式操作系统和应用软件被固化在嵌入式系统计算机的 ROM 中。辅助存储器在嵌入式系统中很少使用,因此,嵌入式操作系统的文件管理功能应该能够很容易拆卸,方便使用各种内存文件系统。

(6) 具有更好的硬件适应性,即具有良好的移植性。

6.1.3　嵌入式操作系统的结构

不同于一般的通用操作系统,大多数嵌入式操作系统通常都运行在直接寻址模式下,该模式是相对于虚拟内存管理机制而言的。因为是直接寻址,所以嵌入式操作系统一般不提供类似 UNIX 操作系统那样具有独立地址空间的进程机制,也就是说,实时嵌入式操作系统中的所有任务都共享同一个地址空间。在此基础上,内核提供任务创建和调度、消息队列、信号量、互斥锁、事件标志等基本的任务同步及通信机制。

仅仅有内核,用户还是无法方便地开发嵌入式产品。通常,嵌入式操作系统提供 C 语言接口,内核也一般用 C 语言及汇编语言编写,加上符合 ANSIC 标准的基本 C 函数库,用户就可以基于该内核开发嵌入式产品了。

"内核接口+ANSIC 库"的模式是大多数嵌入式操作系统开发人员采用的编程模式。但是,这种模式还存在一些问题。如果用户要使用 ANISC 库中的标准 I/O 接口,则需要操作系统提供文件系统及字符输出支持;如果用户要使用 ANSIC 库中的内存管理函数(malloc/free 函数族),就需要提供针对具体硬件的堆栈管理方案及实现代码。因此,嵌入式操作系统通常都设计为模块化的软件系统,需要什么样的功能,可以进行裁剪和配置。具备多个功能模块的嵌入式操作系统软件结构如图 6-1 所示。

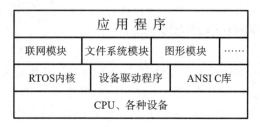

图 6-1　具有多个功能模块的嵌入式操作系统结构

6.1.4　对存储器的需求

如果软件采用前后台系统方式,则对存储器容量的需求仅仅取决于应用程序代码。而如果使用多任务操作系统内核则情况很不一样。内核本身需要额外的代码空间(ROM)。内核的大小取决于多种因素,取决于内核的特性,从几 KB 到数 MB 都有可能。能在 8 位 CPU 上使用的最小操作系统内核只提供任务调度、任务切换、信号量处理、延时及超时服务,这样的操作系统仅需要数 KB 的代码空间。软件对存储的需求可以按下式计算:

代码空间总需求量=应用程序代码+内核代码

因为每个任务都是独立运行的,所以必须给每个任务提供单独的栈空间(RAM)。应用程序设计人员决定分配给每个任务多少栈空间时,应该尽可能使之接近实际需求量(有时这是相当困难的一件事)。栈空间的大小不仅需要计算任务本身的需求(局部变量、函数调用等),还需要计算中断嵌套的最多层数(保存寄存器、中断服务程序中的局部变量等)。根据不同的目标微处理器和内核类型,任务栈和系统栈可以是分开的,系统栈专门用于处理中断级代码。这样做有许多好处,可以大大减少每个任务需要的栈空间。内核能够具有的另一个优良性能是可以分别定义每个任务所需的栈空间大小(如 $\mu c/OS\text{-}\mathrm{II}$ 可以就做到这一点)。相反,有些内核中每个任务所需的栈空间都相同。所有内核都需要额外的栈空间以保证内部变量、数据结构、队列有足够的存储空间。

综上所述,多任务系统比前后台系统需要更多的代码空间(ROM)和数据空间(RAM),额外的代码空间取决于内核的大小,而 RAM 的用量则取决于系统中的任务数。

6.2　嵌入式操作系统的实时性

6.2.1　实时性的相关概念

所谓实时,就是一个特定任务的执行时间必须是确定的、可预测的,并且在任何情况下都能保证任务的时限(最大执行时间限制)。实时又分软实时和硬实时。所谓软实时,就是对任务执行的时限要求不那么严苛,即使在一些情况下不能满足时限要求,也不会对系统本身产生致命影响。例如,媒体播放系统就是软实时的,它需要系统能够以每秒播放 24 帧的速度运行,但是即使在一些负载较重的情况下不能 1 秒钟处理 24 帧,也是可以接受的。硬实时则对任务的执行的时限要求非常严格,无论在什么情况下,任务的执行实现必须得到绝对保证,否则将产生灾难性后果。例如,飞行器自动驾驶和导航系统就是硬实时的,系统必须在限定的时限内完成特定的任务,否则将导致重大事故,如碰撞或爆炸等。大多数实时系统是两者的结合。实时应用软件的设计一般比非实时应用软件的设计难一些。

1. 前、后台系统

不复杂的小型软件系统一般设计成如图 6-2 所示的样子,这种系统可称为前、后台系统。其特点是应用程序是一个无限的循环,循环中调用相应的函数完成相应的操作。循环部分可以看成后台(Back Ground)行为。中断服务程序处理异步事件,这部分可以看成前台(Fore Ground)行为。后台也可以称为任务级,前台也可以称为中断级。时间相关性很强的关键操作一定是靠中断服务来保证的。因为中断服务提供的信息一直要等到后台程序运行到相应步骤时才能得到处理,因此这种系统在处理信息的及时性上比实际可以做到的要

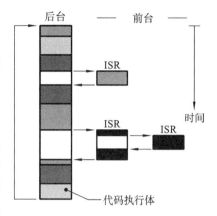

图 6-2　前、后台系统

差。这个时间指标称为任务级响应时间。最坏情况下的任务级响应时间取决于整个循环的执行时间。因为循环的执行时间不是常数,程序经过某一特定部分的准确时间也是不能确定的。进而,如果程序修改了,循环的时序也会受到影响。因此前、后台系统的实时性比较差。

很多基于低端微处理器(如单片机)的产品采用前、后台系统设计,如微波炉、电话机、玩具等。在另外一些基于高端微处理器的应用中,从省电的角度出发,微处理器平时处于待机状态,所有的任务都靠中断服务来完成。

2. 多任务

多任务运行的实现实际上是靠 CPU 在许多任务之间转换、调度完成的。一个任务,也称为一个线程,是一个简单的程序。典型地,每个任务都是一个无限的循环,该程序可以认为CPU 完全属于该程序自己。多任务运行使 CPU 的利用率得到最大限度的发挥,并使应用程序模块化。在实时应用中,多任务化的最大特点是,开发人员可以将很复杂的应用程序层次化。使用多任务,应用程序将更容易设计与维护,每个任务都是整个应用的某一部分,每个任务被赋予一定的优先级,有它自己的一套 CPU 寄存器和自己的栈空间。

3. 任务切换

任务切换(Task switch 或 Context switch),有时也称为上下文切换。当多任务内核决定运行另外的任务时,它保存正在运行任务的当前状态(Context),即 CPU 寄存器中的全部内容。这些内容保存在任务的当前状况保存区(也就是任务自己的栈中)。入栈工作完成以后,把下一个将要运行的任务的当前状况从该任务的栈中重新装入 CPU 的寄存器,并开始下一个任务的运行。这个过程称为任务切换。任务切换过程增加了应用程序的额外负荷。CPU 的内部寄存器越多,额外负荷就越重。做任务切换所需的时间取决于 CPU 有多少寄存器要入栈。实时内核的性能不应该以每秒钟能做多少次任务切换来评价。

4. 内核

多任务系统中,内核(Kernel)负责管理各个任务,或者说为每个任务分配 CPU 时间,并且负责任务之间的通信。内核提供的基本服务是任务切换。之所以使用实时内核可以大大简化应用系统的设计,是因为实时内核允许将应用分成若干个任务,由实时内核来管理它们。内核本身也增加了应用程序的额外负荷,代码空间增加了 ROM 的用量,内核本身的数据结构增加了 RAM 的用量。更主要的是,每个任务要有自己的栈空间。

5. 调度

调度的英文即 Scheduler,在英文中还有一个近义词 Dispatcher。这是内核的主要职责之一,就是要决定该轮到哪个任务运行了。多数实时内核是基于优先级调度法的。每个任务根据其重要程度的不同被赋予一定的优先级。基于优先级的调度法是指 CPU 总是让处在就绪态的优先级最高的任务先运行。然而,究竟何时让高优先级任务掌握 CPU 的使用权,有两种不同的情况,这要看所用的是什么类型的内核,是不可剥夺型内核还是可剥夺型内核。

6. 可重入性(Reentrancy)

可重入型函数可以被一个以上的任务调用,而不必担心数据被破坏。可重入型函数任何时候都可以被中断,一段时间以后又可以运行,而相应数据不会丢失。可重入型函数有时只使用局部变量,即变量保存在 CPU 寄存器中或堆栈中,如果使用全局变量,则要对全局变量予以保护。下列程序是一个可重入型函数的例子。

```
void strcpy(char *dest, char *src)
{
    while (*dest++=*src++) {
        ;
    }
    *dest =NULL;
}
```

函数 strcpy()用于字符串复制。因为参数是存在堆栈中的,故函数 strcpy()可以被多个任务调用,而不必担心各任务调用函数期间会互相破坏对方的指针。

不可重入型函数的实例如下列程序所示。swap()是一个简单函数,它使函数的两个形式变量值互换。为便于讨论,假定使用的是可剥夺型内核,中断是打开的,Temp 定义为整数全程变量。

```
int Temp;
void swap(int *x, int *y)
{
    Temp =*x;
    *x   =*y;
    *y   =Temp;
}
```

程序员打算让 swap()函数可以为任何任务所调用,如果一个低优先级的任务正在执行 swap()函数,而此时中断发生了,于是可能发生的情况如图 6-3 所示。中断发生时 Temp 已被赋值 1,中断服务子程序使更优先级的任务就绪。当中断完成时,内核(假定使用的是 $\mu c/OS$-

Ⅱ)使高优先级的那个任务得以运行,高优先级的任务调用swap()函数时Temp赋值为3。这对该任务本身来说,实现两个变量的交换是没有问题的,交换后z的值是4,x的值是3。然后高优先级的任务通过调用内核服务函数中的延迟一个时钟节拍,释放了CPU的使用权,低优先级任务得以继续运行。注意,此时Temp的值仍为3。在低优先级任务接着运行时,y的值被错误地赋为3,而不是正确值1。

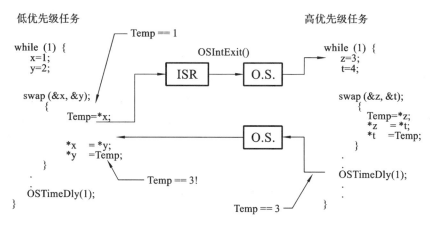

图 6-3　不可重入性函数

使用以下技术之一即可使swap()函数具有可重入性:把Temp定义为局部变量;调用swap()函数之前关闭中断,调用后再打开中断;用信号量禁止该函数在使用过程中被再次调用。如果中断发生在swap()函数调用之前或调用之后,两个任务中的x、y值都会是正确的。

6.2.2　两种类型的实时内核

1. 不可剥夺型内核

不可剥夺型内核(No-Preemptive Kernel)要求每个任务除非自我放弃CPU的所有权,否则其他进程不可剥夺。不可剥夺型调度法也称作合作型多任务,各个任务彼此合作共享一个CPU。异步事件还是由中断服务来处理,中断服务可以使一个高优先级的任务由挂起状态变为就绪状态。但中断服务以后控制权还是回到原来被中断了的那个任务,直到该任务主动放弃CPU的使用权时,那个高优先级的任务才能获得CPU的使用权。

不可剥夺型内核的优点是响应中断快。在任务级,不可剥夺型内核允许使用不可重入型函数。函数的可重入性以后会讨论。每个任务都可以调用不可重入型函数,而不必担心其他任务可能正在使用该函数,从而造成数据的破坏。因为每个任务要运行到完成时才释放CPU的控制权。当然该不可重入型函数本身不得有放CPU控制权的企图。

使用不可剥夺型内核时,任务级响应时间比前、后台系统的快得多,此时的任务级响应时间取决于最长的任务执行时间。

图6-4所示为不可剥夺型内核的运行情况。任务在运行过程之中发生中断,如果此时中断是打开的,

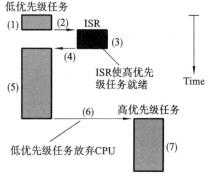

图 6-4　不可剥夺型内核

CPU 由中断向量进入中断服务子程序,中断服务子程序做事件处理,使一个有更高级的任务进入就绪态。中断服务完成以后,中断返回指令,使 CPU 回到原来被中断的任务,接着执行该任务的代码,直到该任务完成。调用一个内核服务函数以释放 CPU 控制权,由内核将控制权交给那个优先级更高的、已进入就绪态的任务,这个优先级更高的任务才开始处理中断服务程序标识的事件。

不可剥夺型内核的最大缺陷在于其响应时间不确定。高优先级的任务已经进入就绪态,但还不能运行,要等待,也许要等待很长一段时间,直到当前运行着的任务释放 CPU。与前、后台系统一样,不可剥夺型内核的任务级响应时间是不确定的,不知道什么时候最高优先级的任务才能拿到 CPU 的控制权,完全取决于应用程序什么时候释放 CPU。

总之,不可剥夺型内核允许每个任务运行,直到该任务自愿放弃 CPU 的控制权。中断可以打断运行着的任务。中断服务完成以后将 CPU 控制权还给被中断了的任务。其任务级响应时间要大大好于前、后台系统的,但响应时间仍是不可知的,故商业软件几乎没有不可剥夺型内核。

2. 可剥夺型内核

当系统响应时间很重要时,应使用可剥夺型内核。绝大多数商业上销售的实时内核(如 $\mu c/OS\text{-}\mathrm{II}$)都是可剥夺型内核。

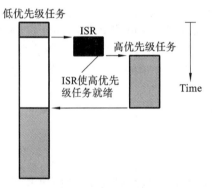

图 6-5 可剥夺型内核

最高优先级的任务一旦就绪,总能得到 CPU 的控制权。当一个运行着的任务使一个比它优先级高的任务进入就绪态时,当前任务的 CPU 使用权就被剥夺了,或者说被挂起了,那个高优先级的任务立刻得到了 CPU 的控制权。如果是中断服务子程序使一个高优先级的任务进入就绪态,则中断完成时,中断了的任务被挂起,优先级高的那个任务开始运行。可剥夺型内核的运行情况如图 6-5 所示。

使用可剥夺型内核时,最高优先级的任务什么时候可以执行、什么时候可以得到 CPU 的控制权是可知的。使用可剥夺型内核使得任务级响应时间得以最优化。

使用可剥夺型内核时,应用程序不应直接使用不可重入型函数。调用不可重入型函数时,要满足互斥条件,这一点可以用互斥型信号量来实现。如果调用不可重入型函数,低优先级任务的 CPU 使用权就被高优先级任务剥夺,不可重入型函数中的数据有可能被破坏。综上所述,可剥夺型内核总是让就绪态的高优先级任务先运行,中断服务程序可以抢占 CPU,到中断服务完成时,内核让此时优先级最高的任务运行(不一定是那个被中断了的任务)。任务级系统响应时间得到了最优化,且是可知的。

6.2.3 实时性指标

一个实时操作系统的实时性能的主要评测标准和指标包括系统响应时间、上下文切换时间、中断延迟时间、中断响应时间、任务切换时间和调度器延迟时间等。其中,中断延迟时间和调度器延迟时间指标最为关键,如果这两个指标是确定的和可预测的,那么就可以说系统是实时的。

系统响应时间就是从系统发出处理要求到系统给出应答信号的时间。这是 RTOS 一个比较综合的性能指标。

上下文切换时间是指执行多个任务时,系统发生任务切换、保存和恢复上下文的时间。当多任务内核决定运行另外的任务时,它保存正在运行任务的当前状态,通常是 CPU 寄存器中的全部内容。在 RTOS 中,上下文切换时间通常是 1 μs 左右。

中断延迟时间是指从接收到中断信号到操作系统作出响应,并完成进入中断服务例程所需要的时间。多任务操作系统中,中断处理首先进入一个中断服务的总控程序(在 Linux 中是 do_IRQ 函数),然后才进入驱动程序的 ISR。这里的中断服务例程指的是总控程序。

中断延迟时间=最大关中断时间+硬件开始处理中断到开始执行中断服务例程第一条指令之间的时间。

硬件开始处理中断到开始执行中断服务例程的第一条指令之间的时间由硬件决定,所以,中断延迟时间的长短主要取决于最大关中断时间。硬实时操作系统的关中断时间通常是几微秒,而 Linux 最坏可达几毫秒。

中断响应时间定义为从计算机接收到中断信号到操作系统作出响应,并完成切换转入用户中断处理程序(Interrupt Handler)的时间,即驱动程序 ISR 的时间。

中断响应时间=最大关中断时间+保护 CPU 内部寄存器的时间+进入中断服务函数的执行时间+开始执行用户中断处理程序的第一条指令时间

任务切换时间是指从一个事件引起更高优先级的任务就绪到这个任务开始运行之间的时间。当由于某种原因使一个任务退出运行时,实时操作系统保存它的运行现场信息、插入相应的队列,并依据一定的调度算法重新选择一个任务使之投入运行,这一过程所需要的时间就是任务切换时间。产生任务切换的原因可以是资源可得、信号量的获取等。

调度器延迟时间是指在进行任务调度时,调度器所花费的时间。如果采用精简的调度程序和较短的上下文切换时间,则实时操作系统将会获得较好的性能。

6.2.4　影响实时性的因素

系统实时性的影响因素既有硬件方面的,也有软件方面的。

硬件影响因素之一是 Cache。现代高性能的硬件都使用了 Cache 技术来弥补 CPU 和内存间的性能差距,但是 Cache 却严重地影响着实时性,指令或数据在 Cache 中的执行时间和指令或数据不在 Cache 中的执行时间差距是非常巨大的,可能相差几个数量级,因此,为了保证执行时间的确定性和可预测性,满足实时需要,一些系统就使 Cache 失效或使用没有 Cache 的 CPU。

硬件影响因素之二是虚存管理。虚存管理对于多用户多任务的操作系统非常有用,它使得系统比物理内存能够执行更大的任务,而且各任务互不影响,完全有自己独立的地址空间。但是虚存管理的缺页机制严重地影响了任务执行时间的可预测性和确定性,任务执行时使用缺页机制调入访问的指令或数据和被执行的指令或数据已经在内存中需要的执行时间的差距是非常大的。因此一些实时系统就不使用虚存技术,如 Wind River 的 VxWorks。

在软件方面,影响因素包括关中断、不可抢占、时间复杂度为 O(n) 的算法等。前面已经提到,中断延迟是衡量系统实时性的一个重要指标。关中断就导致了中断无法被响应,增加了中断延迟。前面提到的抢占延迟也是衡量系统实时性的重要指标。如果发生实时事件时系统是不可抢占的,抢占延迟就会增加。还有就是一些时间复杂度为 O(n) 的算法也影响了执行时间的不确定性,例如,任务调度算法若要执行实时任务就必须进行调度。如果调度算法的执行时间取决于当前系统运行的任务数,那么调度实时任务所花费的时间就是不确定的,因为它是与系统运行的任务数呈线性关系的函数,运行的任务越多,时间就越长。

6.3 嵌入式 Linux

6.3.1 嵌入式 Linux 概述

Linux 从 1991 年问世到现在,短短的时间内已经发展成为功能强大、设计完善的操作系统之一,不仅可以与各种传统的商业操作系统分庭抗争,在新兴的嵌入式操作系统领域内也获得了飞速发展。嵌入式 Linux(Embedded Linux)是指对标准 Linux 经过小型化裁剪处理之后,能够固化在容量只有几千字节或者几兆字节的存储器芯片或者 CPU 中,适合于特定嵌入式应用场合的专用 Linux 操作系统。嵌入式 Linux 既继承了 internet 上无限的开放源代码资源,又具有嵌入式操作系统的特性。

嵌入式 Linux 的应用非常广泛,主要的应用领域有信息家电、PDA、机顶盒、数字电话、交换机、路由器、ATM、远程通信、医疗电子、交通运输、计算机外设、工业控制、航空领域等,几乎覆盖所有的智能电子领域。

Linux 之所以能在嵌入式系统市场上取得如此辉煌的成果,与其自身的优良特性是分不开的。

①广泛的硬件支持:Linux 能够支持 X86、ARM、MIPS、ALPHA、PowerPC 等多种体系结构,目前已经成功移植到数十种硬件平台,几乎能够运行在所有流行的 CPU 上。

②内核高效稳定:Linux 内核的高效和稳定已经在各个领域内得到了大量事实的验证。Linux 的内核设计非常精巧,分成进程调度、内存管理、进程间通信、虚拟文件系统和网络接口五大部分,其独特的模块机制使用户可以根据需要,实时地将某些模块插入内核或从内核中移走。这些特性使得 Linux 内核可以裁剪得非常小巧,很适合于嵌入式系统的需要。

③开放源码、软件丰富:Linux 是开放源代码的自由操作系统,它为用户提供了最大限度的自由度。Linux 的软件资源十分丰富,每一种通用程序在 Linux 上几乎都可以找到,并且数量还在不断增加。

④优秀的开发工具:嵌入式 Linux 为开发者提供了一套完整的工具链(Tool Chain),它利用 GNU 的 gcc 做编译器,用 gdb、kgdb、xgdb 做调试工具,能够很方便地实现从操作系统到应用软件各个级别的调试。

⑤完善的网络通信和文件管理机制:Linux 支持所有标准的 Internet 网络协议,并且很容易将这些网络协议移植到嵌入式系统当中。

⑥Linux 还支持 ext2、ext3、ext4、fat16、fat32、romfs 等文件系统,这些都为开发嵌入式系统应用打下了良好的基础。

6.3.2 Linux 内核结构

1. 内核结构

Linux 内核就是为应用程序提供动作环境的基本平台。Linux 内核向下可以控制计算机硬件系统,向上能够为各种应用程序提供服务。Linux 内核与传统的 Unix 有着几乎相同的基本结构,但 Linux 的具体代码实现又与其有着很大的不同。和传统的 Unix 一样,Linux 内核也是一个大一统式的结构,即从整体上作为一个单一的大程序实现。这种结构的优点是内部数据通信和功能调用花费小,而缺点就是其实现代码比较复杂,提高了维护成本。

Linux 内核主要由进程调度(SCHED)、内存管理(MM)、虚拟文件系统 VFS、网络接口 NET 和进程间通信 IPC 五个子系统组成。

进程调度控制进程对 CPU 的访问。当需要选择下一个进程运行时,由调度程序选择最值得运行的进程。内存管理允许多个进程安全地共享主内存区域。Linux 的内存管理支持虚拟内存,即在计算机中运行的程序,其代码、数据、堆栈的总量可以超过实际内存的大小,操作系统只是把当前使用的程序块保留在内存中,其余的程序块则保留在磁盘中。虚拟文件系统 (Virtual File System,VFS)隐藏了各种硬件的具体细节,为所有的设备提供了统一的接口,虚拟文件系统提供了多达数十种不同的文件系统。网络接口(NET)提供了对各种网络标准的存取和各种网络硬件的支持。进程间通信(IPC)支持进程间各种通信机制。

Linux 内核是由芬兰的 Linus 首先发起,由全世界的优秀程序员们共同开发的,至今已经有近 3000 万行的代码量,而且目前还在以惊人的速度不断更新和完善。Linux 内核的源代码树基本是按照功能分类的。

kernel 基本功能如下。

mm:内存管理。

fs:虚拟文件系统。子目录中是各种文件系统相关代码。

net:各种网络协议相关。

ipc:System V IPC(共享内存、信号量、消息)。

init:内核启动相关,完成各种初始化。

crypto:加密处理。

block:块设备处理。

drivers:各种设备驱动。

sound:声音驱动。

arch:CPU 体系结构相关代码。

include:各种头文件,内核编译时会用到。

2. 模块

模块(Module)是在内核空间运行的程序,实际上是一种目标对象文件,没有链接,不能独立运行,但是可以装载到系统中作为内核的一部分运行,从而可以动态扩充内核的功能。模块最主要的功用就是实现设备驱动程序。使用模块的优点如下。

①将来修改内核时,不必全部重新编译整个内核,可节省不少时间。

②系统中如果需要使用新模块,则不必重新编译内核,只要插入相应的模块即可。

模块的装载/卸载有两种方法:一是静态方法,在系统启动时就装载;二是动态方法,使用 insmod 等命令在系统运行过程中装载。动态加载代码的好处在于可以让核心保持很小的尺寸,同时非常灵活。在 Intel 系统中由于使用了模块,整个核心长度仅为 406 KB。由于只是偶尔使用 VFAT 文件系统,所以可以将 Linux 核心构造成当 mount VFAT 分区时自动加载 VFAT 文件系统模块。当卸载 VFAT 分区时,系统将检测到我们不再需要 VFAT 文件系统模块,将把它从系统中卸载。模块同时还可以让用户无须重构核心并频繁重新启动来尝试运行新核心代码。一旦 Linux 模块被加载,则它和普通核心代码一样都是核心的一部分。它们具有与其他核心代码相同的权限与职责。换句话说,Linux 核心模块可以像所有核心代码和设备驱动一样使核心崩溃。

6.3.3　嵌入式 Linux 内核裁剪和移植

随着 Linux 内核版本的升级,内核的功能越来越强大,体系结构也越来越复杂。受嵌入式系统存储空间的限制,用户必须根据需要对内核进行精简,定制一个符合嵌入式系统的操作平台。Linux 是一个移植性非常好的操作系统,它广泛地支持许多不同体系结构的 CPU。嵌入式系统是"硬件可裁剪"的,因此工程师们设计的硬件电路会有不同,从而同一个 Linux 内核在不同硬件电路上可能无法正确运行(比如内核解压的地址不同),所以必须结合自己的硬件电路,对已有的内核代码进行剪裁移植。Linux 源代码可在开源社区官方网站下载,包含最基本的驱动,是个可以运行的系统。移植好操作系统后,应用程序的编写就十分方便了。内核剪裁主要是指对 Linux 内核源代码的重新配置,以满足一定设计的要求,去掉相对于设计所需的冗余代码。重新配置后将得到一个精简的 Linux 内核,这对存储空间有限的嵌入式系统而言是很必要的。

为了正确合理地设置内核编译配置选项,从而只编译系统需要的功能的代码,一般主要从下面四个进行考虑:自己定制编译的内核运行更快(具有更少的代码);系统将拥有更多的内存(内核部分将不会被交换到虚拟内存中);不需要的功能编译进入内核可能会增加被系统攻击者利用的漏洞;将某种功能编译为模块方式会比编译到内核中的方式速度要慢一些。

具体的精简裁剪过程各不相同,但是基本上遵循下面的步骤:内核配置、生成新内核和重新装载内核。

1. 内核配置

内核配置是最重要和最烦琐的过程,需要用户量体裁衣似地选择所需要的模块和功能,配置合适的参数。

进入/usr/src/linux 目录,运行 make menuconfig,进入内核配置菜单。在保留进程调度、内存管理等基本功能的基础上,对其他的内核组件进行剪裁。具体剪裁的组件包括:文件系统,如 smbfs、minix、msdos、umsdos、nfs 等 Linux 支持的文件系统;网络协议,如 TCP/IP、IPX;字符设备驱动程序;块设备驱动程序;各种网络设备部件,如 NE2000;SCSI 设备部件;ISDN 设备部件;SOUND 设备部件。根据需要对上述组件中的选项进行选择,然后保存设置。

2. 生成新内核

依次运行 make dep、make clean、make bzImage、make module、make module_install 等命令,最后生成的 bzImage 就是经过裁剪后得到的新内核映像。

3. 重新装载内核

将生成后的新内核映像 bzImage 移植到/boot 目录下,重新编写启动配置文件(如随内核版本不同文件有所差别,如/etc 目录下的 lilo. conf 文件或/grub 目录下的 grub. conf 文件),然后重新启动,新内核就会代替原来的内核,起到 Linux 内核的作用。

6.3.4　Linux 启动脚本裁剪

1. 脚本的启动过程

Linux 内核装进内存以后调用 init 进程，init 进程是系统所有进程的起点，它负责对系统进行初始化，包括初始化网络、启动网络服务、装载远程文件、启动 getty 登录进程等。这些初始化工作都是 init 进程通过运行 init 脚本来完成的，通常情况下，init 按照顺序执行 inittab 脚本、rc.sysinit 公共启动脚本和特定运行级别脚本等三个脚本。

inittab 脚本的文件是/etc/inittab，inittab 文件是 init 进程的行为指针，它指定 init 进程将要运行的脚本。首先，inittab 指定 Linux 系统将要进入的运行级别。所谓运行级别就是 Linux 系统中定义的不同级别，根据这些级别，系统在启动时给用户分配资源。Linux 系统定义了 7 个运行级别：系统停止、单用户模式、多用户模式、完全多用户模式、未使用的模式、图形模式和重新启动模式等。然后，系统以抢占方式运行公共启动脚本。最后，根据前面指定的运行级别，init 进程转到一个与该运行级别相对应的脚本目录下执行脚本文件。在/etc/rc.d 目录下有 7 个启动脚本目录，每一个目录都对应一个运行级别，每一个目录下执行的脚本因运行级别而异。

公共启动脚本的文件是/etc/rc.d 目录下的公共脚本 rc.sysinit，与运行级别无关，在任何运行级别下都会先运行该公共脚本。该脚本将完成以下任务：检查文件系统、启用系统交换分区、检查根文件系统、安装内核映像文件系统、设置硬件设备、设定主机名、检查并设置即插即用设备、初始化串行口、初始化其他设备（根据机器情况而定）、检查并装载模块等。

特定运行级别脚本是根据运行级别执行相应目录下的脚本程序，用于初始化系统环境。例如，在运行级别 3 下，将执行/etc/rc.d/rc3.d 目录下的所有脚本，包括启动网络服务、时钟服务、邮件服务等。

执行完所有脚本后，系统将启动 getty 登录进程，提示用户登录，至此，系统初始化全部结束。

2. 脚本的修改

由上述分析可知，Linux 系统的初始化是一个冗长复杂的过程。对于嵌入式系统来说，有些脚本的执行毫无意义，不仅占用了系统资源，还延长了系统初始化时间。例如，FTP 守护进程，它启动后始终在内核运行，占用了 CPU 和内存。不少服务在大多数的嵌入式项目中没有实际用处，因此有必要对启动脚本进行修改，以便精简系统运行开销。

1）inittab 脚本的修改

在该脚本中只保留运行级别 0 和 3，当用户开机时直接进入运行级别 3，运行级别 0 用来关机，其余的运行级别可以删除。此外，inittab 建立了 6 个虚拟控制台，这主要是方便多用户的使用。在嵌入式系统中可只保留一个控制台。部分修改代码如下。

```
id:3:initdefault                    #开机默认进入运行级别 3
si::sysinit:/etc/rc.d/rc.sysinit    #启动公共脚本
l0:0:wait:/etc/rc.d/rc 0            #保留运行级别 0 和 3 的脚本目录
l3:3:wait:/etc/rc.d/rc 3
1:2345:respawn:/bin/sh tty1         #只保留虚拟控制台 1
```

2）公共启动脚本的修改

这个脚本中将执行许多系统初始化命令,如装载声音模块、混音器,配置 SCSI 设备等。可以根据嵌入式系统的需求,删除不需要执行的命令,保留必要的初始化命令,如保留挂接文件系统和设置时钟。

3）特定运行级别脚本的修改

由于前面设定了默认运行级别 3,因此只需要修改该运行级别所对应目录下的脚本即可。在/etc/rc.d/rc3.d 目录下,大部分脚本启动的是一些服务进程,如网络服务。因此只保留 S01kerneld 脚本,该脚本是用来自动加载模块的,其余脚本都可以删除。

6.3.5　嵌入式 Linux 图形驱动接口

嵌入式系统中通常需要开发友好的人机界面,因此除了选择图形开发工具外,还必须考虑图形界面的驱动。在 Linux 操作系统中,通常选择 X Window 来支持图形界面的开发。但是,X Window 的图形库太过庞大和臃肿,无法满足嵌入式 Linux 的要求,因此必须选择其他的图形驱动接口。

Linux 在 2.2.xx 内核版本以后开始提供一种新的驱动程序接口——FrameBuffer。FrameBuffer 完全脱离了对 X Window 的依赖,它是一种建立在控制台之上的图形驱动接口。这种接口将显示设备抽象为帧缓冲区,用户可以将它看成是显示内存的一个映像,将其映射到进程地址空间之后,可以直接进行读/写操作,而写操作可以立即反映在屏幕上。该驱动程序的设备文件一般是/dev/fb0、/dev/fb1 等,它能提供 1024×768、800×600、640×480 等显示模式。

FrameBuffer 驱动程序所占用的空间并不大,只需要先在内核中选择以下选项,然后重新编译内核即可。这些选项是:VGA Text Console,Video Selection Support,Support VGA Graphic console,VESA VGA Granphic console,Advanced Low Level Drivers,Select Mono、2bpp、4bpp、8bpp、16bpp、24bpp、32bpp Packed Pixel Drivers 等。

6.3.6　嵌入式 Linux 实时性设计

Linux 在设计之初并没有对实时性进行任何考虑,因此非实时性绝非偶然。Linus 考虑的是资源共享和吞吐率最大化。但是随着 Linux 的快速发展,它的应用已经远远超出了 Linus 自己的想像。Linux 的开放性对很多种架构的支持使得它已经在嵌入式系统中得到了广泛应用,但是许多嵌入式系统的实时性要求使得 Linux 在嵌入式领域的应用受到了一定的阻碍,因此人们要求 Linux 需要实时性的呼声越来越高。

1. 嵌入式 Linux 实时性的局限

标准 Linux 有几个机制严重地影响了实时性。

1）内核不可抢占

Linux 2.4 和以前的版本,内核是不可抢占的,也就是说,如果当前任务运行在内核态,即使有更紧急的任务需要运行,当前任务也不能被抢占。因此那个紧急任务必须等到当前任务执行完内核态的操作返回用户态后或当前任务因需要等待某些条件满足而主动让出 CPU 才能被考虑执行,这明显严重地影响抢占延迟。

在 Linux 2.6 中,内核已经可以抢占,因而实时性得到了加强。但是内核中仍有大量的不可抢占区域,如由自旋锁保护的临界区,以及一些显式使用 preempt_disable 失效抢占的临界区。

2) 中断关闭

Linux 在一些同步操作中使用了中断关闭指令,中断关闭将增大中断延迟,降低系统的实时性。

3) 自旋锁

自旋锁(Spinlock)是在可抢占内核和 SMP 的情况下对共享资源的一种同步机制。一般情况下,一个任务对共享资源的访问是非常短暂的,如果两个任务竞争一个共享的资源,那么没有得到资源的任务将自旋以等待另一个任务使用完该共享资源。这种锁机制是非常高效的,但是在保持自旋锁期间抢占机制将失效,这意味着抢占延迟将增加。在 Linux 2.6 内核中,自旋锁的使用非常普遍,有的甚至对整个一个数组或链表的遍历过程都使用自旋锁。因此抢占延迟非常不确定。

4) 大内核锁

由于历史原因,内核一直保留有几个大内核锁。大内核锁实质上也是一种自旋锁,但是它与一般的自旋锁有区别,它是用于同步整个内核的,而且一般该锁的保持时间较长,也即抢占失效时间长,因此它的使用将严重地影响抢占延迟。

5) 中断总是最高优先级

在 Linux 中,中断(包括软中断)是最高优先级的,不论何时,只要产生中断事件,内核将立即执行相应的中断处理函数及软中断,等到所有挂起的中断和软中断处理完毕后才执行正常的任务。因此,在标准的 Linux 系统中,实时任务根本不可能得到实时性保证。例如,假设在一个标准 Linux 系统中运行了一个实时任务(即使用了 SCHED_FIFO 调度策略并且设定了最高的实时优先级),但是该系统有非常繁重的网络负载和 I/O 负载,那么系统可能一直处在中断处理状态而没有机会运行任何任务,这样实时任务将永远无法运行,抢占延迟将是无穷大。因此,如果这种机制不加改进,实时 Linux 将无法实现。

6) 调度算法和调度点

在 Linux 2.4 和以前的版本中,调度器的时间复杂度函数为 O(n),而且调度器在 SMP 的情况下性能低,因为所有的 CPU 共享一个任务链表,任何时刻只能有一个调度器运行。因此,抢占延迟很大程度上依赖于当前系统的任务数,具有非常大的不确定性和不可预测性。在 Linux 2.6 内核中引入的 O(1)调度器很好地解决了这些问题。

此外,即使内核是可抢占的,也不是在任何地方都可以发生调度。例如,在中断上下文,一个中断处理函数可能唤醒了某一高优先级进程,但是该进程并不能立即运行,因为在中断上下文不能发生调度,中断处理完了之后内核还要执行挂起的软中断,等它们处理完之后才有机会调度刚才唤醒的进程。在标准 Linux 内核中,调度点(有意安排的执行任务调度的点)并不多,对 Linux 2.4 和 Linux 2.6 内核测试的结果表明,缺乏调度点是影响 Linux 实时性的一个因素。

2. 嵌入式 Linux 的实时性改造

对于一般开发用户,要增强 Linux 操作系统的实时性,对源代码进行改造,主要针对如下几个因素做修改。

1）缩短中断响应时间

几乎所有的实时事件都是通过中断上报的，当中断来临时，必须停止当前的一切任务响应中断。可将中断分成上半部分与下半部分两部分（或者分成快中断部分与慢中断部分）。上半部分屏蔽其他中断，处理紧急任务，如清除某些寄存器、保存中断现场、给相应进程发送消息等；其他不太紧急的部分放在下半部分，此时所有中断打开，不影响其他任务的完成。

2）缩短进程上下文切换时间

当 CPU 在执行某个任务时，实时任务到来后需要马上执行，不能等到当前任务时间片用完才去执行实时任务，必须在中断来临之时马上能够切换过去，保存当前进程的上下文，如寄存器、内存、文件、信号等，恢复实时任务的上下文。保存和恢复上下文越快越好，这就要求两个进程的上下文共享的资源越少越好，如果每个任务的内存是独立的，甚至寄存器也是独立的，那么这样便互不干扰，切换得最快。

3）缩短实时进程调度时间

一般进程都是按照优先级调度的，实时进程的优先级当然要比非实时的高，不同实时进程根据紧急程度不同优先级也不同，实时进程调度算法最好与非实时部分有所区别，算法复杂度最好是 o(1)。

4）缩短进程资源分配等待时间

对于一个多进程操作系统，很多资源是共享的，如果实时进程需要某个资源，而那个资源被别的低优先级进程占用，非要等别的进程执行完才执行操作，而此低优先级进程级别又实在太低，其他的进程趁机抢占了 CPU，导致这个低优先级进程迟迟得不到执行，从而影响了实时进程，这样就造成了优先级的反转。解决优先级反转也有很多办法，主要有优先级继承与优先级极限两种，原理基本相同，即迅速提高占有资源的低优先级进程的优先级，使其优先级至少与等待资源的实时进程相同。

5）以空间换时间，减少资源的延迟分配

减少虚资源的分配，甚至可以预分配资源。进程创建时通常得到的内存都是虚资源，使用 malloc 得到的资源也是虚拟内存，真正的内存只有在读/写到这个页时才分配，先产生缺页中断，在缺页中断里调用物理页面分配函数。不过这需要一定的时间，但是硬实时任务是无法等待的，在价格能够承受的情况下，尽量分配多级存储系统的高速部分。

6）尽量使操作系统简单，甚至定制操作系统

为了实时性，用户不得不牺牲其他功能，包括减少用户易用性，如去掉图形界面部分、去掉虚拟内存管理，甚至去掉多进程，专注于一个任务的系统效率自然最高。理论证明，如果有多个实时任务，要保证它们都不会超过时间死期，留出来的缓冲时间比例至少要达到 30%。这里还没考虑到上下文切换时间，实际需要的缓冲时间则更多。

3. 中断线程化的实时性改造

中断处理是由内核执行的最敏感的任务之一，当内核正打算去做一些别的任务时，中断随时会到来，中断当前的任务进而执行中断处理程序。尽管 Linux 把中断的处理分成上半部分和下半部分，使中断处理变得更加高效和易于维护，但是如果系统有严重的网络负载或其他 I/O 负载时，则中断将非常频繁，内核当前的实时任务会被频繁中断，这对于 Linux 的实时应用来说是不可接受的。另外，Linux 为了使内核同步而采用了关中断，在内核的关中断区域，中断是被屏蔽的。即使此时有通过中断驱动的实时任务也得不到响应，增加了实时任务的中断延迟。

线程化的中断管理可以有效地解决上述问题。一方面,中断线程化后,中断将作为内核线程运行且赋予不同的实时优先级,实时任务可以有比中断线程更高的优先级,这样,实时任务就可以作为最高优先级的执行单元来运行,即使在严重负载下仍有实时性保证。另一方面,中断处理线程也可以因为在内核同步中得不到锁而挂载到锁的等待队列中。很多关中断就不必真正禁止硬件中断了,而是禁止内核进程抢占,这样就可以减小中断延迟。

Linux 提供了 kthread_create 创建内核线程,该内核线程在内核空间执行,因此在调度时没有用户空间和内核空间切换,使得其运行更为高效。中断线程化要做的工作是创建中断线程及处理中断。中断线程是在系统初始化或调用 requestirq 函数时通过 kthread_create 函数创建的。其过程等同于如下功能代码。

```
for (i =0; i <NR_IRQS; i++)
{
    irq_desc_t *desc =irq_desc +i;
    if (desc->action && ! (desc->status & IRQ_NODELAY))
        desc->thread =kthread_create();
}
```

对于非紧急中断,kthread_create 为其创建一个内核线程,并且根据中断号为其赋予一定的静态实时优先级和设置其调度策略。中断到来后,内核并不是直接进入中断服务函数,而是通过设置调度标志告知内核,内核调度程序比较该中断线程的优先级和当前运行任务的优先级作出调度决策。因此,当前正在运行的高优先级的实时任务不会受中断太大的影响,保证了实时任务运行的可靠性和准确性,中断线程将会在其他合适的时刻被调度执行,而且 Linux 2.6 内核的 o(1) 调度机制也不会因为内核线程数的增加在调度时间上额外增加调度开销。对于紧急的中断(如时钟中断),内核保持原来的中断处理方式,而不为其创建中断线程,这样保证了紧急中断的快速响应。

6.4 μc/OS

6.4.1 μc/OS 特点

μc/OS 是一种公开源代码、结构小巧、具有可剥夺实时内核的实时操作系统,商业应用它时需要付费。μc/OS 最早出自 1992 年美国嵌入式系统专家 Jean J. Labrosse 在《嵌入式系统编程》杂志的 5 月和 6 月刊上刊登的文章连载,并把 μc/OS 的源代码发布在该杂志的 BBS 上。用户只要拥有标准的 ANSI C 交叉编译器,具备汇编器、连接器等软件工具,就可以将 μc/OS 嵌入开发的产品中。μc/OS 具有执行效率高、占用空间小、实时性能优良和可扩展性强等特点,最小内核可编译至 2 KB。μc/OS 已经移植到了几乎所有知名的 CPU 上。严格地说,μc/OS-Ⅱ只是一个实时操作系统内核,它仅仅包含了任务调度、任务管理、时间管理、内存管理,以及任务间的通信和同步等基本功能,没有提供输入/输出管理、文件系统、网络等额外的服务。由于 μc/OS 有良好的可扩展性和源代码开放性,这些非必须的功能完全可以由用户自己根据需要分别实现。

绝大部分 μc/OS 的源代码是使用移植性很强的 ANSI C 编写的,少部分和微处理器硬件相关部分则采用汇编语言编写，并且减至最低限度。只要该处理器有堆栈指针，有 CPU 内部寄存器入栈出栈指令就可以移植 μc/OS-Ⅱ。目前，μc/OS-Ⅱ 已经移植到部分 8 位、16 位、32 位及 64 位微处理器上。μc/OS 可以管理 64 个任务，系统保留了 8 个任务，应用程序最多可以有 56 个任务，赋予每个任务的优先级必须是不相同的。全部 μc/OS-Ⅱ 的函数调用和服务的执行时间具有可确定性，即它们的执行时间是可知的，换言之，μc/OS-Ⅱ 系统服务的执行时间不依赖于应用程序任务的多少。

　　μc/OS-Ⅱ 内核大体上包括任务管理模块、时间管理模块、任务通信与同步模块及内存管理模块，如图 6-6 所示。

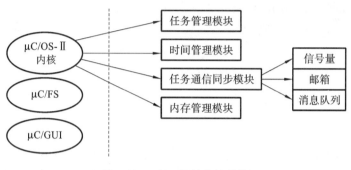

图 6-6　μc/OS-Ⅱ 的内核结构

6.4.2　任务管理

　　实时操作系统中任务的概念和操作系统中进程的概念差不多，就是一个对正在运行的程序的抽象。任务和程序之间的区别是很微妙的，任务是某种类型的一个活动，它可以有程序输入、输出及状态。在 μc/OS 中，任务的程序被写成函数的形式，这个函数有函数返回类型和形式参数变量，但其内部是一个无限的循环，是绝对不会返回的，故其返回参数必须定义成 void，下例就是一个任务函数。

```
void YourTask(void *pdata)
  {
    for(;;){
      /*用户代码*/
      调用 uC/OS-II 的某种系统服务
      OSMboxPend();
      OSQFend();
      OSSemPend();
      OSTaskDel(OS_PRIO_SELF);          系统服务
      OSTaskSuspend(OS_PRIO_SELF);
      OSTimeDly();
      OSTimeDlyHMSM();
      /*用户代码*/
    }
  }
```

任务函数的形式参数变量是由用户代码在第一次执行时带入的,将变量定义成 void 指针是为了允许用户应用程序在创建任务时可以传递任何类型的数据给任务。也可以建立多个任务,且所有任务都使用一个任务函数。向这个任务传入不同的数据,就可以达到不同的任务使用同一个任务函数的目的,大大节省了代码的存储空间。

μc/OS 可以管理 64 个任务,这个任务量在嵌入式系统中是绰绰有余了。目前,系统保留了优先级为 0、1、2、3、OS_LOWEST_PRIO-3、OS_LOWEST_PRIO-2、OS_LOWEST_PRIO-1、OS_LOWEST_PRIO 等 8 个任务。OS_LOWEST_PRIO 在 OS_CFG. H 中定义。必须给每个任务赋以不同的优先级,优先级号越低,任务的优先级越高。μc/OS 总是运行进入就绪态的优先级最高任务。

μc/OS 提供了用户在应用程序中建立任务、删除任务、挂起任务和恢复任务的函数,这些函数代码主要集中在 OS_TASK. C 文件中。

用户必须先建立任务,这样才能让 μc/OS 来管理用户的任务,可以通过传递任务函数地址和其他参数到以下两个函数之一来建立任务:OSTaskCreate() 或 OSTaskCreateExt()。其中 OSTaskCreateExt() 是扩展版本,提供了一些附加功能。任务可以在调度之前建立,也可以在其他任务的执行过程中建立。但是在开始多任务调度前,用户必须建立至少一个任务。任务不能由中断服务程序来建立。函数 OSTaskCreate() 的参数和返回类型如下所示:

```
INT8U OSTaskCreate(void(* task)(void* pd),void* pdata,OS_STK* ptos,
INT8U prio)
```

其中,task 是任务函数代码的指针;pdata 是当任务开始执行时传递给任务函数参数的指针;ptos 是分配给任务的堆栈的栈顶指针;prio 是分配给任务的优先级。

删除任务是将任务返回到休眠态,并不是把任务的代码删除了,只是任务不再被 μc/OS 调用。通过调用 OSTaskDel() 可以完成删除任务的功能。

任务的挂起是一种附加的功能,如果有该功能,则系统会有更大的灵活性。挂起任务是通过 OSTaskSuspend() 函数来完成的,被挂起的任务只能通过调用 OSTaskResume() 函数来恢复。

每个任务都有自己的堆栈空间。堆栈必须声明为 OS_STK 类型,并且由连续的内存空间组成。用户可以静态分配堆栈空间(在编译时分配),也可以动态分配堆栈空间(在运行时分配)。静态堆栈声明为 static OS_STK TaskStack[stack_size]。动态分配可以使用 C 编译器提供的 malloc() 函数来进行,不过要注意这样可能会使内存堆中出现大量的内存碎片,导致没有足够大的连续空间用做任务堆栈。

6.4.3 内存管理

内存管理也是操作系统中比较重要的功能。μc/OS 是将连续的大块内存分区管理的。每个分区中包含了整数个大小相同的内存块。利用这种机制,μc/OS-II 能够分配和释放固定大小的块,这样一来它们的执行时间也是固定的了。

μc/OS 通过定义数组的方式定义一个内存分区,如定义一个含有 100 个内存块、每个块有 32 字节的内存分区:

```
INT8U MemBlocks[100][32];
```

通过这种方式在内存区域中定义了不同块、不同块大小的多个分区。这样 μc/OS 就能进行分配、释放等管理操作。μc/OS 能够分配和释放固定大小的块,这样一来它们的执行时间也是固定的了。

为了便于内存的管理,在 μc/OS-Ⅱ 中使用内存控制块(Memory Control Block)的数据结构来跟踪每一个内存分区,系统中的每个分区都有它自己的内存控制块。控制块定义如下。

```
typedef struct{
void  *OSMemAddr;        //指向内存分区起始地址的指针
void  *OSMemFreeList;    //指向下一个空闲内存控制块或者下一个空闲内存
                           块的指针
INT32U OSMemBlkSize;     //内存分区中内存块的大小
INT32U OSMemNBlks;       //分区中总的内存块的数量
INT32U OSMemNFree;       //分区中当前空闲的内存块数量
} OS_MEM;
```

μc/OS 定义了定义了四个函数来管理内存分区。OSMemCreate()用于建立一个内存分区。OSMemGet()用于分配一个内存块。OSMemPut()用于释放一个内存块。OSMemQuery()用于查询一个内存分区的状态。

6.4.4 μc/OS 移植

1. 移植思路

移植工作需要考虑处理器和开发语言的编译器的细节,涉及时钟节拍、开关中断、堆栈、编译器如何实现函数调用和中断服务程序及其对变量的处理。因为涉及访问 CPU 寄存器及出、入栈操作,所以移植部分的代码大部分用汇编语言来编写。移植对编译器有一定的要求。移植 μc/OS 需要一个 C 编译器,并且是针对用户所用的 CPU 的。由于 μc/OS 是一个可剥夺型内核,因此用户只有通过 C 编译器来产生可重入型代码;C 编译器还要支持汇编语言程序。绝大部分的 C 编译器都是为嵌入式系统设计的,它包括汇编器、连接器和定位器。连接器用来将不同的模块(编译过和汇编过的文件)连接成目标文件。定位器则允许用户将代码和数据放置在目标处理器的指定内存映射空间中。所用的 C 编译器还必须提供一种机制来用 C 语言打开和关闭中断。一些编译器允许用户在 C 源代码中插入汇编语言。这就使得插入合适的处理器指令来允许和禁止中断变得非常容易了。还有一些编译器实际上包括了语言扩展功能,可以直接用 C 语言允许和禁止中断。

μc/OS 的源代码大部分是使用移植性很强的 ANSI C 编写的,这是为了便于 μc/OS 移植到不同的处理器上。要移植 μc/OS,目标处理器必须满足以下要求:

①处理器的 C 编译器能产生可重入代码,且用 C 语言就可以打开和关闭中断;

②处理器支持中断,并能产生定时中断;

③处理器支持足够的 RAM(几千字节),作为多任务环境下的任务堆栈;

④处理器有将堆栈指针和其他 CPU 寄存器读出和存储到堆栈或内存中的指令。

2. 移植内容

在理解了处理器和 C 编译器的技术细节后,μc/OS 的移植只需要修改与处理器相关的代码就可以了。移植工作包括以下几个内容。

（1）声明与编译器相关的数据类型（OS_CPU.H），例如（部分）：

```
typedef unsigned char BOOLEAN;
typedef unsigned char INT8U;
typedef unsigned int OS_STK;
#define BYTE INT8S
#define ULONG INT32U
```

以上代码将 μc/OS-II 的宏数据类型定义为编译器对应的数据类型,宏定义是为了与 μc/OS 兼容而定义的,还有就是定义了堆栈的入口宽度 OS_STK 为 16 位。

（2）声明与处理器相关的三个宏（OS_CPU.H）

```
#define OS_CRITICAL_METHOD 2
#define OS_STK_GROWTH 1
#define OS_TASK_SW()OSCtxSw()
```

OS_CRITICAL_METHOD 宏定义进入临界区开关中断的方法,这里选择方法 2;OS_STK_GROWTH 宏定义了堆栈的增长方向,即从高地址向低地址方向增长;OS_TASK_SW 宏定义了任务级切换要调用的函数——OSCtxSw()。

（3）用 C 语言编写六个简单的函数（OS_CPU_C.C）：OSTaskStkInit（）、OSTaskCreateHook（）、OSTaskDelHook（）、OSTaskSwHook（）、OSTaskStatHook（）和 OSTimeTickHook()。

（4）编写四个汇编语言函数（OS_CPU_A.ASM）：OSStartHighRdy（）、OSCtxSw（）、OSIntCtxSw()和 OSTickISR()。

在编写这些函数之前,还要回到前面提到过的问题,要保证任务切换时运行环境保护和恢复的一致性,即保护和恢复相同的 CPU 寄存器,任何一个非运行态的任务要切换到运行态时都执行同样的出栈操作;任何一个运行的任务要脱离运行态时都执行同样的入栈操作。那么就要搞清楚在任务切换时到底要保存哪些 CPU 寄存器,这就要求对 TASKING C 编译器的一些实现细节有所了解。

6.4.5 μc/OS 的应用

μc/OS 的应用非常简单。下面以在单片机上实现由四个发光二极管构成跑马灯和六个共阳极七段 LED 数码管显示数字的简单实例来演示用 μc/OS 创建和调度多任务的过程。

跑马灯的四个发光二极管连接在单片机的 I/O 口上,轮流变明变暗。在实现跑马灯的程序中,只有 I/O 口为低电平时发光管才会亮。所以只要循环控制 I/O 口引脚的电平高低变化就可使发光二极管循环点亮:首先是全不亮,接着依次第 1、2、3、4 个灯亮,最后全部灯一起亮。

数码管上显示的 0～9、A～F 字符使用动态显示方式。每个显示位的段选线和一个 8 位并行口线对应相连,只要在显示位上的段选线上保持段码电平不变,该位就能保持相应的显示字符。这里将所有位的段选线并联在一起,由一个 8 位 I/O 口控制。而共阳极公共端分别由相应的 I/O 线控制,实现各位的分时选通。

用 μc/OS 实现上述跑马灯和数码管显示原理如下:首先在入口函数 Main（）里面调用函数 ARMTargetInit（）初始化 ARM 处理器,然后调用 OSInit（）进行 μc/OS 操作系统初始化,接着调用 OSTaskCreate（）函数先后创建 TaskLED 和 TaskSEG 两个任务,最后调用

ARMTargetStart()函数启动时钟节拍中断,并且调用 OSStart()启动系统任务调度。由于在程序当中使用 for(;;)语句,这是个无尽循环回路,所以该装置能够一直进行下去,直到关闭。其核心源代码如下。

```
void Main(void)
{
    ARMTargetInit () ;
    OSInit () ;
    Sem1 = OSSemCreate(0) ;
    Sem2 = OSSemCreate(1) ;
    OSTaskCreate(TaskLED , &IdLED , &StackLED[ STACKSIZE - 1 ] , 5) ;
    OSTaskCreate(TaskSEG , &IdSEG , &StackSEG[ STACKSIZE - 1 ] , 6) ;
    ARMTargetStart () ;
    OSStart () ;
    return ;
}
```

6.5   RT-Thread

6.5.1   RT-Thread 的特点

RT-Thread 的全称是 Real Time-Thread,是一款完全由国内团队开发、维护的嵌入式实时操作系统(RTOS)。RT-Thread 的基本特点是支持多任务,允许多个任务同时运行,支持基于优先级的抢占式任务调度算法,调度器的时间复杂度是 o(1)。

RT-Thread 主要采用 C 语言编写,方便移植。它把面向对象的设计方法应用到实时系统设计中,使得代码风格优雅、架构清晰、系统模块化并且可裁剪性非常好。针对资源受限的微控制器(MCU)系统,可通过方便易用的工具,裁剪出仅需要 3KB Flash、1.2KB RAM 内存资源的 NANO 版本(NANO 版本相对于标准版本做了更多简化);而对于资源丰富的物联网设备,RT-Thread 又能通过在线软件包管理工具和系统配置工具快速地进行模块化裁剪,导入丰富的软件功能包,极大提高程序员的开发效率。

相较于 Linux 操作系统,RT-Thread 具有体积小、成本低、功耗低、启动快、实时性高、占用资源小等特点,非常适用于各种资源受限(如成本、功耗限制等)的场合。

6.5.2   RT-Thread 和结构

RT-Thread 与其他很多 RTOS 如 FreeRTOS、μc/OS 相比,它不仅仅是一个实时内核,还具备丰富的组件与服务、软件包。RT-Thread 的结构和典型组件如图 6-7 所示。

内核层:RT-Thread 内核是 RT-Thread 的核心部分,包括了内核系统中对象的实现,例如多线程管理、始终管理、中断管理、内存管理。还有同步与通信有关的信号量、互斥量、事件集、

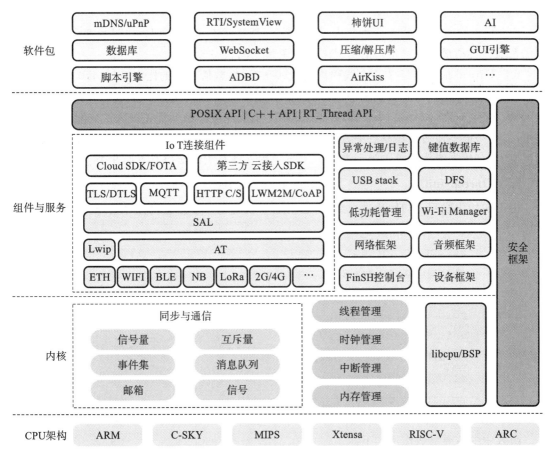

图 6-7　RT-Thread 的架构和组件

消息队列、邮箱、信息消息队列、信号等。libcpu/BSP 也属于内核层，用于支持 CPU 芯片和板级硬件，与硬件密切相关，由外设驱动和 CPU 移植构成。

　　组件与服务层：组件是基于 RT-Thread 内核之上的上层软件，例如虚拟文件系统、FinSH 命令行控制台、网络框架、设备框架等。还有大量与物联网 IoT 相关的组件。组件与服务层采用模块化设计，确保组件内部高内聚，组件之间低耦合。

　　软件包层：开放的软件包平台中存放了官方提供或开发者提供的面向不同应用领域的软件包，由描述信息、源代码或库文件组成。该平台为开发者提供了众多可重用软件包的选择，这也是 RT-Thread 生态的重要组成部分。软件包生态对于一个操作系统的选择至关重要，因为这些软件包具有很强的可重用性，模块化程度很高，极大地方便应用开发者在最短时间内，打造出自己想要的系统。

6.5.3　RT-Thread 的应用

　　RT-Thread 的应用编写比较简单，尤其是采用线程方式组织应用程序。RT-Thread 系统中总共存在两类线程，分别是系统线程和用户线程。系统线程是由 RT-Thread 内核创建的线程，在系统初始化完成后便自动创建成功；用户线程是由应用程序创建的线程。得益于 RT-Thread 对系统部分与用户部分的代码分离，用户只需要在单独的文件中关注自己需要编写的代码就可以编写模块化的程序。

RT-Thread 中的线程有 5 种状态:初始状态、就绪状态、运行状态、挂起状态和关闭状态;操作系统会自动根据线程运行的情况来动态调整它的状态。

RT-Thread 最大支持 256 个线程优先级(0~255),数值越小的优先级越高,0 为最高优先级。在一些资源比较紧张的系统中,可以根据实际情况选择只支持 8 个或 32 个优先级的系统配置;对于 ARM Cortex-M 系列,普遍采用 32 个优先级。最低优先级默认分配给空闲线程使用,用户一般不使用。在系统中,当有比当前线程优先级更高的线程就绪时,当前线程将立刻被换出,高优先级线程抢占处理器运行。与线程管理有关的接口有下面几个。

1. rt_thread_init( )

用于初始化线程。初始化一个线程,通常用于初始化一个静态线程对象,函数原型如下:

```
rt_err_t rt_thread_init(
    struct rt_thread*  thread,
    const char* name,
    void(* )(void * parameter) entry,
    void *  parameter,
    void *  stack_start,
    rt_uint32_t stack_size,
    rt_uint8_t priority,
    rt_uint32_t tick
)
```

函数中的主要参数作用如下:

thread:线程句柄。线程句柄由用户提供出来,并指向对应的线程控制块内存地址。

name:线程的名称。线程名称的最大长度由 rtconfig. h 中定义的 RT_NAME_MAX 宏指定,多余部分会被自动截掉。

entry:线程的入口函数。

parameter:入口函数的传入参数。

stack_start:线程堆栈的起始地址。

stack_size:线程栈大小,单位是字节。在大多数系统中需要做栈空间地址对齐(例如 ARM 体系结构中需要向 4 字节地址对齐)。

priority:线程的优先级。优先级范围根据系统配置情况(rtconfig. h 中的 RT_THREAD_PRIORITY_MAX 宏定义)确定,如果支持的是 256 级优先级,那么范围是从 0 ~ 255,数值越小优先级越高,0 代表最高优先级。

tick:线程的时间片大小。当系统中存在相同优先级线程时,这个参数指定线程一次调度能。

2. rt_thread_create( )

与 rt_thread_init()函数类似,用于创建一个线程。该函数将创建一个线程对象并分配线程对象内存和堆栈。

```
rt_thread_t rt_thread_create(
    const char* name,
```

```
        void(* )(void * parameter) entry,
        void *  parameter,
        rt_uint32_t stack_size,
        rt_uint8_t priority,
        rt_uint32_t tick
    )
```

函数中的主要参数作用如下：

name：线程的名称。线程名称的最大长度由 rtconfig.h 中的宏 RT_NAME_MAX 指定，多余部分会被自动截掉。

entry：线程的入口函数

parameter：入口函数的传入参数

stack_size：线程堆栈的大小

priority：线程的优先级

tick：线程的时间片大小。当系统中存在相同优先级线程时，这个参数指定线程一次调度能够运行的最大时间长度。

3. rt_thread_suspend( )

该函数将挂起指定的线程。函数的原型是：

```
    rt_err_t rt_thread_suspend(rt_thread_t thread)
```

其中参数 thread 是要被挂起的线程。

4. rt_thread_resume( )

使线程恢复运行，就是让挂起的线程重新进入就绪状态，并将线程放入系统的就绪队列中。如果被恢复线程在所有就绪态线程中位于最高优先级链表的第一位，那么系统将进行线程上下文的切换。函数的原型是：

```
    rt_err_t rt_thread_resume(rt_thread_t thread)
```

其中的参数 thread 是将要被恢复的线程。

5. rt_thread_startup( )

函数将启动一个线程并将其放入系统就绪队列，函数的原型是：

```
    rt_err_t rt_thread_startup(rt_thread_t thread)
```

其中的参数 thread 是被要被启动的线程句柄。

下面通过创建用户线程实现跑马灯为例介绍 RT-Thread 中线程的使用。

首先，编写线程入口函数 led_entry()，也就是线程真正进行的任务部分，一般设置为死循环。在本例中该线程入口函数的作用是对连接在两个 GPIO 上的 LED0 和 LED1 两个灯每隔 50 毫秒进行亮/灭翻转。

```
    static void led_entry(void *parameter)   //线程入口函数
    {
        while(1)
        {
            //翻转 LED0 和 LED1
            rt_pin_write(LED_D0_PIN, ! rt_pin_read(LED_D0_PIN));
```

```
        rt_pin_write(LED_D1_PIN, ! rt_pin_read(LED_D1_PIN));
        rt_thread_mdelay(500);
    }
}
```

其次,编写线程初始化函数 led_start()。该函数的作用就是先对两个 LED 进行初始化,然后创建相应的线程并启动它。

led_start()函数中首先设置两个 GPIO 引脚工作状态为输出模式,并初始化为高、低电平。接着使用 rt_thread_create()函数创建一个线程实例,并返回到 tid。此函数创建线程时初始化线程的一些必要属性,包括线程名称、线程入口函数、线程入口函数实参、线程栈大小、线程优先级以及线程调度时间片大小。创建线程完成后,使用 rt_thread_startup()将线程从初始状态转变为就绪状态等待系统的调度运行。最后使用 INIT_APP_EXPORT()将 led_start()函数加入到自动初始化过程中。在自动初始化过程中的应用程序初始化阶段就能完成 led_start()的调用,运行用户线程。

```
static int led_start()
{
    //设置 PG5 和 PE5
    rt_pin_mode(LED_D0_PIN, PIN_MODE_OUTPUT);
    rt_pin_mode(LED_D1_PIN, PIN_MODE_OUTPUT);
    rt_pin_write(LED_D0_PIN, PIN_HIGH);
    rt_pin_write(LED_D1_PIN, PIN_LOW);
    rt_thread_t tid;
    //创建线程
    tid = rt_thread_create ("led", led_entry, RT_NULL, THREAD_STACK_
                         SIZE,THREAD_PRIORITY, THREAD_TIMESLICE);
    rt_thread_startup( tid );    //线程启动
    return RT_EOK;
}
INIT_APP_EXPORT(led_start);
```

6.6 其他典型嵌入式操作系统

6.6.1 RT Linux

RT Linux 是能够提供实时功能的 Linux 操作系统,它是新墨西哥技术学院的 Victor Yodaiken 和 Michael Brabanov 共同开发的。目前,RT Linux 已用于视频编辑、PBX、机器人控制器及机器工具等领域,它甚至还被用于控制心脏的跳动。与标准 Linux 类似,RT Linux 提供了运行特殊实时任务和终端句柄的能力。无论 RT Linux 正在做什么,只要有任务和句柄需要执行,它都会立即执行这些任务。在 X86 机器上,RT Linux 执行终端句柄的延迟不超过 15 ms。当调度一个经常性任务时,该任务将在 35 ms 内被执行。与此相对照,标准 Linux 在终端句柄执行前需要 600 μs,而执行经常性任务的延迟则长达 20 000 μs。此外,RT Linux 的优势还在于它扩展了标准的 Unix 编程环境,使它可以处理实时任务。

RT Linux 的设计目标是以 Linux 内核为基础,在同一个操作系统中既提供严格意义上的实时服务,又提供所有的标准 POSIX 服务。为达到上述设计目标,RT Linux 采用了虚拟机技术。Linux 不直接与中断控制硬件进行联系,而是通过各仿真层进行中断控制。该仿真层不但使 Linux 不能禁止中断,同时还能对 Linux 内核的同步需求提供支持。在 RT Linux 中,一旦中断到来,就先由该仿真层处理,在仿真层完成了所有需要进行的实时处理之后,再提交给 Linux 进行下一步处理。如果 Linux 已经执行了禁止中断的操作,则仿真层只是将该中断标记为处于挂起状态;当 Linux 执行了允许中断的操作后,仿真层就会将控制切换到处于挂起状态且具有最高优先级中断的中断处理程序。

RT Linux 中采用的虚拟机技术不同于以往的虚拟机技术。在 RT Linux 中,虚拟机只负责仿真中断控制,RT Linux 在其他方面仍然可以直接控制硬件,从而既保证了较好的运行效率,对 Linux 内核的修改量又最小。

6.6.2　VxWorks

VxWorks 是美国 Wind River System 公司(即 WRS 公司,也称风河公司)推出的一个实时操作系统。WRS 公司组建于 1981 年,是一个专门从事实时操作系统开发与生产的软件公司,在实时操作系统领域被公认为是最具有领导作用的公司。VxWorks 是一个运行在目标机上的高性能、可裁剪的嵌入式实时操作系统。它以其良好的可靠性和卓越的实时性被广泛地应用在通信、军事、航空、航天等高精尖技术及实时性要求极高的领域中,如卫星通信、军事演习、弹道制导、飞机导航等。美国的 F-16 战斗机、FA-18 战斗机、B-2 隐形轰炸机和爱国者导弹,甚至连 1997 年 4 月在火星表面登陆的火星探测器也使用到了 VxWorks。

VxWorks 的核心被称作 wind,包括多任务调度(采用优先级抢占方式)、任务间的同步和进程间通信机制,以及中断处理、看门狗和内存管理机制。一个多任务环境允许实时应用程序以一套独立任务的方式构筑,每个任务拥有独立的执行线程和它自己的一套系统资源。进程间通信机制使得这些任务的行为同步、协调。wind 使用中断驱动和优先级的方式,缩短了上下文转换的时间开销和中断的时延。

在 VxWorks 中,任何例程都可以被启动为一个单独的任务,拥有它自己的上下文和堆栈。还有一些其他的任务机制可以使任务挂起、继续、删除、延时或改变优先级。wind 提供信号量作为任务间同步和互斥的机制。在 wind 中有几种类型的信号量,如二进制信号量、计数信号量、互斥信号量和 POSIX 信号量,它们分别针对不同的应用需求。所有的这些信号量是快速和高效的,它们除了被应用在开发设计过程中外,还被广泛地应用在 VxWorks 高层应用系统中。对于进程间通信,wind 也提供了诸如消息队列、管道、套接字和信号等机制。

VxWorks 提供功能强大而丰富的板级支持包(Board Support Package,BSP)。板级支持包对各种板子的硬件功能提供了统一的软件接口,它包括硬件初始化、中断的产生和处理、硬件时钟和计时器管理、局域和总线内存地址映射、内存分配等。每个板级支持包具有一个 ROM 启动(Boot ROM)或其他启动机制,在内存管理方面提供虚拟内存与共享内存两种方案。虚拟内存方案为带有 MMU 的目标板提供了虚拟内存机制,共享内存方案则提供了共享信号量、消息队列和在不同处理器之间的共享内存区域。

VxWorks 采用 Tornado 开发环境。Tornado 包含 3 个高度集成的部分：运行在宿主机和目标机上的强有力的交叉开发工具和实用程序；运行在目标机上的高性能、可裁剪的实时操作系统 VxWorks；连接宿主机和目标机的多种通信方式，如以太网、串口线、ICE 或 ROM 仿真器等。Tornado 是专门为解决嵌入式开发人员所面临的诸多问题而设计的。对于不同的目标机，Tornado 给开发者提供一个一致的图形接口和人机界面。除了提供适用于不同目标机的工具集以外，Tornado 还是一个完全开放的环境，开发人员或第三方厂商可以很容易地把自己的工具集成到 Tornado 框架下。这种开放的环境使得开发人员可以使用各种各样且越来越丰富的第三方软件及硬件工具，从而进一步提高开发人员的生产效率。

6.6.3　WinCE

Microsoft Windows CE（以下简称 Windows CE）是一个简洁、高效率的多平台操作系统。它不是削减的 Windows 95 版本，而是从整体上为有限资源的平台设计的多线程、具有完整优先权、多任务的操作系统。它的模块化设计允许它对从掌上电脑到专用的工业控制器的用户电子设备进行定制。CE 代表 Consumer Electronics，即消费类电子产品，亦可引申为 Compact Embedded——短小精悍的嵌入式操作系统。

Windows CE 是一套模块化设计的操作系统，其编程界面遵循 Win32 架构。对传统桌上型 Windows 家族操作系统采用的架构和技术，如 MFC、COM、ActiveX、TAPI、SAPI、DirectX、ADO 等，Windows CE 均支持。事实上，Windows CE 并非是直接用 Windows 95/98 或 Windows NT 的源代码修改而成的，而是参考 Windows 操作系统的架构，针对这个市场重新设计的一套纯 32 位操作系统。

既然目标着眼于消费类电子市场，Windows CE 在设计上便与桌上型操作系统的方向不尽相同。首先，系统本身要小到能放入 ROM 或 Flash Memory（内存）中；其次，系统要能够支持各种硬件平台，并且能够自行选择所需要的核心模块加以组装。在网络方面，它内建了网络功能模块。

Windows CE 是为便携式计算机设计的新型平台。它提供 Window 操作系统的子集。Windows CE 拥有与桌上型 Windows 家族一致的软件程序开发界面，这对于应用开发人员来说是一件好事。目前，Winodws CE 已经支持的 Windows 平台程序界面与架构有：部分 Win32 API、部分 MFC Framework、COM、ATL、ActiveX、Serial API、Telephony API、SpeechAPI、RAS、WinINet API 和 ADO。其实，只要有市场需求，微软势必会将 Windows 平台已存在的程序界面架构移植到 Windows CE 上。

Windows CE 是纯 32 位保护模式的操作系统，目前最多可以容许 32 个进程同时执行，而每个执行程序并没有限制其所属线程的数目。它的虚拟内存空间可以寻址到 2 GB，因此，每个执行程序可拥有 32 MB 的虚拟内存空间。开发人员可以使用标准的 Win32 API 来配置与管理这些内存。

6.6.4　Android

Android 作为一个移动设备的平台，其软件层次结构包括了一个操作系统（OS），中间件（MiddleWare）和应用程序（Application）。Android 的软件结构如图 6-8 所示，自下而上分为 4

个层次:操作系统层(OS 精简的 Linux kernel)、各种库(Libraries)和 Android 运行环境
(RunTime)、应用程序框架(Application Framework)、应用程序(Application)。

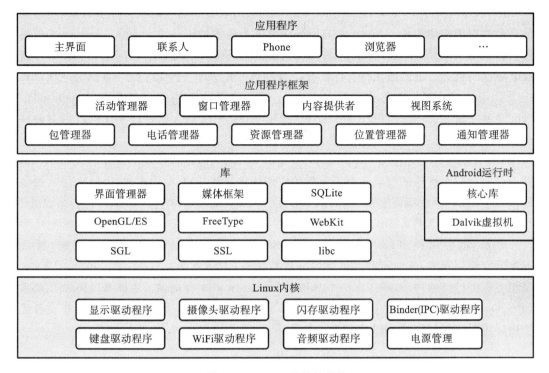

图 6-8　Android 的软件结构

Android 操作系统层使用 Linux2.6 作为内核。Linux 是一种通用且开源的操作系统。
Android 使用了 Linux 操作系统的核心和驱动程序两部分。其中一部分驱动程序与移动设备
相关。主要的驱动程序包括:显示驱动(Display Driver,基于 Linux 的帧缓冲驱动),Flash 内
存驱动(Flash Memory Driver),照相机驱动(Camera Driver,基于 Linux 的 v4l 驱动),音频驱
动(Audio Driver,基于 ALSA 的驱动),WiFi 驱动(Camera Driver),键盘驱动(KeyBoard
Driver),蓝牙驱动(Bluetooth Driver),Binder IPC 驱动,能源管理(Power Management)等。

各种库(Libraries)和 Android 运行环境(RunTime)相当于中间件,大多是使用 C++实
现的。其中各种库包括:

C 库:C 语言的标准库,这也是系统中一个最为底层的库,C 库是通过 Linux 的系统调用
来实现的。

多媒体框架(MediaFrameword):这部分内容是 Android 多媒体的核心部分,基于
PacketVideo(即 PV)的 OpenCORE,从功能上本库一共分为两大部分,一个部分是音频、视频
的回放(PlayBack),另一部分是则是音视频的纪录(Recorder)。

SGL:2D 图像引擎。

SSL:即 Secure Socket Layer,位于 TCP/IP 协议与各种应用层协议之间,为数据通信提供
安全支持。

OpenGL ES 1.0:提供对 3D 的支持。

界面管理工具(Surface Management):管理显示子系统。

SQLite:一个通用的嵌入式数据库。

WebKit:网络浏览器的核心。

FreeType:位图和矢量字体的功能。

Android 的各种库一般是以系统中间件的形式提供的,它们均有一个显著特点:与移动设备的平台的应用密切相关。Android 的运行环境主要指虚拟机技术 Dalvik。Dalvik 虚拟机和一般 JAVA 虚拟机(Java VM)不同,它执行的不是 JAVA 标准的字节码(bytecode),而是 Dalvik 可执行格式(.dex)的执行文件。在执行的过程中,每一个应用程序即一个进程(Linux 的一个 Process)。二者最大的区别在于 Java VM 是以基于栈的虚拟机(Stack-based),而 Dalvik 是基于寄存器的虚拟机(Register-based)。显然,后者最大的好处在于可以根据硬件实现更大的优化,这更适合移动设备的特点。

Android 的应用程序框架(Application Framework)为应用程序层的开发者提供 APIs,它实际上是一个应用程序的框架。由于上层的应用程序是以 JAVA 构建的,因此本层次提供的主要包含了 UI 程序中所需要的各种控件,例如 Views(视图组件)包括 lists(列表)、grids(栅格)、text boxes(文本框)、buttons(按钮)等。

Android 的应用程序(Application)主要是用户界面(User Interface)方面的,通常以 JAVA 语言编写程序,其中还可以包含各种资源文件(放置在 res,assets 目录中)。JAVA 程序及相关资源经过编译后,将生成一个 APK 包。Android 本身提供了主屏幕(Home)、联系人(Contact)、电话(Phone)、浏览器(Browers)等众多的核心应用。同时应用程序的开发者还可以使用应用程序框架层的 API 实现自己的程序。

6.5.5　HarmonyOS

华为在 2019 年 8 月 9 日举办的开发者大会(HDC)上,正式发布鸿蒙操作系统 HarmonyOS。同 Android 和 iOS 等操作系统相比,鸿蒙 OS 具有一次开发多端部署、跨终端无缝协同和超级终端等优势。这些优点来自鸿蒙 OS 独特的系统架构。鸿蒙 OS 系统架构从下到上依次为:内核层、系统服务层、应用框架层和应用层。

1. 内核层

内核层分为内核子系统和驱动子系统。

内核子系统:鸿蒙 OS 采用多内核设计,支持针对不同资源受限设备选用适合的 OS 内核。内核抽象层(KAL,Kernel Abstract Layer)通过屏蔽多内核差异,对上层提供基础的内核能力,包括进程/线程管理、内存管理、文件系统、网络管理和外设管理等。

驱动子系统:鸿蒙 OS 驱动框架(HDF)是 Harmony OS 硬件生态开放的基础,提供统一外设访问能力和驱动开发、管理框架。

2. 系统服务层

系统服务层是鸿蒙 OS 的核心能力集合,通过框架层对应用程序提供服务。该层包含以下几个部分。

(1)系统基本能力子系统集

为分布式应用在鸿蒙 OS 多设备上的运行、调度、迁移等操作提供了基础能力,由分布式软总线、分布式数据管理、分布式任务调度、方舟多语言运行时、公共基础库、多模输入、图形、安全、AI 等子系统组成。其中,方舟运行时提供了 C/C++/JS 多语言运行时和基础的系统类库,也为使用方舟编译器静态化的 Java 程序(即应用程序或框架层中使用 Java 语言开发的部分)提供运行时支持。

(2)基础软件服务子系统集

为鸿蒙 OS 提供公共的、通用的软件服务,由事件通知、电话、多媒体、DFX、MSDP&DV 等子系统组成。

(3)增强软件服务子系统集

为鸿蒙 OS 提供针对不同设备的、差异化的能力增强型软件服务,由智慧屏专有业务、穿戴专有业务、IoT 专有业务等子系统组成。

(4)硬件服务子系统集

为鸿蒙 OS 提供硬件服务,由位置服务、生物特征识别、穿戴专有硬件服务、IoT 专有硬件服务等子系统组成。

根据不同设备形态的部署环境,基础软件服务子系统集、增强软件服务子系统集、硬件服务子系统集内部可以按子系统粒度裁剪,每个子系统内部又可以按功能粒度裁剪。

3. 应用框架层

框架层为鸿蒙 OS 的应用程序提供了 Java/C/C++/JS 等多语言的用户程序框架和 Ability 框架,以及各种软硬件服务对外开放的多语言框架 API;同时为采用鸿蒙 OS 的设备提供了 C/C++/JS 等多语言的框架 API,不同设备支持的 API 与系统的组件化裁剪程度相关。

4. 应用层

应用层包括系统应用和第三方非系统应用。鸿蒙 OS 的应用由一个或多个 FA(Feature Ability)或 PA(Particle Ability)组成。其中,FA 有 UI 界面提供与用户交互的能力;而 PA 无 UI 界面提供后台运行任务的能力以及统一的数据访问抽象。基于 FA/PA 开发的应用,能够实现特定的业务功能,支持跨设备调度与分发,为用户提供一致、高效的应用体验。

5. 应用程序开发环境搭建

HUAWE IDev Eco Studio 是基于 Intel liJIDEA Community 开源版本打造,面向华为终端全场景多设备的一站式集成开发环境(IDE),为开发者提供工程模板创建、开发、编译、调试、发布等 E2E 的 Harmony OS 应用开发服务。Dev Eco Studio 还具有如下特点:①多设备统一开发环境;②支持多语言的代码开发和调试;③支持 FA(Feature Ability)和 PA(Particle Ability)快速开发;④支持分布式多端应用开发;⑤支持多设备模拟器;⑥支持多设备预览器。

习 题

1. 试述嵌入式操作系统的特点。
2. 试述嵌入式操作系统实时性的概念和影响实时性的主要因素。
3. 试述嵌入式 Linux 内核的裁剪和移植过程。
4. 试述 μc/OS 操作系统的特点。

第7章 嵌入式软件开发

　　主要介绍嵌入式系统软件开发的环境、特点、构建方法、开发和调试流程,不同层次的嵌入式软件开发技术。重点内容包括交叉编译环境、开发过程、Linux 软件开发、Linux 内核配置、驱动开发、中断技术、BootLoader、文件系统、GUI 图形用户界面、典型软件开发工具等。

7.1　交叉编译环境

7.1.1　交叉编译环境的概念

　　在通用计算机上编写程序,都需要通过编译的方式把使用某种计算机语言编写的代码(如 C 语言编写的代码)编译(Compile)成计算机可以识别和执行的二进制代码。比如,在 Windows 平台上,可使用类似 Visual Studio 的开发环境,编写程序并编译成可执行程序。这种方式的特点是使用通用计算机平台上的编译工具开发针对通用计算机本身的可执行程序,即开发编译环境和运行环境是一致的,这种编译过程称为本地编译(Native Compilation)。

　　一般的编译工具链(Compilation Tool Chain)需要很大的存储空间,并且需要很强的 CPU 运算能力。而嵌入式设备(开发板)受限于自身的软件和硬件,计算能力较差,故不可能在嵌入式设备或开发板上运行相应的开发和调试工具,必须借助通用计算机的软、硬件环境来开发嵌入式设备所需要的程序。这就导致程序的运行平台(嵌入式设备)和开发平台不一致。嵌入式软件开发和调试的过程实际上就是在通用计算机平台上编译和调试嵌入式平台上可执行代码的过程,这个过程称为交叉编译和调试,其开发环境称为交叉编译和调试环境。交叉编译和调试环境一般还具有程序定位和下载的功能,能把目标程序放置到目标设备存储空间中的适当位置。要实现交叉编译就需要在台式机和嵌入式设备中(同时需要在嵌入式设备上做相应配置)建立一个交叉编译环境。采用交叉编译环境是嵌入式软件开发的一个显著特点。

　　交叉编译环境通常由主机、目标机和网络三者构成。主机就是所谓的开发机,通常由 PC 和通用操作系统(Windows/Linux)构成。目标机则是正在开发的目标设备,如 MP4、视频采集板等,在开发过程中目标机一般都是以开发板的形式出现的。网络是个广义的概念,它能把开发机和目标机连接起来完成通信,具体可以是串口、以太网、并口、USB 等单一的形式或它们的组合。图 7-1 所示的是一个交叉编译环境,其中网络采用了以太网和串口结合的方式。主机是运行 Linux 的 PC,IP 地址为 192.168.0.10,目标机具有 ARM 处理器。目标程序在主机上经过交叉编译环境的"编译—连接—定位—下载"等一系列处理,最终得到可执行文件并能在目标机运行。

　　典型的交叉编译和调试环境的操作界面如图 7-2 所示。在主机上一般运行有两个窗口,一个是主机交叉编译环境的 IDE 窗口,另一个是供调试用的串口终端窗口(或具有相同功能的类似窗口,该窗口也可以集成在 IDE 窗口中)。目标机可以看成一台计算机,该串口终端窗口就相当于这台计算机的显示器,作为人机交互界面。程序在目标机上的运行和调试信息可以通过该窗口显示。该窗口典型的例子是 Linux 的 Minicom 或 Windows 的超级终端。

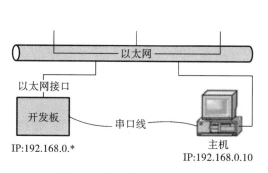

图 7-1　交叉编译环境的结构　　　　　图 7-2　交叉编译和调试环境的操作界面

不同的嵌入式 CPU 和操作系统需要使用不同的工具来构建和配置不同的交叉编译环境。常见的交叉编译和调试环境如下:在 Windows 环境下,利用 ADS(ARM 开发环境),使用 armcc 编译器,可编译出针对 ARM CPU 的可执行代码;在 Linux 环境下,利用 arm-linux-gcc 编译器,可编译出针对 Linux ARM 平台的可执行代码。

7.1.2　交叉编译环境的配置

搭建交叉编译环境的方法和使用的工具与目标设备的软、硬件系统有很大的关系。不同的 CPU 结构,不同软件体系、不同的操作系统都会用到不同的交叉编译器,需要采用不同工具和步骤构建。例如,BoodLoader、Kernel、文件系统、应用程序等不同层次的程序所需要的编译环境各不相同。因此选择和构建一个合适的交叉编译器对于嵌入式开发是非常重要的。基本的构建步骤包括以下 3 个方面。

(1) 在主机上安装相应的编译和调试软件。

(2) 对目标机的硬件和软件做相应的配置。

(3) 连接开发机和目标机之间的网络。

下面以 Linux 和 ARM 为背景,了解如何构建一个基于 Linux+ARM 的交叉编译器。这个过程对其他类型的 CPU 和操作系统具有借鉴意义。构建交叉编译环境通常有三种方法。

方法一:分步编译和安装交叉编译环境所需要的库和源代码,最终生成交叉编译工具链。该方法相对比较困难,适合想深入学习构建交叉工具链的读者。如果只是想使用交叉工具链,建议使用下面的方法二或方法三构建交叉工具链。

方法二:通过 Crosstool 脚本工具一次性完成交叉编译工具链的编译和生成。该方法相对于方法一要简单许多,并且出错的机会也非常少,建议使用该方法构建交叉编译工具链。

方法三:直接通过网上下载已经制作好的交叉编译工具链。该方法的优点是简单省事,但与此同时,该方法的弊端就是局限性太大,所用的库及编译器的版本也许并不适合用户,建议慎用此方法。

为了让读者真正地学会交叉编译工具链的构建方法,下面将重点详细地介绍采用分步构建法来构建 ARM+Linux 交叉编译环境的步骤。该方法所需资源或工具包如表 7-1 所示。

表 7-1　构建 ARM＋Linux 交叉编译环境所需资源清单

安装包	下载地址	安装包	下载地址
linux-2.6.10.tar	ftp.kernel.org	glibc-2.3.2.tar.gz	ftp.gnu.org
binutils-2.15.tar	ftp.gnu.org	glibc-linuxthreads-2.3.2.tar	ftp.gnu.org
gcc-3.3.6.tar.gz	ftp.gnu.org		

1. 建立工作目录

假定所建目录为/home/MyDevRoot,后面需要编译的交叉工具链都在此工作目录下编译。后面提到的相对路径除特别指明外,都是放在此路径下。在工作目录下首先建立一个目录 armlinux,再在 armlinux 下建立 3 个目录:build-tools、kernel 和 tools。其中,各目录的功能如下。

build-tools:用来存放下载的 binutils、gcc、glibc 等源代码和用来编译这些源代码的目录。

kernel:用来存放内核源代码。

tools:用来存放编译好的交叉编译工具和库文件。

2. 建立环境变量

该步骤的目的是方便重复输入路径,如果不习惯使用环境变量就可以略过该步,直接输入绝对路径就可以了。环境变量在之后编译工具库的时候会用到。为方便输入,并降低输错路径的风险,可事先声明该环境变量。

```
#export MY_ARM_DIR=/home/MyDevRoot/armlinux
#export TARGET=arm-linux
#export PREFIX=$MY_ARM_DIR/tools
#export TARGET_PREFIX=$PREFIX/$TARGET
#export PATH=$PREFIX/bin:$PATH
```

用 export 声明的变量是临时变量,当注销或更换了控制台后,这些环境变量就消失了,如果还需要使用这些环境变量就必须重复 export 操作。另外一种永久声明环境变量的方法是将它们定义在 bashrc 文件中,这样当注销或更换控制台时,这些变量就一直有效。

3. 编译、安装 Binutils

Binutils 是 GNU 工具之一,它包括连接器、汇编器和其他用于目标文件和档案的工具,它是二进制代码的处理维护工具。安装 Binutils 工具包含的程序有 addr2line、ar、as、c＋＋filt、gprof、ld、nm、objcopy、objdump、ranlib、readelf、size、strings、strip、libiberty、libbfd 和 libopcodes。

首先解压 binutils-2.15.tar.bz2 包,命令如下:

```
#cd $MY_ARM_DIR/build-tools
#tar xjvf binutils-2.15.tar.bz2
```

接着配置 Binutils 工具,建议建立一个新的目录用来存放配置和编译文件,这样可以使源文件和编译文件独立开来,具体操作如下:

```
#cd $MY_ARM_DIR/build-tools
#mkdir build-binutils
#cd build-binutils
```

```
#../ binutils-2.15/configure --target=$TARGET --prefix=$PREFIX
```

其中,target 选项的作用是指定生成何种类型的交叉编译环境。本例中要生成 arm 处理器和 Linux 的交叉编译环境,所以参数填写 arm-linux,使用前面定义好的环境变量 TARGET 代替。prefix 的作用是指出可执行文件安装的位置。执行上述操作会出现很多 check 信息,最后产生 Makefile 文件。接下来执行 make 和安装操作,命令如下:

```
#make
#make install
```

该编译过程较慢,需要数十分钟,安装完成后查看 PREFIX/bin 目录下的文件,如果查看结果如下,就表明此时 Binutils 工具已经安装结束。

```
#ls $PREFIX/bin
arm-linux-addr2line    arm-linux-ld      arm-linux-ranlib        arm-linux-
strip
arm-linux-ar           arm-linux-nm        arm-linux-readelf
arm-linux-as           arm-linux-objcopy   arm-linux-size
arm-linux-c++filt    arm-linux-objdump arm-linux-strings
```

4. 获得内核头文件

编译器需要通过系统内核的头文件来获得目标平台所支持的系统函数调用所需要的信息。对于 Linux 内核,最好的方法是下载一个合适的内核,然后复制获得头文件。需要对内核做一个基本的配置来生成正确的头文件,不过,不需要编译内核。对于本例中的目标 arm-linux,需要进行以下步骤。

(1) 在 kernel 目录下解压 linux-2.6.10.tar.gz 内核包,执行命令如下:

```
#cd $MY_ARM_DIR/kernel
#tar -xvzf linux-2.6.10.tar.gz
```

(2) 配置编译内核使其生成正确的头文件,执行命令如下:

```
#cd linux-2.6.10
#make ARCH=arm CROSS_COMPILE=arm-linux- menuconfig
```

其中,ARCH=arm 表示以 arm 为体系结构,CROSS_COMPILE=arm-linux 表示以 arm-linux 为前缀的交叉编译器,menuconfig 参数指明配置内核的方式,这是最常用的内核配置方式。注意,在配置时一定要选择目标处理器的类型,如选择三星的 S3C2410(System Type->ARM System Type->/Samsung S3C2410),如图 7-3 所示。配置完后退出并保存,检查一下内核目录中的 include/linux/version.h 和 include/linux/autoconf.h 文件是不是已经生成了,这是编译 glibc 时要用到的,如果 version.h 和 autoconf.h 文件存在,说明生成了正确的头文件。

复制头文件到交叉编译工具链的目录,首先需要在 MY_ARM_DIR/tools/arm-linux 目录下建立工具的头文件目录 inlcude,然后复制内核头文件到此目录下。具体操作如下:

```
#mkdir p $TARGET_PREFIX/include
# cp r $MY_ARM_DIR/kernel/linux-2.6.10/include/linux $TARGET_
PREFIX/include
# cp r $MY_ARM_DIR/kernel/linux-2.6.10/include/asm-arm $TARGET_
PREFIX/include/asm
```

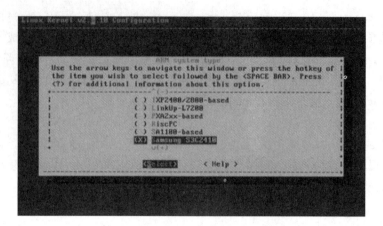

图 7-3 Linux 2.6.10 内核配置界面

5. 编译安装 boot-trap gcc

这一步的主要目的是建立 arm-linux-gcc 工具。注意,这个 gcc 没有 glibc 库的支持,所以只能用于编译内核、BootLoader 等不需要 C 库支持的程序,后面创建 C 库也要用到这个编译器。如果只想编译内核和 BootLoader,那么安装完这个工具就可以结束了。

由于是第一次安装 ARM 交叉编译工具,没有支持 libc 库的头文件,所以在编译配置文件中需要使用选项-Dinhibit_libc-D_ _gthr_ posix_h 来屏蔽使用头文件,否则一般会默认使用/usr/inlcude 头文件。在执行配置操作时可以根据需要指定如下选项:

--enable-languages=c 表示只支持 C 语言;

--disable-threads 表示去掉 thread 功能;

--disable-shared 表示只进行静态库编译,不支持共享库编译。

接下来执行编译(make)和安装操作(make install)命令。等安装完成后,在/home/MyDevRoot/armlinux/tools/bin 下查看,如果 arm-linux-gcc 等工具已经生成,就表示 boot-trap gcc 工具已经安装成功。

6. 建立 glibc 库

glibc 是 GUN C 库,它是编译 Linux 系统程序很重要的组成部分。安装 glibc-2.3.2 版本之前推荐先安装以下工具:GNU make 3.79 或更新版本;GCC 3.2 或更新版本;GNU binutils 2.13 或更新版本。

解压 glibc-2.2.3.tar.gz 源代码之后,配置编译选项参数。配置选项中必须注意设置 CC＝arm-linux-gcc,这一步是把 CC(Cross Compiler)变量设成刚编译完的 gcc,用它来编译 glibc。配置完后就可以用 make 和 make install 两个命令先后编译和安装 glibc。

7. 编译安装完整的 gcc

由于第一次安装的 gcc 没有交叉 glibc 的支持,现在已经安装了 glibc,所以需要重新编译来支持交叉 glibc。上面的 gcc 也只支持 C 语言,现在可以让它同时支持 C 语言和 C＋＋语言。其中./configure 配置命令注意采用如下形式:

```
# ./configure--target=arm-linuxenable-languages=c,c++prefix=$PREFIX
```

配置完后就可以用 make 和 make install 两个命令先后编译和安装,在 $PREFIX/bin 目录下将多出 arm-linux-g＋＋、arm-linux-c＋＋等文件。

8. 测试交叉编译工具链

在这一步骤之前已经介绍完了用分步构建法建立交叉编译工具链的步骤。下面通过一个简单的程序来测试刚刚建立的交叉编译工具链,看其是否能够正常工作。编写一个最简单的 hello.c 源文件,内容如下:

```
#include <stdio.h>
int main()
{
    printf("Hello,world! \n");
    return 0;
}
```

通过以下命令进行编译,编译后生成名为 hello 的可执行文件,通过 file 命令可以查看文件的类型。当显示以下信息时表明交叉工具链正常安装了,通过编译生成了 ARM 体系可执行的文件。注意,通过该交叉编译链编译的可执行文件只能在 ARM 体系下执行,不能在基于 X86 的普通 PC 上执行。

```
#arm-linux-gcc -o hello hello.c
#file hello
hello: ELF 32-bit LSB executable,ARM,version 1 (ARM),for GNU/Linux 2.
4.3,
    dynamically linked (uses shared libs),not stripped
```

把可执行程序复制到某个输出目录,该目录一般通过某种方式映射,以便目标板可以访问。例如,通过 NFS 文件系统设定输出目录为/user/local/arm/rootfs,在目标板的相应目录下访问该程序,并可以执行该程序。

7.2　嵌入式软件开发过程

在完成软件项目规划和设计后,嵌入式软件的开发进入实现阶段。这个阶段至少包括源代码的编写、编译、调试和固化等几个阶段。编写和编译是采用特定开发环境(如 ADS、GCC)对源代码进行编写,并生成目标程序的过程。这个过程在开发主机上进行。获得目标程序之后,很多情况下都需要进行调试,以便发现和排除程序中的逻辑错误,因此,调试和编译的过程是一个多次反复的过程。获得正确的目标程序之后,需要把该程序转移到目标系统上,使之能够脱离开发环境独立运行,这个过程称为固化。固化需要使用特定的工具和软件完成。

7.2.1　嵌入式软件的编译和调试

嵌入式软件的生成又可以分为 3 个阶段:源代码程序的编写,将源程序交叉编译成各个目标模块,将所有目标模块及相关的库文件一起链接成可供下载调试或固化的目标程序。这个过程如图 7-4 所示。

这一过程看似与普通计算机软件的开发过程一样,但它们有本质的区别,其关键就在于交叉编译器和交叉链接器。交叉编译器的主要功能是把在主机上编写的程序编译成可以运行在

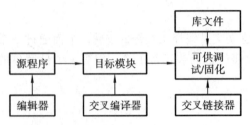

图 7-4　嵌入式软件的生成开发过程

目标机上的代码,即在主机上编译生成另一种 CPU(嵌入式微处理器)上的二进制程序。不同目标机的 CPU 所对应的编译器不尽相同。为了提高编译质量,硬件厂商针对自己开发的处理器的特性定制编译器,既提供对高级编程语言的支持,又能够很好地对目标代码进行优化。

嵌入式软件的运行方式主要有两种,即调试方式和固化方式。不同方式下程序代码或数据在目标机内存中的定位有所不同。主机上提供一定的工具或手段对目标程序的运行方式和内存定位进行选择和配置,链接器再根据这些配置信息将目标模块和库文件中的模块链接成目标程序。能被目标模块链接的运行库也具有嵌入式特性,而不是普通的运行库。

调试是嵌入式系统开发过程的重要环节。嵌入式系统的开发调试和一般 PC 系统的开发调试有较大差别。在一般 PC 机系统开发中,调试器和被调试程序是运行在相同的硬件和软件平台上的两个进程,调试器进程通过操作系统专门提供的调试接口控制和访问被调试进程。而在嵌入式系统中,调试器是运行在桌面操作系统上的应用程序,被调试程序是运行在基于特定硬件平台的操作系统,两个程序之间需要实时通信。嵌入式系统调试时,主机上运行的集成开发调试工具(调试器)通过仿真器和目标机相连。仿真器处理主机和目标机之间所有的通信,这个通信口可以是串口、并行口或高速以太网接口。

嵌入式系统开发调试的方法有快速原型仿真法和实时在线调试法。快速原型仿真法用于硬件设备尚未完成时,直接在宿主机上对应用程序运行进行仿真分析。在此过程中系统不直接和硬件打交道,由开发调试软件内部某一特定软件模块模拟硬件 CPU 系统执行过程,并可同时将仿真异常反馈给开发者进行错误定位和修改。实时在线调试法在具体的目标机平台上调试应用程序,系统在调试状态下的执行情况和实际运行模式完全一样,这种方式更有利于开发者实时对系统硬件和软件故障进行定位和修改,提高产品开发速度。具体的调试技术在后面章节将专门讲述。

大多数嵌入式软件的调试器属于集成开发环境,一般将编辑、汇编、编译、链接和调试环境集成于一体,支持低级汇编语言、C 和 C++语言,基于友好的图形用户界面(GUI),支持用户观察或修改嵌入式处理器的寄存器和存储器配置、数据变量的类型和数值、堆栈和寄存器的使用,支持程序断点设置以及单步、断点或全速运行等特性。ARM 公司的 ADS、Windriver 公司的 Tornado 等都是性能优异的集成开发环境,同时也是一个很好的调试工具。

7.2.2　嵌入式软件的固化

在嵌入式系统中,一般使用两种存储器:一种是可读/写的 RAM;另一种是非易失性存储器,如 ROM、Flash Memory 等。这两种存储器同时被映射到系统的寻址空间中,RAM 一般被映射到地址空间的低端,而 ROM、Flash Memory 等则被映射到地址空间的高端。在调试方式下,全部应用代码和数据都定位在 RAM 中,代码在 RAM 中运行;而在正式运行时,代码和数据必须存储在非易失性存储器中,系统启动时要先将数据搬移到 RAM 中,而程序代码可在 ROM、Flash Memory 中运行。把程序代码烧录到目标板的非易失性存储器中,并在真实的硬件环境上运行,这个过程就称为固化。

固化程序要创建启动(Boot)模块,此模块被连接作为整个应用系统代码的入口模块。当应用程序在真实的目标环境下运行时,将首先执行该程序,完成对 CPU 环境的初始化。Boot 模块一般包含以下几个功能。

(1) 初始化芯片的引脚,即按照系统的最终配置定义处理器芯片引脚功能;初始化一些系统外部控制寄存器,如 WatchDog、DMA、时钟计数器和中断控制器等。

(2) 初始化基本的输入/输出设备,一般为串口、并口等。

(3) 初始化 MMU,包括片选控制寄存器等。

(4) 执行数据拷贝,将一些存储在非易失性存储空间的数据拷贝到真实的运行空间中去。

完成了上述准备工作,就可以利用编译链接工具生成可固化的应用程序,再用固化工具将它固化到目标机的 ROM、Flash Memory 等非易失性存储器上。当用户启动目标机时,该应用程序就会被自动装入运行。常用的固化方式有 JTAG 方式、BootLoader 方式和 ROM 编程等几种。这些固化方式将后面介绍。

7.2.3　嵌入式软件的典型结构

由于嵌入式系统硬件平台在结构和性能上的差异性以及实际应用任务执行的需求,嵌入式软件具有 While 循环结构、前后台结构、多线程结构等三种典型的结构。

1. While 循环结构

While 循环结构也叫轮询结构,主要存在于针对裸机直接编程的场合。8 位或 16 位单片机常用这种形式,32 位 CPU 也可以使用这种形式。主程序初始化后在 While 死循环中顺序处理各种外设,适用于顺序执行且不需要外部事件驱动就能完成工作的情形。

While 循环系统是一种非常简单的软件结构,通常只适用于那些只需要顺序执行代码且不需要外部事件来驱动的就能完成的事情。图 7-5 所示为 While 循环结构程序的例子。

如果只是实现 LED 翻转,串口输出,液晶显示等单向输出型的控制,那么使用 While 循环结构一般没有什么问题。但是,如果系统中有类似"监测按键操作"或"监测外部信号"等任务,那么 While 循环结构程序的实时响应能力就不会那么好了。

```
int main(void)
{
    /* 硬件相关初始化 */
    HardWareInit( );

    /* 无限循环 */
    for ( ; ; ) {
        /* 处理事情 1 */
        DoSomething1( );
        /* 处理事情 2 */
        DoSomethingg2( );
        /* 处理事情 3 */
        DoSomethingg3( );
    }
}
```

图 7-5　While 循环程序结构

假设图 7-5 所示中的 DoSomething3( )函数的工作是"监测按键操作",当外部按键被按下时,系统需要立即响应做紧急处理,例如控制继电器立即接通或蜂鸣器立即响起,这是很多实时系统很常规的任务。在图 7-5 所示的程序结构中,DoSomething3( )函数可能无法在按键按下的那一刻被立即执行,从而影响系统的实时性。当被监测的按键按下时,如果图 7-5 所示的程序正在执行 DoSomething1( )函数,且 DoSomething1( )需要执行的时间还比较长,那么等程序流程执行到 DoSomething3( )函数时,按键事件已经发生较长时间了,显然系统的实时性变得较差了。更极端的情况是,直到按键被释放时程序都没有执行到 DoSomething3( )函数,结果就是系统丢失了这次按键事件。可见 Whiel 循环结构系统当涉及外部事件的处理时,实时性就会降低,且可能丢失一些事件。

2. 前后台结构

由于 While 循环结构程序的实时性差,且存在丢失事件的风险,前后台结构程序在 While 循环结构程序的基础上加入了中断机制提升对外部事件响应的实时性。

前后台结构的程序分为前台和后台两个部分。前台完成事件的中断响应和处理,后台负责系统初始化工作和常规例行任务处理。一般常规例行任务会采用前述的 While 循环结构处理。图 7-6 展示了一个前后台结构的程序例子,图中左边的代码是后台程序,负责系统的初始化工作和各个事件的处理,各个事件分别用 DoSomething1()、DoSomething2()、DoSomething3()进行处理。图中右边的 ISR1()、ISR2()、ISR3()是三段中断服务程序,是前台程序,负责各个事件的中断响应。需要注意的是,如果各个事件的处理比较简单,耗时比较短,也可以直接在前台完成。每个事件与前台程序的中断服务程序的关联一般在后台程序的初始化部分完成。

```
int flag1 = 0; //事件1标志          void ISR1(void)
int flag2 = 0; //事件2标志          {
int flag3 = 0; //事件3标志              /* 置位标志位 */
int main(void)                          flag1 = 1;
{                                       /* 若处理时间很短, 可在此处理 */
    /* 硬件相关初始化 */                //DoSomething1( );
    HardWareInit( );                }
    /* 无限循环 */
    for ( ; ; )                     void ISR2(void)
    {                               {
        if (flag1) //发生了事件1         /* 置位标志位 */
        {                               flag2 = 1;
            /* 处理事情 1 */             /* 若处理时间很短, 可在此处理 */
            DoSomething1( );            //DoSomething2( );
        }                           }
        if (flag2) //发生了事件2
        {                           void ISR3(void)
            /* 处理事情 2 */         {
            DoSomethingg2( );           /* 置位标志位 */
        }                               flag3 = 1;
        if (flag3) //发生了事件3         /* 若处理时间很短, 可在此处理 */
        {                               //DoSomething3( );
            /* 处理事情 3 */         }
            DoSomethingg3( );
        }
    }
}
```

图 7-6 前后台程序结构

在顺序执行后台程序的时候,如果有中断信号来临,中断信号会打断后台程序的正常执行流程,转而去执行相应的中断服务程序。中断服务程序可以简单地标记相应事件已发生。如果事件要处理的事情很简短,则可直接在中断服务程序里面处理;如果事件要处理的事情比较复杂、耗时,可以把处理工作移到后台程序里面处理。

在前后台程序结构中事件的响应和处理可以分开,事件的处理可以放在后台里面顺序执行。相比 While 循环结构,前后台系统确保了事件不会丢失,再加上中断具有可嵌套的特点,这可以大大地提高程序的实时响应能力。在大多数的中小型项目中前后台系统可以很有效地工作。

3. 多线程结构

有些大型应用系统中往往有多个复杂的任务需要并发,无论是采用 While 循环结构还是采用前后台结构都无法完成该工作,此时可以采用多线程结构来组织应用程序。线程机制需要操作系统支持。线程结构的程序有以下几个特点。

(1)每个任务用独立的线程。

(2)所有的线程可以并发运行。

（3）线程具有优先级，处理紧急事件的线程可以分配更高的优先级以得到更快的响应。

（4）如果系统中有实时事件需要处理，可以结合中断机制，事件响应在中断服务程序中完成，而事件的处理可以在线程中完成。

图 7-7 所示为多线程结构的例子。图示中处理 3 个事件的处理程序被设计为 3 个独立的可并发的线程 DoSomething1()、DoSomething2()、DoSomething3()。在主函数 main()中启动 3 个线程，3 个线程内部采用 While 循环结构不断地处理相应的事件。

```
int flag1 = 0; //事件1标志
int flag2 = 0; //事件2标志
int flag3 = 0; //事件3标志
int main(void)
{
  /* 硬件相关初始化 */
  HardWareInit();
  /* 启动各个线程 */
  ThreadStart(DoSomething1);
  ThreadStart(DoSomething2);
  ThreadStart(DoSomething3);
}
void ISR1(void)
{
    /* 置位标志位 */
    flag1 = 1;
}
void ISR2(void)
{
    /* 置位标志位 */
    flag2 = 1;
}
void ISR3(void)
{
    /* 置位标志位 */
    flag3 = 1;
}
```

```
void DoSomething1(void)
{/* 线程函数，处理事件1 */
  /* 无限循环 */
  for ( ; ; )
      if (flag1)
      {
          /*处理事件1 …… */
      }
}
void DoSomething2(void)
{/* 线程函数，处理事件2 */
  /* 无限循环 */
  for ( ; ; )
      if (flag2)
      {
          /*处理事件2 …… */
      }
}
void DoSomething3(void)
{/* 线程函数，处理事件3 */
  /* 无限循环 */
  for ( ; ; )
      if (flag3)
      {
          /*处理事件3 …… */
      }
}
```

图 7-7　多线程结构

在多线程结构的系统中，根据程序的功能，把程序中需要并发执行的任务都设计为成一个个独立的线程函数，每个线程函数可以采用无限循不返回的形式。每个线程都是独立的、互不干扰的，且具备自身的优先级，它们由操作系统统一调度管理。

7.3　嵌入式 Linux 软件开发

嵌入式 Linux 是将日益流行的 Linux 操作系统进行裁剪、修改，使之能在嵌入式计算机系统上运行的一种操作系统。嵌入式 Linux 既继承了在 Internet 上无限地开放源代码资源的特性，又具有嵌入式操作系统的特性。

一个小型的嵌入式 Linux 系统只需要 3 个基本元素，即引导工具、Linux 微内核（包含内存管理、进程管理及事务处理）和初始化进程。如果要增加系统的功能并同时保持系统的小型化，可为嵌入式 Linux 系统添加相应的硬件驱动程序、应用程序。如果仍要加强系统的功能，则可添加文件系统、TCP/IP 网络协议栈、磁盘等，有的嵌入式系统还能够提供图形用户界面支持。

嵌入式 Linux 操作系统实现的基本步骤如下。

（1）重新编译 Linux 内核，去除不需要的模块。

（2）编写用于将系统启动代码读入内存的 BootLoader，并制作 BootROM 以将嵌入式 Linux 装入内存中。

（3）重新编写以太网和串/并口等驱动程序。

（4）添加必要的嵌入式 Linux 应用程序。

有人认为 Linux 操作系统的容量通常很大，不适合于构造嵌入式系统。但事实并非如此，因为发行的 Linux 集成了很多桌面 PC 需要而嵌入式系统并不需要的功能。

标准的 Linux 核心总是存放在内存中，当需要应用程序时，它把需要的程序从磁盘调入内存运行，程序运行完毕，便清空内存，卸载程序。

在嵌入式系统中，经常没有磁盘。目前有两种方法处理没有磁盘的情况：第一种方法是，对于比较简单的系统，kernel 和应用程序同时存放在内存中，当系统启动时，就启动应用程序，Linux 系统支持这种方式；第二种方法是，考虑到 Linux 有装载（load）和卸载（unload）程序的能力，嵌入式系统也可以使用这一特点来节约内存。例如，某个典型的嵌入式系统包括 8～16 MB 的 Flash Memory 和 8～16 MB 的 RAM，可以在 Flash Memory 上建立文件系统，使用 Flash 的驱动程序来驱动 Flash Memory 上的文件系统工作。这种方式也使得软件更新比较容易，可以在系统运行的情况下更新应用程序和驱动程序。

要构建一个相对完整的嵌入式 Linux 软件系统，需要完成以下准备工作和各个层次和模块的软件开发。

1. 硬件系统的设计

嵌入式软件开发之前一般需要完成硬件设计。尽管可以在一定程度上实现软件和硬件同时设计和开发，但是部分软件还是很依赖硬件设计，因此这部分硬件必须要先设计。设计硬件之后，编写软件时就可以明确 CPU、内存、外设等芯片或器件的操作方式。硬件设计包括核心板、母板、电源板和接口板的设计。硬件设计的成功与否直接影响整个平台建立的可行性，是整个项目的基础。项目实施过程中，一般由一个专门的小组来完成硬件平台的开发。

2. BootLoader 的开发、移植

BootLoader 主要为 Linux 的引导做准备，用来加载内核和根文件系统。例如，以针对 S3C2410 设计的 vivi 为基础进行移植。移植的主要工作是对硬件资源，如 RAM、串口、网络接口等，进行地址分配，以及对内核、根文件系统加载地址和方式的配置。

3. 移植、裁剪和配置 Linux 内核

Linux 内核是可重新配置的，因此需要根据不同应用系统的要求，针对专用的硬件对 Linux 内核进行功能配置、裁剪和移植。最后一步需要重新编译上述改造之后的内核。

4. 驱动程序的开发

一般目标系统中有些特定硬件部件需要设计驱动，例如常用的 ADC 驱动、GPIO 驱动、串口驱动、USB 驱动、键盘驱动等。驱动程序在某些系统中也称板级支持包（Board Support Package，BSP），尽管两者在概念上可能有一些差别，但是其实质都是相同的，即为硬件提供驱动功能。

5. 文件系统的建立

在嵌入式系统中通常要使用 Flash 存储器来保存程序代码和数据，如果直接对 Flash 和

SDRAM 进行操作则会比较困难,所以最好的解决方法是构造文件系统,使其提供方便、可靠的系统应用。例如,在 Flash 芯片上建立 YAFFS 文件系统用于操作系统和应用程序的保存。

6. 图形用户界面的移植和开发

GUI(Graphical User Interface)即为图形用户界面。GUI 在高端嵌入式设备及强调交互性的嵌入式设备(如手机、GPS 导航仪、PDA 等)中应用十分广泛。GUI 极大地方便了非专业用户的使用,用户不再需要记住大量的命令,可以通过工具条、图标、按钮、菜单和鼠标等窗口元素直观且方便地操作嵌入式设备。

7. 应用程序开发

这是最常见的软件开发内容,拥有最广泛的开发人员。应用程序和终端用户的功能需求和业务需求直接关联。如果有操作系统的支持,嵌入式应用程序开发和一般 PC 机上的软件开发没有多少区别,程序员无须去关心硬件细节;如果没有操作系统的支持,则应用程序开发较难,需要开发人员了解硬件细节,并能充分理解硬件细节加以实现。

7.3.2　应用软件开发方式

嵌入式 Linux 的应用程序开发流程与基于 Windows 的应用程序开发流程有很大的不同。在 Windows 环境中,开发人员习惯使用各种集成编译开发环境,完成程序编辑、编译和运行;而在 Linux 下开发应用程序,目前还缺乏简单、高效的开发工具和手段。同时,由于应用程序的最终运行平台是嵌入式目标系统,但程序开发仍然需要在 PC+Linux 平台上完成,因此,在程序的开发与调试过程中需要频繁地在 Linux 服务器和嵌入式目标平台间交换信息。由于以上这些原因,基于嵌入式 Linux 的应用程序开发还是一个相对比较复杂的过程。对于嵌入式 Linux 的应用程序开发,有两种常用的开发模式,即 FTP 开发模式和 NFS 开发模式。

1. FTP 开发模式

FTP 开发模式需要 Linux 主机运行 FTP 服务,同时要求嵌入式设备端运行 FTP 客户程序。首先在 Linux 主机上编辑程序源文件,然后通过交叉编译环境生成可执行文件,并将生成的可执行文件通过 FTP 传输协议下载到嵌入式目标系统上运行。如果程序运行错误,则到 Linux 主机上修改源文件并重新编译、下载运行,直到程序正确运行为止,其流程如图 7-8 所示。

2. NFS 开发模式

NFS 开发模式需要 Linux 主机和嵌入式目标系统端均能支持 NFS 文件系统。NFS 开发模式也是首先在 Linux 主机上编辑源文件,然后交叉编译,最后生成可执行文件,但生成的可执行文件不再通过 FTP 方式下载到嵌入式目标系统,而是在嵌入式目标系统端通过 NFS 方式挂载 Linux 主机的共享分区,让应用程序直接运行在嵌入式目标系统下,并进行调试。NFS 开发模式的开发流程如图 7-9 所示。与其他方式相比较,NFS 开发模式具有较高的调试效率,是一种经常采用的方法。

当开发人员完成了应用程序的调试后,可以将调试好的应用程序下载到嵌入式目标系统的 Flash 文件系统,或直接编译到嵌入式 Linux 内核并烧录到系统的 Flash 中,从而最终形成一个独立的嵌入式应用系统。

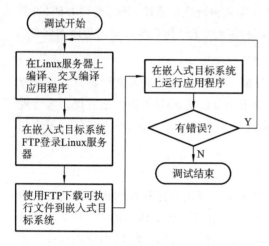

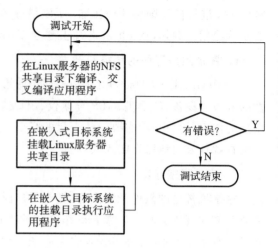

图 7-8　Linux 应用程序 FTP 开发模式　　　　图 7-9　Linux 应用程序 NFS 开发模式

7.4　Linux 内核配置

对于一个开发者来说,将自己开发的内核、驱动程序或应用程序代码加入 Linux 内核中,需要执行以下 3 个步骤。

(1)确定把自己开发的代码放入内核的位置。

(2)把自己开发的功能增加到 Linux 内核的配置选项中,使用户能够选择此功能。

(3)构建子目录 Makefile,根据用户的选择将相应的代码编译到最终生成的 Linux 内核中去。

7.4.1　Linux 内核配置方式

Linux 内核支持 6 种配置方式,其中,常用的是 make menuconfig。

1. make config

这是基于命令行的问答方式,通过执行 make config,使用 Scripts/Configure 脚本解释工具去执行脚本。它针对每一个内核配置选项会有一个提问,回答"Y"则选中,回答"N"则去掉,一旦选错一个就必须从头再来,故不建议使用此种方式。

2. make oldconfig

这也是基于命令行的方式,但它要求手动设定在 config 中没有设定的选项,而 make config 则无论在.config 文件中是否设定过都要求用户重新设定。这是一个非互动性的脚本,用系统当前内核的设置作为配置标准,重新编译新内核,适用于只进行简单升级的情况。

3. make menuconfig

这是一种采用菜单进行配置的方式,用户可以在 Linux 主机或网络中的某个工作站进行操作。该方法使用 Scripts/Menuconfig 脚本解释工具去执行脚本。执行 make menuconfig 命令以后,会出现一个以 curses 为基础的、终端式的配置菜单,通过该菜单可以很方便地进行内核的配置。如果.config 文件存在,则会根据该文件来设定默认值。一般情况下选择该方法进行配置。

4. make xconfig

这也是采用菜单进行配置的方式,但必须在 Linux 主机上执行。make xconfig 显示以 Qt 为基础的 X Windows 配置菜单,在 GUI 下配置内核,感觉很直观和清晰。同样,如果.config 文件存在,则会根据该文件来设定默认值。

5. make gconfig

make gconfig 与 make xconfig 类似,不同的是,它是以 GTK 为基础的 GUI 环境。

6. make defconfig

make defconfig 能够根据机器的类型对内核进行默认配置,免去了手动配置的麻烦。但经过测试,它很难配置出一个功能比较完善的内核,尤其是对于非 Intel CPU 的识别、优盘的支持、NTFS 分区的支持及 ADSL 的使用等问题做得还不是很令人满意。

显然,这 6 种方式的实质是相同的,无论选择哪种方法,在对 Linux 内核配置选项进行选择设定后,都会在内核顶层目录下生成一个隐藏的.config 文件,它包含了所有配置选项的用户选择信息。当下一次 make menuconfig 时,会生成一个新的.config 文件,原来的文件被更名为 .config.old。

通常使用 make menuconfig 方式进行配置,这种方式简单明了,受条件制约小。执行如下命令:

♯make menuconfig

系统会将内核的可配置选项以菜单方式呈现给用户图 7-3 所示的内核配置界面。每一个菜单项按模块功能分类,下面包含若干具体子项。例如,"Processor type and features"(中央处理器类型及特性)选项下面就包含若干个子项。用户只需要根据自身特定系统的应用需求,对相应的功能模块进行取舍。当用户需要添加某项功能时,将光标移动到该位置,按空格键选中该项功能,此时选项左端的括号内出现"﹡",表示选择有效,再按空格键时,可以取消该项的选择。当用户在根据自己的系统需求配置好内核,退出配置菜单时,需要保存修改后的内核配置。

若用户选择不保存,则进行的所有配置操作无效,内核配置仍然为原来的状态;若用户选择保存,则系统会在当前目录下生成一个.config 文件,其后要进行的内核编译就是根据这个.config 文件来进行条件编译以生成相应的可执行文件的。

7.4.2 内核配置文件 config. in

Linux 2.4 的内核配置文件为 config. in,Linux 2.6 的内核配置文件为 Kconfig,两者大同小异,本节将主要介绍 config. in 的配置方法。

该文件被顶层 Makefile 包含,Rules. make 及子目录中的 Makefile 并未包含这个文件,它是通过在顶层 Makefile 中设置并导出(Export)变量 MAKFFILES 来向下传递的,如 MAKEFILES= $ TDPDIR/config。

.config 文件包括以下两个文件。

1．arc/aim/config. in 文件

在配置完成后会生成.config 文件,其内容为相应的宏定义。该文件提供了总体的内核配置菜单选项,包括运行 make menuconfig 等命令出现的菜单。具体的子配置菜单选项需在其他各级子目录下的 config. in(在 Linux2. 4 内核中脚本为各级目录下的 config. in,而在 Linux2. 6 内核中变为 Kconfig)中描述。用户开发了新功能程序并需将其相关的配置选项加入 Linux 的配置菜单中,以供用户需要此功能时进行选择,这时要在各级目录下的 config. in 文件中用配置语言来编写相应的配置脚本。config 的具体语法要参考文档 Documentation/ kbbuild/CONFIG_ language. txt。

2．include/Linux/autoconf. h

同.config 一样,该文件也是在 make menuconfig 后产生的,它是根据内核配置情况由一些预处理语句组成。

几乎所有的源文件都会通过♯include＜Linux/config. h＞来嵌入 autoconf. h 文件。当配置选项发生变化时,会更新 autoconf. h,如果按照通常方法,使用 make dep 在每个子目录下生成依赖文件. depend,将造成所有源代码的重新编译。为了优化 make 过程,减少不必要的重新编译,Linux 开发了专用的 mkdep 及 split-include 工具。在 script 目录下的工具 mkdep 用来取代 make dep 以生成. depend 文件,它在处理源文件时,将忽略 Linux/comfig. h 头文件,直接查找源文件中具有"CONFIG_"特征的宏定义。例如,如果有这样的行:

♯ifdef CONFIG_PCI

则它就会在 depend 文件中输出 $ (wildcard/opt/Linux/include/config/pci. h)。split-include 工具以 auto-conf. h 为输入文件,利用 autoconf. h 中的"CONFIG_标记",生成与 mkdep 相对应的文件。例如,如果 autoconf. h 中有♯ undef CONFIG_ PCI 这样的行,则它就会生成 include/config/pci. h 文件,其内容只有一行:

♯undef CONFIG_PCI

表示不支持 PCI 设备。include/config/下的文件名只在. depend 文件中出现,内核源文件是不会嵌入它们的。于是,每重新配置一次内核,就会运行工具 split-include,依次来检查旧的子文件的内容,以确定是否需要更新它们。这样,不管 autoconf. h 中的修改日期如何,只要其配置不变,make 就不会重新编译内核。

7. 4. 3　内核配置文件 Kconfig

Kconfig 文件是 Linux 2. 6 系统的主要构成部分,它作为内核配置文件,主要包含可供用户选择的配置选项,配置程序将根据这些内容来显示相关配置选项,并将配置后生成的选项信息存放在.config 文件中。

下面根据一个内核中的 Kconfig 文件来解释 Kconfig 的格式含义。当然,由于篇幅限制,删掉了大部分重复的内容,只保留了一些典型的结构。

```
#
#Network configuration
#
menu Net working support
```

```
Config PACKET
tristate Packet socket
---help---
The Packet protocol is used by applications which communicate directly
with network devices without an intermediate network protocol implemented
in the kernel,e.g. tcpdump.
If you want them to work,choose Y.
To compile this driver as a module,choose M here: the module will be
called af_packet.
If unsure,say Y.
config PACKET_MMAP
bool Packet socket : mmapped IO
depends on PACKT
---help---
If you say Y here,the Packet protocol driver will use an mechanism that
results in faster communication.
If unsure,say N.
config UNIX
tristate"Unix domain cockets"
---help---

If you say Y here,you will include support for Unix domain sockets;
sockets are the standard Unix mechanism for establishing and accessing
network connections. Many commonly used programs such as the X window
system and syslog use these sockets even if your machine is not connected to
any network. Unless you are working on an embedded system or something
similar,you therefore definitely want to say Y here.
To compile this driver as a module,chaise M here; the module will be
called unix. Note that several important services won't work correctly if
you say M here and then neglect to load the module.
Say Y unless you know what you are doing.
source net/sched/Kconfig
source drivers/net/Kconfig
source net/bluetooth/Kconfig
endmenu
```

说明如下：

（1）在上面的文件中，符号♯后面的内容为注释，不起任何作用。

（2）menu 作为一个 Kconfig 文件的主要选项，后面跟随字符串，并用引号括起来，用做一个配置选项的选项名。一般一个 Kconfig 文件中也可以有多个 menu。menu 可以嵌套使用，endmenu 表示一个 menu 的结束。

（3）一个 menu 可以有多个 config，每个 config 作为一个子项，又包含了几个部分。

（4）内核源代码的每个文件夹下都包含 Kconfig 文件，父目录下的 Kconfig 文件使用 source "net/bluetooth/Kconfig" 来包含子目录下的 Kconfig 文件，而最终的顶部的 Kconfig 文件则由 scripts/kconfig 中的文件构成，所有的这些组成了一个 Kconfig 树。

（5）config 子项中包含了几个小的部分，其中 config 子项后面跟随的字符串用于配置完成后，如果该选项被选中，则该字符串前面加上 CONFIG 前缀，作为一个宏写入配置结果.config 中。

（6）tristate 用于 config 的选项类别，有-boot、tristate、string、hex、integer 这几种可能，一般常用 tristate。tristate 的意思是三态，即可以是未选中（不编译）、选中（编译为模块）、部分选中等 3 种状态，驱动一般使用这个类别。

（7）在 config 的选项类别 tristate 后跟随一个用引号括起来的字符串，字符串的作用是作为一个 config 名字在配置程序中显示出来，即起提示标签的作用。

（8）depends on 的意义是该 config 依赖于另外一个 config，如果想选择该选项，就需要先选中该选项所依赖的那个选项。

（9）help 选项中有一些说明该 config 的资料，这样在配置新内核的时候，配置人员可以从这里知道 config 的内核模块起什么作用，是否需要选入新的操作系统中。

7.4.4　Kconfig 配置实例

Linux 内核中提供了很多设备的驱动代码，但在每个项目中总会需要添加用户自己的驱动，比如需要添加 LED 的驱动。用户可以先独立地编写和调试这个驱动，等成熟后再放到内核目录树中，使用 make modules 命令统一编译。如果要在配置选项中体现出来，用户可以使用 make menuconfig 命令去配置编译。假设驱动代码已编写、调试完毕，下面就以添加 LED 驱动为例来介绍 Kconfig 文件的配置方法。

（1）选择一个放置驱动代码的位置：

```
cd drivers
mkdir led
```

把写好的代码（假定为 LED.c）放到这个 drivers/led 目录中。

（2）在 drivers/led 目录下添加 Kconfig 文件。文件的内容如下：

```
Menu Led support
config LED
tristate LED support
---help---
LED use gpio as ir input.
If you want LED support,you should say Y here and also to the
specific driver for your bus adapter(s) below.
This led support can be built as a module.
endmenu
```

（3）在 drivers/led 目录添加 Makefile 文件。文件内容如下：

```
Obj $(CONFIG_LED)+=LED.o
```

（4）修改上一级 Makefile 和 Kconfig。

在 Makefile 中添加：

```
Obj $(CONFIG_LED) +=led/
```

在 Kconfig 中添加：

```
source "drivers/led/kconfig"
```

（5）最后，在 arch/arm 的 Kconfig 中添加（具体位置视平台架构而定）：

```
source "drivers/led/kconfig"
```

这样，Kconfig 文件就修改完成了。此时可以使用 make menuconfig，发现已有"LED support>"选项，进入后选择"M"，再使用"make modules"，就可以发现在 led 目录下已生成了 LED. ko。

7.5　BSP 开发

BSP 是介于系统硬件和操作系统或应用软件之间的底层软件层。BSP 的主要作用是支持操作系统，使之能够更好地运行于硬件电路上，充分调用和发挥硬件的功能。BSP 中还包含系统基本硬件的驱动，如串口、网口驱动等。BSP 和 PC 机上的 BIOS 有很多相似之处。BIOS 的功能之一就是提供系统硬件的基本输入/输出函数供操作系统和应用程序调用。不过 BIOS 的 Firmware 代码是在芯片生产时就固化了的，一般来说用户是无法修改的。但是对于 BSP 来说，程序员可以编程修改 BSP，在 BSP 中任意添加一些和系统无关的驱动或程序，甚至可以把上层开发的应用程序也放到 BSP 中。一般来说，不建议使用这种做法。因为一旦操作系统能良好运行于最终的硬件环境，BSP 一般就基本固定了，不需要做任何改动。而用户放在 BSP 中的应用程序还会不断地升级、更新，这样势必对系统开发造成不良影响。同时 BSP 调试编译环境较差，也不利于应用程序的编译和调试。

BSP 是相对于操作系统而言的，不同的操作系统有不同定义形式的 BSP，例如 VxWorks 的 BSP 和 Linux 的 BSP 相对于某一 CPU 来说尽管实现的功能一样，但是其写法和接口定义是完全不同的。

BSP 一定要按照操作系统要求的 BSP 定义形式来写，这样才能与操作系统保持正确的接口，更好地支持上层操作系统。例如，对于统一硬件电路板中的网卡驱动，在 VxWorks 和 Linux 中的加载方法就不一样。对于 VxWorks 中的网卡驱动，首先在 config. h 中包含该网卡，然后将含网卡信息的参数放入数组 END_TBL_ENTRY endDevTbl[ ]中，系统通过函数 muxDevLoad()调用这个数组来安装网卡驱动。而对于 Linux 中的网卡驱动，则是在 space. c 中声明该网络设备，再把网卡驱动的一些函数加到 dev 结构中，由函数 ether_setup()来完成网卡驱动的安装。

纯粹的 BSP 所包含的内容一般是和系统有关的驱动和程序，如网络驱动和系统中的网络协议有关，串口驱动和系统下载调试有关等。离开这些驱动系统就不能正常工作。

其实，运行于 PC 机上的 Windows 或 Linux 系统也具备 BSP 的概念。只是 PC 机均采用统一的 X86 体系架构，这样任何一个特定操作系统（Windows 或 Linux）的 BSP 相对 X86 架构是单一确定的，不需要做任何修改就可以很容易支持该操作系统在 x86 上正常运行，所以在 PC 机上谈论 BSP 这个概念没有什么意义。而对嵌入式系统来说情况则完全不同，它不仅存在多种不同结构的嵌入式 CPU，用户还会选择和配置各种千差万别的外围设备。因此一个嵌入式操作系统针对不同的硬件环境,就会有不同的 BSP。所以,根据硬件设计编写和修改 BSP,保证系统正常的运行是非常重要的。

BSP 的开发处于整个嵌入式开发的前期,是后面系统上应用程序能够正常运行的保证。一般在硬件电路板研制和测试之后,就可以根据选定的操作系统进行 BSP 开发。由于 BSP 部分在硬件和操作系统(或应用程序)之间,所以这就要求 BSP 程序员对硬件、软件和操作系统都要有相当的了解。BSP 编程的语言主要是汇编语言和 C 语言。

7.6 驱 动 开 发

7.6.1 驱动的概念

驱动程序即驱动,顾名思义是用来驱动系统硬件工作的模块。用户使用硬件可以有两种方法。一是通过操作系统的系统调用间接地使用硬件,例如 C 语言中常用的文件读/写函数,这些函数都会访问硬盘,但是用户无须知道硬盘的磁盘扇区的读/写细节等内容;二是直接操作硬件,例如用户程序直接使用硬件地址和访问寄存器。

在方法一中,用户就是通过硬盘的驱动程序(已经内嵌到操作系统层次了)来访问硬件的。这样的驱动程序编写和用户调用都需要遵循操作系统的接口要求。例如,Windows 操作系统的驱动接口和 Linux 的驱动接口就完全不一样。Windows 操作系统一般采用 WDM 的驱动模型(Windows Driver Model)。WDM 模型的关键目标是通过提供一种灵活的方式来简化驱动程序的开发,使在实现对新硬件支持的基础上减少必须开发的驱动程序的数量,降低其复杂性。WDM 还为即插即用和设备的电源管理提供了一个通用的框架结构。因此在 Windows 中编写驱动程序时必须遵循 WDM 的标准。而在 Linux 中编写驱动程序也有相应的接口标准,在本节后面部分将专门介绍。

7.6.2 直接硬件驱动

7.6.1 小节提到用户使用硬件的第二种方法是直接操作硬件,如在用户程序中直接使用硬件地址和访问寄存器。这个方法会带来很多不便,比如使用冲突、访问错误、程序低劣的移植性等。当然也可以用这种方式写成较通用的函数或模块供一般用户调用,很多时候也把这样的硬件操作函数和模块称为驱动程序,这个方法有时称为直接硬件驱动。直接硬件驱动一般在小型的嵌入式设备中使用,这样的系统硬件简单、软件功能单一、程序规模较小,且软件工作逻辑简单,一般没有使用操作系统。典型的单片机系统就是这样使用硬件的,还有一些小型操作系统也可以这样操作硬件。如在 μC/OS 中实现硬件驱动和编写应用程序本质上没有区别,直接使用硬件物理地址时,没有固定的程序格式,且和应用程序编译在一起。

7.6.3 Linux 驱动的概念

驱动程序是操作系统内核和机器硬件之间的接口,驱动程序为应用程序屏蔽了硬件的细节。从 Linux 中的应用程序看来,硬件设备只是一个设备"文件",应用程序可以像操作普通文件一样对硬件设备进行操作。设备驱动程序是内核的一部分,它可以完成以下的功能。

（1）对设备初始化和释放。

（2）把数据从内核传送到硬件和从硬件读取数据。

（3）读取应用程序传送给设备文件的数据和回送应用程序请求的数据。

（4）检测和处理设备出现的错误。

Linux 支持 3 类硬件设备:字符设备、块设备和网络设备。字符设备直接读/写,没有缓冲区,例如系统的串行端口/dev/cua0 和/dev/cua1。字符设备则允许读/写任意数量的字节,字节大小由进程的需要来决定。块设备只能按照块(一般是 512B 或者 1024B)的倍数进行读/写。块设备通过 buffer cache 访问,可以随机存取。块设备可以通过设备文件访问,但是更常见的是通过文件系统进行访问。网络设备通过 BSD socket 接口访问。块设备对请求有缓冲机制,所以能够以不同于请求顺序的顺序来回应请求。另外块设备只能以块(块的大小随设备的不同而不同)为单位来读/写数据。用户可以用 ls-l 命令来判断一个设备文件是块设备还是字符设备:第一个字符是“b”,表示是块设备;第一个字符为“c”则表示是字符设备。

Linux 的一个基本特点是它抽象了设备的处理。对所有的硬件设备都像对常规文件一样:它们可以使用和操作文件相同的、标准的系统调用来打开、关闭和读/写。系统中的每一个设备都用一个设备文件代表。例如系统中第一个 IDE 硬盘用/dev/had 表示。对于块(磁盘)和字符设备,这些设备文件用 mknod 命令创建,并使用主(major)和次(minor)设备编号来描述设备。使用 mknod 命令可以创建指定类型的设备文件,同时为其分配相应的主、次设备号。比如有两个软盘,它们共用一个驱动程序,那么可以用从设备号来区分它们。设备文件的主设备号必须与设备驱动程序在登记时申请的主设备号一致,否则用户进程将无法访问到驱动程序。每个负责管理相应硬件的设备驱动程序都被赋予一个它自己的主设备号。系统中可用的驱动程序列表和它们的主设备号都被列在/proc/devices 文件里。设备驱动程序管理的每一个物理设备都被赋予一个次设备号,并在/dev 目录下有一个对应的文件,这个文件称为设备文件,不论真实物理设备是否安装,它都会存在于/dev 下。图 7-10 是用 ls-l 命令显示/dev 目录中文件的截图。

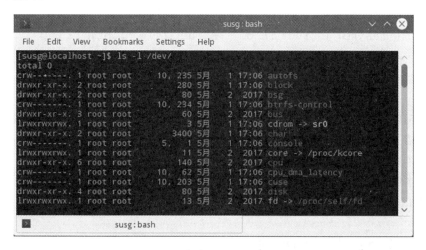

图 7-10　用 ls-l 命令显示/dev 目录中的文件

用户进程通过设备文件同硬件打交道,对文件的操作方式不过就是使用 open、read、write、close 之类的标准函数。因此驱动程序的实质就是具体实现这些操作的细节。一般来说,设备驱动程序能够提供如下几个典型的入口点(即文件操作函数)。

(1) open 入口点:打开设备准备 I/O 操作。open 子程序必须对将要进行的 I/O 操作做好必要的准备工作,如清除缓冲区等。如果设备是独占的,即同一时刻只能有一个程序访问此设备,则 open 子程序必须设置一些标志以表示设备处于忙状态。

(2) close 入口点:其作用是关闭由 open 函数打开的文件(即设备)。

(3) read 入口点:从设备上读数据。对于有缓冲区的 I/O 操作,一般是从缓冲区里读数据。

(4) write 入口点:往设备上写数据,对于有缓冲区的 I/O 操作,一般是把数据写入缓冲区里。

(5) ioctl 入口点:执行读/写之外的操作。除了基本的读/写功能之外,设备通常就是控制硬件做一些特定的操作或配置设备,这些操作与具体的设备特性有关,不宜简单用读或写来替代。这些操作是通过 ioctl 函数来实现的。

还有其他一些文件操作函数,其使用不及上面所列的操作函数多。

要把这些设备文件的入口点函数和驱动程序关联起来,就需要通过一个非常关键的数据结构文件操作结构体 file_operations 来实现。

```
struct file_operations {
int (*seek) (struct inode *,struct file *, off_t ,int);
int (*read) (struct inode *,struct file *, char ,int);
int (*write) (struct inode *,struct file *, off_t ,int);
int (*readdir) (struct inode *,struct file *, struct dirent *,int);
int (*select) (struct inode *,struct file *, int ,select_table *);
int (*ioctl) (struct inode *,struct file *, unsined int ,unsigned long);
int (*mmap) (struct inode *,struct file *, struct vm_area_struct *);
int (*open) (struct inode *,struct file *);
int (*release) (struct inode *,struct file *);
int (*fsync) (struct inode *,struct file *);
int (*fasync) (struct inode *,struct file *,int);
int (*check_media_change) (struct inode *,struct file *);
int (*revalidate) (dev_t dev);
}
```

这个结构体的每一个成员的名字都对应着一个系统调用。用户进程利用系统调用在对设备文件进行诸如读/写操作时,系统调用通过设备文件的主设备号找到相应的设备驱动程序,然后读取这个数据结构相应的函数指针,接着把控制权交给该函数。这是 Linux 设备驱动程序工作的基本原理。因此编写设备驱动程序的主要工作就是编写相应的设备操作子函数,并将其填充到 file_operations 的各个域。

7.6.4　Linux 驱动的编写

Linux 设备驱动程序的代码结构大致可以分为如下几个部分。

1. 驱动程序的注册与注销

设备驱动程序所提供的入口点在设备驱动程序初始化时向系统进行登记,以便系统在适当的时候调用。Linux 系统里,通过调用 register_chrdev 向系统注册字符设备驱动程序。在内核注册设备的过程如下。Linux 内核通过设备的主设备号和从设备号来访问设备驱动程序,每个驱动程序都有唯一的主设备号。设备号可以自动获取,内核会分配一个独一无二的主设备号,但这样每次获得的主设备号可能不一样,设备文件必须重新建立,所以最好手动给设备分配一个主设备号。初始化部分一般负责给设备驱动程序申请系统资源,包括内存、中断、时钟、I/O 端口等,这些资源也可以在 open 子程序或其他地方申请。这些资源不用时,应该释放,以利于资源的共享。

2. 设备的打开与释放

该部分主要完成打开时设备的初始化操作和注销时的操作。设备打开主要实现设备文件的 open 系统调用,而释放设备主要实现设备文件的 close 操作。

3. 设备的读/写操作

该部分主要完成设备的读/写操作。设备的大多数操作都可以简单归结为读或写两种操作,在驱动程序内部根据传入的参数区分具体的操作细节。

4. 设备的控制操作

对于不能简单使用读或写来完成的其他特殊操作使用该操作来完成,例如通过该操作向设备传递控制信息或从设备取得状态信息等。该操作对应设备文件的 ioctl 操作。

5. 设备的中断和轮询处理

如果设备支持中断,则可按中断方式进行。对于不支持中断的设备,读/写时需要轮流查询设备状态,以便决定是否继续进行数据传输。

下面以一个简单的字符设备驱动程序为例说明驱动程序的编写过程。虽然它没有具体的实际操作,但是通过它可以了解 Linux 设备驱动程序的工作原理和编写过程。

```
//#include <linux/头文件.h>   /* 省略 */
static int read_test(struct inode * node,struct file * file,char * buf,
int count)
{
int left;
for(left = count ; left > 0 ; left--)
{
__put_user(1,buf,1);
buf++;
}
return count;
}
```

read_test 函数是为 read 调用准备的。当调用 read 时,read_test 被调用,它把用户的缓冲区全部写为 1。buf 是 read 调用的一个参数,是用户进程空间的一个地址,但是在 read_test 被调用时,系统进入核心态,所以不能使用 buf 这个地址,必须用 __put_user。__put_user 是

kernel 提供的函数,用于向用户传送数据。另外还有很多类似功能的函数,需要参考编程手册。一般在向用户空间拷贝数据之前,必须用 verify_area 函数验证 buf 是否可用。此处为了简便起见,省略了该步骤及其他可能的异常处理。

```
    static int write_test(struct inode * inode,struct file * file,char *
buf,int count)
    {
        return count;
    }
    static int open_test(struct inode * inode,struct file * file)
    {
        MOD_INC_USE_COUNT;
        return 0;
    }
    static void release_test(struct inode * inode,struct file * file)
    {
        MOD_DEC_USE_COUNT;
    }
```

上面介绍的 write_test、open_test 和 release_test 等 3 个函数都是空操作,在相应的调用发生时什么也不做,但是在真实的设备驱动程序中需要实现正确写、打开和关闭等操作。

```
    struct file_operations test_fops = {
        NULL,
        read_test, /* 实现 read 调用 */
        write_test, /* 实现 write 调用 */
        NULL,
        NULL,
        NULL, /* ioctl 没有实现 */
        NULL, /* mmap 没有实现 */
        open_test, /* 实现 open 调用 */
        release_test,/* 实现 release 调用 */
        NULL, /* nothing more, fill with NULLs */
    };
```

驱动程序中 MOD_INC_USE_COUNT 和 MOD_DEC_USE_COUNT 的功能是计数,前者增加引用计数,后者减少引用计数。为了确定模块是否可以安全地卸载,系统为每个模块保留了一个使用计数。其作用是检查使用驱动程序的用户数,记录当前访问设备文件的进程数。

上述程序是设备驱动程序的主体,现在要把驱动程序嵌入内核中运行。在 Linux 中,驱动程序可以按照两种方式编译。一种是编译进内核(Kernel),另一种是编译成模块(Modules)。

如果编译进内核,则会增加内核的大小,还要改动内核的源文件,而且不能动态卸载,不利于调试。所以一般推荐使用模块方式实现驱动程序。把驱动编译进内核可参考 7.6.5 小节的内容。

```
int init_module(void)
{
    int result;
    result =register_chrdev(0, "test", &test_fops);
    if (test_major ==0)
        test_major =result; /*动态获得设备号 */
    return 0;
}
```

　　在用 insmod 命令将编译好的模块装入内存时,init_module 函数被调用。init_module 函数使用 register_ chrdev 函数向系统的字符设备表中登记了刚刚开发的一个字符设备。register_chrdev 函数需要 3 个参数:参数 1 是希望获得的设备号,如果是 0,系统将选择一个没有被占用的设备号返回;参数 2 是设备文件名;参数 3 用来登记驱动程序实际执行操作的函数指针 test_fops,指针指向前面提到的 file_operations 结构。若登记成功,则返回设备的主设备号;若不成功,则返回一个负值。

```
void cleanup_module(void)
{
    unregister_chrdev(test_major,"test");
}
```

　　在用 rmmod 命令卸载模块时,cleanup_module 函数被调用,它释放刚刚开发的字符设备在系统字符设备表中占有的表项。

　　假定把上述程序保存为 test.c 的文件,用 gcc 编译为模块,编译结果得到驱动目标程序 test.o。

```
$gcc-O2 DMODULE -D_ _KERNEL_ _ -c test.c o modulename test.o
```

　　上述命令中,DMODULE 参数表明编译的目标程序类型是模块。test.o 表示目标模块的名称。现在驱动程序 test.o 已经编译好了,随时可以用 insmod 命令把它动态安装到系统中去。安装后在必要的时候也可以用 rmmod 命令动态删除该模块。

```
$insmod-f test.o
$rmmod test
```

　　如果安装成功,在/proc/devices 文件中就可以看到设备 test,并可以看到它的主设备号。要使用该设备,还必须用 mknod 命令创建设备文件,指明设备类型(这里是字符设备)和主、从设备号。

```
mknod /dev/test c major minor
```

其中,c 是指字符设备;major 是主设备号,也即在/proc/devices 里看到的编号;minor 是从设备号,设置成 0 就可以了。

　　假定上面的 test 设备已经动态加载,则现在可以通过设备文件来访问该驱动程序。编写如下简单的测试程序(为了简单起见,程序没有做错误检查),编译运行并打印出全 1。

```
char buf[10];
intTestDev =open("/dev/test", O_RDWR);
read(TestDev,buf,10);
for(int i=0;i<10;i++)
```

```
printf("% d\n", buf[i]);
close(TestDev);
```

其中,/dev/test 是对应的设备文件,read 和 close 两个标准的文件操作函数对应驱动程序内部
的 read_test 和 release_test 两个函数。

这里必须提到的几个问题。

(1) 在用户进程调用驱动程序时,系统进入核心态,这时不再是抢先式调度。也就是说,
系统必须在驱动程序的子函数返回后才能进行其他的工作。如果驱动程序陷入死循环,那么
用户只有重新启动机器。

(2) 读/写设备意味着在内核地址空间和用户地址空间之间传输数据。由于指针只能在
当前地址空间操作,而驱动程序运行在内核地址空间,数据缓冲区则在用户地址空间,因此跨
空间的复制不能采用通常的方法(如采用 memcpy 函数)。在 Linux 中,跨空间的复制通过定
义在<asm/uaccess.h>中的特殊函数实现,用 copy_to_user() 和 copy_from_user() 两个函数
可以实现在不同的空间传输任意字节的数据。

对于一个特定的硬件设备来说,没有通用的驱动程序可使用。但是其基本结构和上面的
简单例子是一样的,不同之处在于具体的函数实现细节不一样。这些实现细节和硬件的具体
操作有关,如寄存器的定义、硬件连接等。

总的来说,实现一个嵌入式 Linux 硬件设备驱动的大致流程如下。

(1) 查看原理图,理解设备的工作原理。

(2) 定义主设备号。

(3) 在驱动程序中实现驱动的初始化。如果驱动程序采用模块的方式,则要实现模块初
始化。

(4) 设计所要实现的文件操作,定义 file_operations 结构。

(5) 实现中断服务(中断并不是每个设备驱动所必须的)。

如果设备支持中断,则可按中断方式进行。对于不支持中断的设备,读/写时需要轮流查
询设备状态,以便决定是否继续进行数据传输。驱动通过 request_irq 和 free_irq 来申请和释
放中断号。

(6) 编译该驱动程序到内核中,或者用 insmod 命令加载。

(7) 测试该设备。

7.6.5 驱动程序编译

一般可以考虑把驱动程序编译到内核中发行。这个过程涉及内核的修改和编译。不同版
本的 Linux 内核编译方法大同小异,下面以最新的 Linux 2.6 内核为例描述把驱动程序编译
到内核的过程。

在 Linux 2.6 内核的源码树目录下一般都会有两个文件:Kconfig 和 Makefile。分布在各
子目录下的 Kconfig 文件构成了一个分布式的内核配置数据库,每个 Kconfig 分别描述了所
属目录源文件相关的内核配置菜单。在使用 make menuconfig(或 xconfig 等)进行内核配置
时,从 Kconfig 中读出配置菜单,用户配置完后保存到.config(在顶层目录下生成)中。在内核
编译时,主 Makefile 调用这个.config,就知道了用户对内核的配置情况。

上面的内容说明,Kconfig 对应着内核的配置菜单,因此假如用户想要添加新的驱动程序

到内核的源代码中,则可以通过修改 Kconfig 来增加对新驱动程序的配置菜单,这样就有途径选择新驱动。假如想编译这个驱动,则还要修改该驱动程序所在目录下的 Makefile。因此,添加新的驱动时需要修改的文件一般有两类:Kconfig 和 Makefile。

假设想把 7.6.4 节所编写的 test 驱动程序加载到内核中,而且能够通过 menuconfig 配置,那么可以通过如下步骤完成。

步骤一:将 test.c 文件添加到/driver/char 目录下。

步骤二:修改/driver/char 目录下的 Kconfig 文件。

```
config CONFIG_ SIMPLE_TEST
tristate"First Simple Test Driver "
```

这时运行 make menuconfig,将会出现"First Simple Test Driver"选项。

步骤三:修改该目录下 Makefile 文件。添加如下内容:

```
Obj-$ (CONFIG_ SIMPLE_TEST) +=test.o
```

这时运行 make menucofnig,将出现"First Simple Test Driver"选项。假如选择了此项,该选择就会保存在.config 文件中。当编译内核时,系统调用/driver/char 下的 makefile,把 test.o 加入内核中。

7.7　Linux 中断技术

7.7.1　Linux 中断的概念

中断是硬件管理的重要资源。众所周知,设备利用中断来通知软件可以对它进行操作了。Linux 为中断处理提供了很好的接口。事实上中断处理的接口如此之好,以至于编写和安装中断处理程序几乎和编写其他核心函数一样容易。但是由于中断处理程序和系统的其他部分是异步运行的,因此使用时要注意一些事项。

7.7.2　安装中断处理程序

中断信号线是非常有限的宝贵资源,尤其是系统只有 15 或 16 根中断信号线时尤其如此。内核维护了一个类似于 I/O 端口注册表的中断信号线注册表。一个模块可以申请一个中断通道(或中断请求 IRQ,即 Interrupt Request),处理完以后还可以将其释放。在＜linux/sched.h＞头文件中申明下列函数就实现了这个接口:

```
int request_irq(unsigned int irq,
        irqreturn_t (*handler)(int, void*, struct pt_regs *),
        unsigned long flags,
        const char *device, void *dev_id);
    void free_irq(unsigned int irq, void *dev_id);
```

通常,申请中断的函数的返回值为 0 时表示成功,或者返回一个负的错误码。函数返回-EBUSY(通知另一个设备驱动程序已经使用了要申请的中断信号线)的情况并不常见。函数参数定义如下。

unsigned int irq:该参数为中断号。从 Linux 中断号到硬件中断号的映射有时并不是一一对应的。例如,在 arch/alpha/kernel/irq.c 文件中可以查看到 Alpha 上的映射,这里传递给内核函数的参数是 Linux 中断号而不是硬件中断号。

irqreturn_t(* handler)(int,void * ,struct pt_regs *):指向要安装的中断处理函数的指针。

unsigned long flags:这是一个与中断管理有关的各种选项的字节掩码。

const char * device:传递给 request_irq 的字符串,在/proc/interrupts 中用于显示中断的拥有者。

void * dev_id:这个指针用于共享的中断信号线,是一个唯一的标志符。设备驱动程序可以自由地任意使用 dev_id。除非强制使用中断共享,dev_id 通常被置为 NULL。

flags:标志位,可以设置的位是 SA_INTERRUPT 或 SA_SHIRQ。如果设置 SA_INTERRUPT 位,则指示这是一个"快速"中断处理程序;如果清除这位,那么它就是一个"慢速"中断处理程序。SA_SHIRQ 位表明中断可以在设备间共享。

可以在驱动程序初始化或设备第一次打开时安装中断处理程序。虽然在 init_module 函数中安装中断处理程序听起来不错,但实际上并非如此。因为中断信号线数量有限,计算机所拥有的设备通常要比中断信号线多。如果一个设备模块在初始化时就申请了一个中断,则会阻碍其他驱动程序使用这个中断,即便这个设备根本不使用它占用的这个中断。而在打开设备时申请中断,则允许资源有限地共享。

例如,只要不同时使用帧捕捉卡和调制解调器这两个设备,它们使用同一个中断就是可行的。用户经常在系统启动时装载某个特殊设备的模块,即使这个设备很少使用。数据采集卡可以和第二个串口使用同一个中断。尽管在进行数据采集时避免去连接 ISP 并不是件难事,但在使用调制解调器前不得不先卸载一个模块则会令人感到不愉快。

调用 request_irq 的正确位置是在设备第一次打开,硬件被指示产生中断之前。而调用 free_irq 的位置是设备最后关闭,硬件被通知不要再中断处理器之后。该技术的缺点是必须为每个设备维护一个记录其打开次数的计数器。如果在同一个模块中控制两个以上的设备,那么仅仅使用模块计数器还不够。

当处理器被硬件中断时,一个内部计数器会加 1,这为检查设备是否正常工作提供了一个方法。报告的中断显示在文件/proc/interrupts 中。下面是一台 PC 机运行半小时(uptime)后该文件的一个快照。

```
 0:    537598    timer
 1:     23070    keyboard
 2:         0    cascade
 3:      7930 +  serial
 5:      4568    NE2000
 7:     15920 +  short
13:         0    math error
14:     48163 +  ide0
15:      1278 +  ide1
```

第一列是 IRQ 中断号,可以从显示中缺少一些中断推知该文件只会显示已经安装了驱动程序的那些中断。例如,第一个串口(使用中断号 4)没有显示,这表明该 PC 机现在没有使用调制解调器。实际上,即使该 PC 机在获取这个快照之前使用过调制解调器,它也不会出现在这个文件中;串口的行为良好,当设备关闭时会释放它们的中断处理程序。出现在各记录中的加号(+)标志该行中断采用了快速中断处理程序。

7.7.3　中断处理过程上下半部

Linux 中断分为两个半部:上半部(tophalf)和下半部(bottom half)。上半部的功能是"登记中断",当一个中断发生时,它进行相应的硬件读/写后就把中断例程的下半部挂到该设备的下半部执行队列中去。因此,上半部执行的速度就会很快,可以服务更多的中断请求。但是,仅有"登记中断"是远远不够的,因为中断的事件可能很复杂。因此,Linux 引入了一个下半部来完成中断事件的绝大多数使命。下半部和上半部最大的不同是下半部是可中断的,而上半部是不可中断的,下半部几乎做了中断处理程序所有的事情,而且可以被新的中断打断。下半部相对来说并不是非常紧急的,通常还是比较耗时的,因此由系统自行安排运行时机,不在中断服务上下文中执行。Linux 实现下半部的机制主要有 tasklet 和工作队列。

tasklet 即小任务,其数据结构为 struct tasklet_struct,每一个结构体代表一个独立的小任务,定义如下。

```
struct tasklet_struct
{
    struct tasklet_struct *next;/*指向下一个链表结构*/
    unsigned long state;/*小任务状态*/
    atomic_t count;/*引用计数器*/
    void (*func)(unsigned long);/*小任务的处理函数*/
    unsigned long data;/*传递小任务函数的参数*/
};
state 的取值参照下边的枚举型:
enum
{
    TASKLET_STATE_SCHED, /*小任务已被调用执行*/
    TASKLET_STATE_RUN /*仅在多处理器上使用*/
};
```

count 域是小任务的引用计数器。只有当它的值为 0 时才能被激活,并且只有在它被设置为挂起状态时才能够被执行,否则为禁止状态。

1. 声明和使用小任务 tasklet

静态地创建一个小任务的宏有下面两个。

```
#define DECLARE_TASKLET(name, func, data)  \
struct tasklet_struct name ={ NULL, 0, ATOMIC_INIT(0), func, data }
#define DECLARE_TASKLET_DISABLED(name, func, data) \
struct tasklet_struct name ={ NULL, 0, ATOMIC_INIT(1), func, data }
```

这两个宏的区别在于计数器设置的初始值不同:前者为 0,后者为 1。为 0 的初始值表示

激活状态,为 1 的初始值表示禁止状态。其中,ATOMIC_INIT 宏定义为:

```
#define ATOMIC_INIT(i) {(i)}
```

即可看出该宏就是设置的数字 i。此宏在 include/asm-generic/atomic.h 中定义。这样就创建了一个名为 name 的小任务,其处理函数为 func。当该函数被调用时,data 参数就被传递给它。

2. 小任务处理函数程序

处理函数的形式为:void my_tasklet_func(unsigned long data)。这样 DECLARE_TASKLET(my_tasklet,my_tasklet_func,data)实现了小任务名和处理函数的绑定,而 data 就是函数参数。

3. 调度编写的 tasklet

调度小任务时引用 tasklet_schedule(&my_tasklet)函数就能使系统在合适的时候进行调度。函数原型为:

```
static inline void tasklet_schedule(struct tasklet_struct *t)
{
    if (! test_and_set_bit(TASKLET_STATE_SCHED, &t->state))
        __tasklet_schedule(t);
}
```

这个调度函数放在中断处理的上半部处理函数中,这样中断申请时调用处理函数(即 irq_handler_t handler)后,转去执行下半部的小任务。

如果希望使用 DECLARE_TASKLET_DISABLED(name,function,data)创建小任务,那么在激活时也得调用相应的函数被使能。

```
tasklet_enable(struct tasklet_struct *); //使能 tasklet
tasklet_disble(struct tasklet_struct *); //禁用 tasklet
tasklet_init(struct tasklet_struct *,void (* func)(unsigned long),
unsigned long);
```

当然也可以调用 tasklet_kill(struct tasklet_struct)从挂起队列中删除一个小任务,清除指定 tasklet 的可调度位,即不允许调度该 tasklet。

使用 tasklet 作为下半部处理中断的设备驱动程序模板如下:

```
/*定义 tasklet 和下半部函数并关联*/
void my_do_tasklet(unsigned long);
DECLARE_TASKLET(my_tasklet, my_tasklet_func, 0);
/*中断处理下半部*/
void my_do_tasklet(unsigned long)
{
    ……/*编写自己的处理事件内容*/
}
/*中断处理上半部*/
irpreturn_t my_interrupt(unsigned int irq,void *dev_id)
{
```

```
    ……
    tasklet_schedule(&my_tasklet)/*调度 my_tasklet 函数*/
    ……
}
/*设备驱动的加载函数*/
int __init xxx_init(void)
{
    ……
    /*申请中断,转去执行 my_interrupt 函数并传入参数*/
    result = request_irq(my_irq, my_interrupt, IRQF_DISABLED,"xxx",
NULL);
    ……
}
/*设备驱动模块的卸载函数*/
void __exit xxx_exit(void)
{
    ……
    /*释放中断*/
    free_irq(my_irq,my_interrupt);
    ……
}
```

7.7.4 实现中断处理程序

在 7.7.2 小节中仅仅解释了如何注册一个中断处理程序,但还并没有真正编写这样的处理程序。实际上,处理程序并没有什么特别的,就是普通的 C 代码。唯一特别的地方就是处理程序是在中断时间内运行的,因此它的行为要受些限制。这些限制就是不能向用户空间发送或接受数据,因为它不在任何进程的用户上下文中执行。快速中断处理程序可以认为是原子(atomic)地执行的,当访问共享的数据项时并不需要避免竞争条件。慢速处理程序不是原子的,因为在运行慢速处理程序时也能为其他处理程序提供服务。

中断处理程序的功能就是将有关中断接收的信息反馈给设备,并根据要服务的中断的不同含义相应地对数据进行读/写。通常要先清除接口某个寄存器的"中断待处理"位,大部分硬件设备在它们的"中断待处理"位被清除前是不会产生任何中断的。但并不是所有的设备都如此,还有很少一些设备就不需要这一步,因为它们没有"中断待处理"位,并口就是这样的设备。

中断处理程序的典型任务是唤醒在设备上睡眠的那些进程——如果中断向这些进程发出了信号,指示它们等待的事件已经发生,如新数据到达。例如,对于视频捕获卡,进程可以通过连续地对该设备读来获取一系列的图像;每读一帧后 read 调用都被阻塞,而新的帧一到达中断处理程序就会唤醒该进程。这假定了捕获卡会中断处理器来,发出信号通知每一帧的成功到达。

中断处理程序的函数原型 My_Int_handler 必须采用如下格式：

　　static irqreturn_t My_Int_handler(int,void＊,struct pt_regs＊)；

不论是快速还是慢速中断处理程序，程序员都要注意：处理例程的执行时间必须尽可能短。如果要进行长时间的计算，最好的方法是使用任务队列，将计算调度到安全时间内进行。这也是需要下半部处理的一个原因。

7.8　BootLoader 开发

7.8.1　BootLoader 的概念

对于计算机系统来说，从开机上电到启动操作系统需要一个引导过程，在嵌入式系统中同样也离不开这样的引导程序，这个引导程序就是 BootLoader。BootLoader 是系统加电启动运行的第一段软件代码。回顾 PC 的体系结构便可以知道，PC 机中的引导加载程序由 BIOS（其本质就是一段固件程序）和位于硬盘 MBR（主引导扇区）中的引导程序组成。BIOS 在完成硬件检测和资源分配后，将硬盘 MBR 中的引导程序读到系统的 RAM 中，然后将控制权交给引导程序。引导程序的主要运行任务就是将内核映像从硬盘读到 RAM 中，然后跳转到内核的入口点去运行，也即开始启动操作系统。在嵌入式系统中，通常并没有像 BIOS 那样的固件程序（有的嵌入式系统也会内嵌一段短小的启动程序），整个系统的加载启动任务就完全由 BootLoader 完成。简单地说，BootLoader 就是在操作系统内核或用户应用程序运行之前运行的一段小程序。通过这段小程序，可以初始化硬件设备，如 CPU、SDRAM、Flash、串口等，建立内存空间的映射图，从而将系统的软硬件环境带到一个合适的状态，以便为最终调用操作系统内核或用户应用程序准备好正确的环境。

通常，BootLoader 的实现依赖硬件，在嵌入式领域建立一个通用的 BootLoader 是很困难的，而且几乎是不可能的。除了依赖 CPU 的体系结构外，BootLoader 实际上也依赖具体的嵌入式板级设备的配置，如硬件地址分配、RAM 芯片类型、外设类型等。这也就是说，对于两块不同的嵌入式板而言，即使它们是基于同一种 CPU 构建，如果它们的硬件资源和配置不一致，那么要想让运行在一块板子上的 BootLoader 程序也能运行在另一块板子上，还需要做一些必要的修改。目前比较典型的 BootLoader 有 vivi、uboot 等。

大多数 BootLoader 都包含两种不同的工作模式：启动模式（BootLoading）和下载模式（DownLoading），这种区别仅对于开发人员有意义。从最终用户的角度看，BootLoader 的作用就是加载操作系统，而并不存在所谓的启动模式与下载模式的区别。

启动模式也称为"自主"（Autonomous）模式，也即 BootLoader 从目标机上的某个固态存储设备上将操作系统加载到 RAM 中运行，整个过程并没有用户的介入。这种模式是 BootLoader 的正常工作模式。在发布嵌入式产品时，BootLoader 必须工作在这种模式下。

在下载模式下目标机上的 BootLoader 通过串口或网络等通信手段从主机下载文件（应用程序、数据文件、内核映像等），并保存到目标机 RAM 中或 Flash 存储设备中。下载模式通常在开发调试过程或系统更新时使用。在下载模式下，BootLoader 通常都会向终端用户提供一个简单的命令行接口。

7.8.2　BootLoader 结构

由于 BootLoader 的实现依赖 CPU 的体系结构,因此大多数 BootLoader 都采用分层结构来实现,分为 Stage1 和 Stage2 两大部分。依赖 CPU 体系结构的代码,比如设备初始化代码等,通常都放在 Stage1 中,且用汇编语言来实现,以达到短小精悍的目的。而 Stage2 则通常用 C 语言来实现,这样可以实现更复杂的功能,而且代码会具有更好的可读性和可移植性。

BootLoader 的 Stage1 执行通常包括以下步骤(依执行的先后顺序)。

(1) 硬件设备初始化。这是 BootLoader 一开始就执行的操作,其目的是为 Stage2 的执行及随后 kernel 的执行准备好一些基本的硬件环境。它通常包括以下步骤:屏蔽所有的中断、设置 CPU 的速度和时钟频率、初始化 RAM、初始化 LED 和/或初始化 UART、关闭 CPU 内部指令/数据 Cache。

(2) 为加载 BootLoader 的 Stage2 准备 RAM 空间。为了获得更快的执行速度,通常把 Stage2 加载到 RAM 空间中来执行,因此必须为加载 BootLoader 的 Stage2 准备好一段可用的 RAM 空间。

(3) 拷贝 BootLoader 的 Stage2 到 RAM 空间中。拷贝时要确定两点:一是 Stage2 的可执行映像在固态存储设备的存放起始地址和终止地址;二是 RAM 空间的起始地址。

(4) 设置堆栈。

(5) 跳转到 Stage2 的 C 入口点。在上述一切都就绪后,就可以跳转到 BootLoader 的 Stage2 去执行了。在 ARM 系统中,这一步可以通过修改 PC 寄存器为合适的地址来实现。

BootLoader 的 Stage2 通常包括以下步骤(依执行的先后顺序)。

(1) 初始化本阶段要使用到的硬件设备。至少初始化一个串口,以便终端用户进行 I/O 输出;初始化计时器等。设备初始化完成后,可以输出一些打印信息,如程序名字符串、版本号等。

(2) 检测系统内存映射。所谓内存映射就是指在整个 4 GB 地址空间中有哪些地址范围被分配用来当做系统 RAM 内存使用。比如在 SA-1100 CPU 中,从 0xC000:0000 开始的 512 MB 地址空间被用做系统 RAM 地址空间,而在 S3C44B0X CPU 中,从 0x0c00:0000 到 0x1000:0000 的 64 MB 地址空间被用做系统 RAM 地址空间。虽然 CPU 通常预留出一大段足够的地址空间给系统 RAM,但是在搭建具体的嵌入式系统时却不一定会实现 CPU 预留的全部 RAM 地址空间。也就是说,具体的嵌入式系统往往只把 CPU 预留的全部 RAM 地址空间中的一部分映射到 RAM 单元上,而让剩下的那部分预留 RAM 地址空间处于未使用状态。

(3) 将内核映像和根文件系统映像从 Flash 上读到 RAM 空间中。这个过程包括两部分。首先规划内存占用的布局,包括内核映像所占用的内存范围及根文件系统所占用的内存范围。其范围由基地址和映像大小两个方面确定。其次,从 Flash 上真正拷贝数据到内存。由于像 ARM 这样的嵌入式 CPU 通常都是在统一的内存地址空间中寻址 Flash 等固态存储设备的,因此从 Flash 上读取数据与从 RAM 单元中读取数据并没有什么不同。用一个简单的循环就可以逐字(4 个字节)完成从 Flash 设备拷贝映像的工作。

```
while( count)
{
    *dest++=*src++; /*they are all aligned with word boundary */
```

```
        count -= 4; /*byte number */
    };
```

（4）为内核设置启动参数。在嵌入式 Linux 系统中，通常需要由 BootLoader 设置的常见启动参数有 ATAG_CORE、ATAG_MEM、ATAG_CMDLINE、ATAG_RAMDISK、ATAG_INITRD 等。

（5）调用内核。BootLoader 调用 Linux 内核的方法是直接跳转到内核的第一条指令，也即直接跳转到 MEM_START+0x8000 地址。在跳转时必须正确设置 CPU 寄存器、CPU 模式、禁止中断（IRQs 和 FIQs）、Cache 和 MMU 模式等。

7.8.3　BootLoader 编写实例

由于 BootLoader 和硬件体系强烈相关，因此是无法撰写一个通用的 BootLoader 的。不过在大多数情况下，编写 BootLoader 还是有规律可循的。下面以典型的 ARM 处理器为例介绍 BootLoader 的编写、移植步骤和关键点。

（1）初始化相关硬件。首先，将 CPU 模式切换进系统模式，关闭中断和看门狗，根据具体情况进行内存区域映射，初始化内存相关参数和刷新频率等；然后，设定系统运行频率，包括使用外部晶振，依次设置 CPU 频率、总线频率和外部设备频率等；之后，设置中断相关的内容，包括定时器中断，是否使用 FIQ 中断，是否使用外部中断，中断优先级；最后，关闭 Cache。至此，芯片相关内容便完成了初始化。

（2）建立中断向量表。ARM 的中断中断向量表与 PC 机芯片的有一点差异，嵌入式设备为了简单，当发生中断时，由 CPU 直接跳入由 0x0 开始的一部分区域，而当 CPU 进入相应的由 0x0 开始的向量表时，就需要用户自己编程实现中断处理程序。中断向量表里存放的是一些跳转指令，比如当 CPU 发生一个 IRQ 中断时，就会自动跳入 0x18 处。在此处用户安排了自己编写的一个跳转指令，假如用户在此编写了一条跳转到 0x20010000 处的指令，那么这个地址就是 IRQ 中断处理入口。中断向量表一般用一个类似 vector.S 的文件实现，在链接时一定要将它定位在 0x0 处。例如，建立中断向量表如下。

```
    b ResetHandler //复位异常向量,此代码被定位在起始位置
    b HandlerUndef //未定义指令异常,跳转到未定义指令异常服务程序
    b HandlerSWI //SWI 异常,跳转到 SWI 异常服务程序
    b HandlerPabort //指令预取中止异常,跳转到指令预取中止异常服务程序
    b HandlerDabort //数据访问中止异常,跳转到数据访问中止异常服务程序
    b //保留
    b HandlerIRQ //IRQ 异常,跳转到响应中断服务程序
    b HandlerFIQ //FIQ 异常,跳转到当前位置
```

一旦系统运行有异常中断发生，ARM 处理器便把 PC 指针强制置为向量表中对应中断类型的地址值，从而跳到存储器其他位置的相应标号处执行。当硬件系统刚刚上电复位时，程序从 0x00000000 地址处跳转到标号为 ResetHandler 的程序处，接着便进入启动引导过程。

（3）设置堆栈。设置堆栈的目的主要是支持 C 函数调用和局部变量的存放，不可能全用汇编，也不可能不用局部变量。一般在具体的嵌入式系统中并不需要实现全部模式下的堆栈，

而是根据需要选用。一般使用 3 个栈：IRQ 栈、系统模式栈和用户模式栈（系统模式和用户模式共享寄存器和内存空间，这主要是为了简单起见）。

（4）将代码段和数据段全部拷贝至内存，并将 BSS 段清零。

（5）初始化串口，初始化和驱动 Flash。使用串口的目的主要是与用户交互，与 PC 机之间进行文件传输和其他交互。在 Flash 中存放 BOOT 和内核，Flash 的驱动编写有别于平常所说的驱动编写。Flash 不像 SDRAM 只要设定相关控制器就可以直接读/写指定地址的数据，对 Flash 的写操作是一块一块数据进行的，而不是一个字节一个字节地进行的。

（6）等待一定的秒数，决定启动方式（工作模式或下载模式）。如果在指定的秒数内用户未输入任何字符，那么 Boot 就开始在 Flash 中的指定位置读取内核所有数据到内存中，跳转到内核的第一条代码处，此后 CPU 的控制权将交给操作系统（前提是有操作系统，否则进入主程序的 while 循环）；如果用户在指定的秒数内键入了字符（这主要是为了方便开发，如果开发定型之后完全可以不要这段代码），那么就在串口与用户进行交互，接受用户在串口输入的命令。

（7）程序仿真和烧写。通过 ADS（ARM Developer Suite，ARM 公司用于 ARM CPU 的集成开发环境）和 JTJAG 口在目标板上对 BootLoader 程序进行仿真。基本过程是给目标板加电，打开 JTAG 调试代理，若软、硬件连接正确，将检测到 ARM 内核。打开超级终端。在 AXD 中下载并运行编译后生成的.axf 文件。此时在终端上显示目标板的启动信息。将程序（.bin 文件）固化到 Flash 中并在目标板上运行。固化可以使用相应的固化工具（如 SJF2410.exe）进行，这项工作可能需要通过并口来完成。

7.9　文　件　系　统

7.9.1　文件系统的概念

文件系统是操作系统的重要组成部分，用于控制对数据、文件及设备的存取。它提供对文件和目录的分层组织形式、数据缓冲及对文件存取权限的控制。文件系统必须提供必要的用来创建文件、删除文件、读文件和写文件等相应的系统调用。文件的层次管理通过目录完成，所以对目录的操作是文件系统功能的一部分，包括创建目录、删除目录等功能，具体来说，包括如下方面。

（1）提供对文件和目录的分层组织形式。

（2）建立与删除文件的能力。

（3）文件的动态增长与数据的保护。

从不同的角度去看，文件系统所关注的问题并不相同。从用户角度来看，他们关心的问题是文件如何呈现在其面前，即一个文件是由什么组成、如何命名、如何保护文件、可以进行何种操作等。而从操作系统的角度出发，它要解决的问题是文件目录怎样实现，怎样管理存储空间，如何选择文件存储位置和存储设备的实际驱动方式，如何对文件存储器的存储空间进行组织、分配和回收，如何对文件进行存储、检索、共享和保护。

7.9.2 典型文件系统

在通用计算机系统中,文件系统主要有 FAT32、NTFS、EXT/EXT2/EXT3 等几种类型。一般来说,这些通用文件系统并不适合嵌入式系统使用,一是因为嵌入式系统的资源应用条件和约束远比通用计算机的多,二是因为嵌入式存储设备自身的存取特性决定了适用于传统磁盘上的文件系统不能直接应用到嵌入式存储设备上。为此,研究人员为嵌入式系统设计了许多专用的文件系统,常用的嵌入式文件系统类型包括 Ramdisk、Ramfs、JFFS2、YAFFS、Cramfs 和 Romfs 等。这些文件系统有的基于 RAM,有的基于 Flash,各有其不同的特点。

1. 基于 RAM 的文件系统

1) Ramdisk

Ramdisk 并非一个实际的文件系统,而是将一部分固定大小的内存当做分区来使用。将一些经常访问而又不会更改的文件(如只读的根文件系统)通过 Ramdisk 放在内存中,可以明显地提高系统的性能。Ramdisk 将制作好的 Rootfs 压缩后写入 Flash,启动时由 Bootloader 装入 RAM,解压缩后挂载到根目录。这种方法的操作简单,但是在 RAM 中的文件系统不是压缩的,因此需要占用许多嵌入式系统的稀有资源 RAM。

在 Linux 系统中,Ramdisk 有两种:一种是可以格式化并加载,Linux 2.0/2.2 内核支持,其不足之处是大小固定;另一种是 Linux 2.4 以上版本的内核才支持,通过 Ramfs 来实现,使用方便,其大小随所需要的空间变化而变化,是目前 Linux 常用的 Ramdisk 技术。

2) Ramfs

Ramfs 是 Linus Torvalds 开发的一种基于内存的文件系统,工作于虚拟文件系统(VFS)层,不能格式化,在创建时可以指定其最大能使用的内存空间。Ramfs 文件系统把所有的文件都放在 RAM 中,所以读/写操作发生在 RAM 中。可以用 Ramfs 来存储一些临时或经常要修改的数据,如/tmp 和/var 目录,这样既避免了对 Flash 存储器的读/写损耗,也提高了数据读/写速度。

2. 基于 Flash 的文件系统

Flash 作为嵌入式系统的主要存储媒介,有不同于磁盘的一些特性。Flash 的写入操作只能把对应位置的 1 修改为 0,而不能把 0 修改为 1(擦除 Flash 就是把对应存储块的内容恢复为 1),因此,一般情况下,向 Flash 写入内容时,需要先擦除对应的存储区间,这种擦除是以块为单位进行的。Flash 的一个重要特性就是修改数据时不能覆盖写(Over-write),即当一页数据需要修改时,不能像磁盘那样直接在原地修改,而需要将该页擦除后再写入数据。由于擦除操作延迟较大,所以一般将新的数据写到另一个空白页上,同时让原数据失效,这就是常说的非定点更新(Out-place Update)。这一特性使得传统磁盘上的文件系统不能直接应用到 Flash 设备上。

1) JFFS2

JFFS2(Journalling Flash File System V2,日志闪存文件系统版本 2)是 RedHat 公司基于 JFFS 开发的闪存文件系统。JFFS2 主要用于 NOR 型闪存,基于 MTD 驱动层,其特点是可读/写,支持数据压缩的、基于哈希表的日志型文件系统,并提供崩溃/掉电安全保护,"写平衡"支持等。其缺点主要是当文件系统已满或接近满时,因为垃圾收集的关系而使 JFFS2 的运行速度大大放慢。JFFS2 不适合于 NAND 闪存,原因是 NAND 闪存的容量一般较大,这样导致 JFFS2 为维护日志节点所占用的内存空间迅速增大,同时文件系统在挂载时需要扫描整个 Flash 的内容,以找出所有的日志节点,建立文件结构,对于大容量的 NAND 闪存会耗费大量时间。

2) YAFFS

YAFFS 即 Yet Another Flash File System 的简称,它是专为 NAND 型闪存而设计的另一种日志型文件系统。与 JFFS2 相比,它减少了一些功能(如不支持数据压缩),所以速度更快,挂载时间很短,对内存的占用较小。YAFFS 自带 NAND 芯片的驱动,并且为嵌入式系统提供了直接访问文件系统的 API,用户可以不使用 Linux 中的 MTD 与 VFS,直接对文件系统操作。当然,YAFFS 也可与 MTD 驱动程序配合使用。

3) CRAMFS

CRAMFS(Compressed ROM File System)是一种基于 MTD 驱动程序的只读压缩文件系统。Cramfs 文件系统以压缩方式存储,在运行时解压缩,所以不支持应用程序以 XIP (eXecute In Place,片内运行)方式运行,所有的应用程序需要拷贝到 RAM 里去运行。CRAMFS 的速度快、效率高,其只读的特点有利于保护文件系统免受破坏,提高了系统的可靠性。CRAMFS 在嵌入式系统中的应用广泛。但是它的只读属性同时又是它的一大缺陷,使得用户无法对其内容对进扩充。CRAMFS 映像通常是放在 Flash 中,但是也能放在别的文件系统里,使用 loopback 设备可以把它安装到别的文件系统中去。

4) ROMFS

传统型的 ROMFS 文件系统是一种简单的、紧凑的、只读的文件系统,不支持动态擦写保存、按顺序存放数据,因而支持应用程序以 XIP 方式运行,在系统运行时,节省 RAM 空间。uCLinux 系统通常采用 ROMFS 文件系统。

以上部分文件系统的特性总结如表 7-2 所示。

表 7-2　典型嵌入式文件系统的特性

文件系统	可写	永久性	断电可靠性	是否压缩	存在于 RAM
ROMFS	否	是	是	是	否
CRAMFS	否	是	是	是	否
RAMFS	是	否	否	否	是
JFFS2	是	是	是	是	否
YAFFS	是	是	是	否	否

7.9.3　Busybox 工具

1. Busybox 的概念

Busybox 最初是由 Bruce Perens 在 1996 年为 Debian GNU/Linux 安装盘编写的。其目的是在一张软盘上创建一个可引导的 GNU/Linux 系统,以用做安装盘和急救盘。Busybox 是标准 Linux 工具的一个集合,被形象地称为嵌入式 Linux 系统中的"瑞士军刀",因为它将许多常用的 Unix 工具和命令结合到一个单独的可执行程序中。虽然 Busybox 中的这些工具相对于 GNU 的常用工具功能有所简化,但对于嵌入式系统来说这已经足够了。同时,Busybox 仅仅需要几百 KB 的空间资源就能实现大量的 Linux 命令(如 ls、cat、cp 等),节省存储容量,使用简单方便,不需裁剪就可以直接将其应用于嵌入式系统的根文件系统。Busybox 开放源代码、遵守 GPL 协议,其完整的源代码可从 http://www.Busybox.net 下载,压缩包大小为 1.3 MB 左右。Busybox 在嵌入式系统中常用于制作可执行命令的工具集,这在设计文件系统时必须事先准备好。

Busybox 可以提供的命令非常多,它们被称作 applet,包括下面这些典型的命令。

系统类命令:init、login、su、passwd、getty、sh。

内核模块类命令:insmod、lsmod、modprobe。

文件系统类命令:e2fsck、mke2fs、fsck.minix、mkfs.minix。

文档类命令:gzip、tar、awk、sed、vi、find、grep。

常用命令:cat、cp、dd、cut、ln、ls、mkdir、mv。

网络类命令:ping、ifconfig、ip、nc、wget、telnet、udhcpc、tftp、traceroute。

网络服务类命令:httpd、telnetd、udhcpd。

2. 配置和编译 Busybox 的步骤

进入 Busybox 解压后的主目录,使用 make 命令配置 Busybox:

```
#make menuconfig
```

在配置菜单里可以对 Busybox 的编译方式进行选择,例如,是静态编译还是动态编译,是使用 glibc 还是使用 uClibc 等,也可以选择所需要的 applet。

配置完后,使用如下一系列 make 命令进行编译:

```
#make dep
#make
#make install
```

正常编译完成后,在当前源代码目录下会生成一个 _install 子目录,里面包含编译好的 Busybox 和一些指向它的符号连接。

3. 使用 Busybox 的方法

调用 Busybox 中 applet 的方法有以下 3 种(以 ls 命令为例)。

第 1 种方法是通过给 Busybox 带参数使用相应的命令,例如:

```
Busybox ls
```

第 2 种方法是通过建立硬连接使用命令,例如:

```
ln Busybox ls
ls
```

第 3 种方法是通过建立符号连接使用命令,例如:

```
ln-s Busybox ls
ls
```

第三种是最常用的方法,因为在 _install 目录中已经做好了全部命令的符号连接。

7.9.4　MTD 技术

嵌入式系统的引导程序和 Linux 映像都需要永久保存。根据不同嵌入式应用的需求,可以选择不同的存储设备。Linux 上常见的存储设备类型有 ATA/ATAPI、SCSI 和 MTD 设备。

1. 存储设备类型

ATA(AT Attachment)的名字来源于 IBM PC/AT(1984)计算机,它是计算机内部磁盘驱动器使用的并行接口。它习惯上称为 IDE(Integrated Drive Electronics)接口。因为它的 40 针电缆符合 IBM PC/AT 的 ISA 系统总线限制,所以真正的名字应该是 ATA。ATAPI (AT Attachment Packet Interface)是扩展的 ATA 接口,它支持 CD/DVD、磁带机和一些特殊移动存储设备(如 ZIP、LS-120)等。ATAPI 驱动通过 SCSI 命令包控制 ATAPI 设备。SCSI 命令包是通过 ATA 接口而不是通过 SCSI 总线传输。ATA/ATAPI 接口最早用于支持 PC/ AT 计算机的硬盘。它是目前计算机流行的磁盘接口,可以支持 IDE 硬盘、CD/DVD 光驱等设备。

SCSI(Small Computer System Interface)是一种并行接口标准,在苹果公司的 Macintosh 计算机、PC 和许多 Unix 系统上作为外围设备接口。SCSI 接口提供了比标准串口和并口更快的数据传输速率(达到 80 Mb/s)。另外,还可以在一个 SCSI 接口上连接许多设备,因此,SCSI 是真正的 I/O 总线。SCSI 接口已经是一个拥有相当大用户群的成熟技术,Linux 对 SCSI 的驱动程序也非常完善。这种标准的驱动程序接口可以用于其他存储设备的接口。例如,USB 存储设备的驱动程序就可仿真为供 SCSI 存储设备使用,因此它也需要 SCSI 接口的驱动程序。

随着计算机系统结构的发展,存储设备的接口类型越来越多。除了 ATA 和 SCSI 接口硬盘设备以外,还有 MMC(Multi-Media Card)、SMC(Smart Media Card)、USB 存储盘等,这些接口在数字消费设备上的应用极为广泛。

2. MTD 设备

MTD(Memory Technology Device)是 Linux 内核采纳的一种设备子系统,它为底层的存储芯片提供了统一的设备接口。MTD 子系统接口如图 7-11 所示。

MTD 驱动程序必须向 MTD 子系统注册,通过结构体 mtd_info 给 add_device 函数提供一组缺省的回调函数和属性。MTD 驱动程序必须实现这些回调函数,让 MTD 子系统能够通过函数调用执行删除、读出、写入和同步等操作。

MTD 子系统同时可以提供两类 MTD 驱动程序。一类驱动程序是 MTD 设备地址空间的映射,提供直接访问设备的操作,属于字符设备驱动;另一类驱动程序则为建立文件系统提供基础,属于块设备驱动。

内核配置界面中 MTD 子菜单的选项如下。

1) Direct char device access to MTD devices

这是采用直接方式访问的字符设备驱动程序,它把每一个 MTD 设备对应成一个字符设备,允许用户直接读/写存储芯片,并且可以使用 ioctl 函数去获取设备的信息,或者擦除部分信息。

2) Caching block device access to MTD devices

这是采用缓存方式访问的块设备驱动程序,它把每一个 MTD 设备对应成一个块设备,支持 Flash 的块擦除等操作。它是建立 Flash 文件系统的基础。通常需要先在它上面安装 JFFS/JFFS2 文件系统,然后挂接 mtdblock 设备。

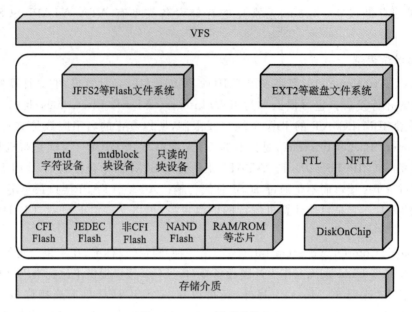

图 7-11   MTD 子系统接口

3）Readonly block device access to MTD devices

这是采用只读方式访问的块设备驱动程序。它可以从 MTD 设备上挂接只读的文件系统（如 Cramfs），免除了驱动程序数据缓冲的花销。

4）FTL support

这是 FTL（Flash Translation Layer,Flash 转换层）驱动程序。它为 PCMCIA 标准的原始 Flash 转换层提供支持。它在 Flash 设备上使用一种伪文件系统来仿真块设备的 512B 扇区，从而在设备上建立普通的文件系统。

5）NFTL support

这是 NFTL（NAND Flash Translation Layer,NAND Flash 转换层）驱动程序。它为 M-Systems 的 DiskOnChip 设备的 NAND Flash 转换层提供支持。它在 Flash 设备上使用一种伪文件系统来仿真块设备的 512B 扇区，从而在设备上建立普通的文件系统。

MTD 能 够 支 持 ROM、RAM、Flash（NOR 和 NAND）及 DOC（M-Systems 的 DiskOnChip）等存储芯片。因为各种芯片的特点和功能不同，所以它们也需要专有的工具和操作方法。

3. 安装 MTD 工具

在 MTD 设备上部署文件系统的时候，需要一套 MTD 工具，用于擦除或格式化 MTD 设备。这些工具都包含在 MTD 源码包中，针对不同的内核版本，需要选择适当的 MTD 版本。

从如下站点可以下载 CVS 快照，这里提供最新的源码包，包含全部 MTD 源代码。

ftp://ftp.uk.linux.org/pub/people/dwmw2/mtd/cvs/mtd-snapshot.tar.bz2

这里的 mtd-snapshot.tar.bz2 是源码包的名称。解压完成后，就可以进行配置编译 MTD 工具了。有些 MTD 工具必须安装到目标机上执行，如 flash_erase。也有些既可以在开发主机上使用，也可以在目标机上使用，如 mkfs.jffs2。这样就需要分别为开发主机和目标机安装、编译这些工具。

1）为开发主机安装 MTD 工具

```
cd /mtd/util
automake --foreign; autoconf
./configure --with-kernel=/usr/src/linux
make clean
make
make prefix=/usr install
```

这样工具已经安装到/usr/sbin 目录下了，其中包含 mkfs.jffs2 工具。

如果需要在主机端使用移动 MTD 存储设备，就需要创建 MTD 设备的节点。在 mtd/utils 目录下有 MAKEDEV 的脚本，到/dev 目录下执行这个脚本，就可以自动创建 MTD 设备的节点。

2）为目标机安装 MTD 工具

大多数嵌入式系统使用板上 Flash，无法移到主机端操作，因此还需要在目标机文件系统中安装 MTD 工具。注意：在目标机上安装、使用 MTD 工具时，需要 zlib 库的支持。zlib 库可以从 www.gzip.org 下载。接下来为目标机安装 MTD 工具集。修改 mtd/util/Makefile 中的 CROSS 变量，定义为交叉编译器的前缀，例如，在 ARM 环境下：CROSS＝arm-linux-，然后交叉编译安装 MTD 工具。这样，目标机的 MTD 工具就安装到相应目录下了，后面部署 MTD 的操作主要使用目标机端的工具。

4. 使用 MTD 设备

Linux 内核的 MTD 驱动可以支持分区功能，它可以把一块 Flash 分成几个区，比如可以分成 Boot、Kernel 和 Filesystem 分区，分别存储 Bootloader、内核和文件系统。

Flash 的分区表是通过 mtd_partition 结构体来描述的。不同的目标机，既可以通过引导程序传递分区参数来定义，也可以直接在程序中定义。以内核源码的 driver/mtd/maps/physmap.c 为例，它既支持从内核命令行参数或 Redboot 读取分区表，也可以直接添加下列程序定义结构体。

```
static struct mtd_partition physmap_partitions[] =
{
    {
        .name ="Bootloader",
        .size =0x00040000,
        .offset =0,
        .mask_flags =MTD_WRITEABLE /* force read-only */
    },
    {
        .name ="Kernel",
        .size =0x00100000,
        .offset =0x00040000,
    },
    {
        .name ="Filesystem",
```

```
            .size =MTDPART_SIZ_FULL,
            .offset =0x00140000
      }
  };
```

为 MTD 驱动添加分区表并且驱动成功以后,在目标机端可以看到与 MTD 有关的其他启动信息。还可以通过/proc/mtd 接口查看分区信息。

```
#cat /proc/mtd
dev: size erasesize name
mtd0: 00040000 00020000 "Bootloader"
mtd1: 00100000 00020000 "Kernel"
mtd2: 0ec00000 00020000 "Filesystem"
```

接下来制作根文件系统(具体参见 7.9.5 小节)。假如要制作 JFFS2 文件系统,则通过 mkfs.jffs2 工具可以把为目标板定制好的文件系统目录转换成一个 JFFS2 映像。假设定制文件系统目录 rootfs 在当前目录下,就先执行下列命令。

```
#mkfs.jffs2 -r rootfs -o rootfs.jffs2
```

然后通过 MTD 工具把内核映像和文件系统映像写到对应的 MTD 分区。对于板上的 Flash,MTD 工具需要运行在目标板上。

```
#flash_eraseall /dev/mtd1
#cp uImage /dev/mtd1
#flash_eraseall /dev/mtd2
#cp rootfs.jffs2 /dev/mtd2
```

这样就可以把内核映像和文件系统映像写到 MTD 中了。再检查一下 JFFS2 文件系统是否能够正常挂接。

```
#mount -t jffs2 /dev/mtd/block2 /mnt
#ls /mnt
#umount /mnt
```

最后要让目标板挂接本地的文件系统,还要修改命令行参数 root。

```
root=/dev/mtdblock2 rw
```

7.9.5 Linux 文件系统的设计

文件系统是指在一个物理设备上的任何文件组织和目录,它构成了 Linux 系统上所有数据的基础,Linux 内核、库、系统文件和用户文件都驻留其中,因此,它是系统中庞大复杂且又是最为基本和重要的资源。在 Linux 中,文件系统的结构是基于树状的,根在顶部,各个目录和文件从树根向下分支。Linux 操作系统由如下一些目录和文件组成。

/bin 目录:包含二进制文件的可执行程序。

/sbin 目录:用于存储管理系统的二进制文件。

/etc 目录:包含绝大部分的 Linux 系统配置文件。

/lib 目录:存储程序运行时使用的共享库。

/dev 目录:包含称为设备文件的特殊文件。

/proc 目录:实际上是一个虚拟文件系统。

/tmp 目录:用于存储程序运行时生成的临时文件。

/home 目录:用户起始目录的基础目录。

/var 目录:保存要随时改变的文件。

/usr 目录及其子目录:保存系统重要程序及用户安装的大型软件包。

整个文件系统中除了 tmp 和 var 目录存放在 SDRAM 内以外,其他所有目录都存放在 Flash 中,因为 tmp 和 var 中的内容需要经常写入,所以放在可读/写的 RAM 里。

Linux 内核在系统启动时的最后操作之一就是加载根文件系统,内核启动之后的运行也需要根文件系统的支持。Linux 的根文件系统具有非常独特的特点,就其基本组成来说,Linux 的根文件系统应该包括支持 Linux 系统正常运行的基本内容,包含系统使用的软件和库,以及所有用来为用户提供支持架构和用户使用的应用软件,因此,至少应包括以下几项内容。

(1) 基本的文件系统结构,包含一些必需的目录,如/dev、/proc、/bin、/etc、/lib、/usr 和/tmp 等。

(2) 基本程序运行所需的库函数,如 Glibc/uC-libc。

(3) 基本的系统配置文件,如 rc、inittab 等脚本文件。

(4) 必要的设备文件支持/dev/hd、/dev/tty、/dev/fd0。

(5) 基本的应用程序,如 sh、ls、cp、mv 等。

内核启动之后的首要任务之一就是从根文件系统中加载和运行 init 程序,该程序是第一个运行的应用程序。"内核＋库＋应用程序"是 Linux 系统运作的基本方式,这个方式严重依赖于文件系统,库和应用程序都需要存放在一个文件系统当中,核心的系统库和系统程序一般存放在根文件系统当中。

创建 Linux 根文件系统的步骤如下。

第一步,建立根文件系统的目录。

首先在根目录下依次创建如下子目录:

```
#mkdir bin dev etc lib proc sbin tmp usr var
```

然后创建/dev 下的设备文件,使用 mknod 创建所需的设备或到系统/dev 目录下把所有的 device 文件打一个包,拷贝到/dev 下(最省事的做法)。当然,如果在配置内核时选择了设备文件系统 devfs,则这一步可以省略,也可以将这一步的工作做成一个脚本,在内核启动后的 rc.S 脚本中予以执行,这也体现了嵌入式 Linux 系统开发在技术上的灵活性。

第二步,增加库。

在嵌入式 Linux 系统中,除了内核之外,主要的组成部分就是库和应用程序。一般在嵌入式 Linux 系统中使用小容量的标准 C 库,常用的有 uClibc 库。目前已经有大量 Linux 下的应用程序可以在 uClibc 下面运行,包括 Busybox、boa 及大量的 GNU 工具程序。除了 C 库,可能还要根据应用需求增加其他应用级函数库。

虽然通用 Linux 系统中的 glibc 库功能完善、可移植行强,但它的体积过于庞大而导致系统的开销非常大,因而不适合直接用于嵌入式系统,而需要裁减和精简。用户可以使用 readelf 命令列出 Busybox 所依赖的库,将其未用的库直接删除就行了。但重要的一点就是要保留链接器 Linux-ld.so,否则程序无法连接、运行。

第三步,增加应用程序。

增加应用程序可以通过配置前面所述的 Busybox 来操作。Busybox 包含了大量 Linux 下的工具,并将它们集成到一个可执行映像中。实际使用中是在/bin 等目录下作一些至/sbin/

Busybox 的软链接即可,Busybox 会实际解析符号链接名来调用最终的命令程序。将编译好的 Busybox 拷贝到/bin 下,除了 Busybox 外,所有其他的命令都是它的链接,所有的命令可以在 Busybox 下用 make menuconfig 来增减。

构建文件系统最基本的要求就是系统能够在此基础上启动并运行起来,所以,/sbin 下的 init 程序必不可少。init 程序是引导过程完成后内核运行的第一个程序,它能启动全部其他程序。只要 init 运行完全部必要的程序,系统就开始建立并运行。当程序开始启动时,init 读取一个配置文件 inittab,这个文件位于/etc 下,它确定了 init 在启动和关机时的工作特性。在具体的嵌入式系统中,所有的文件内容只需保留与开发要求有关的必须部分,以节省资源和加快启动速度。

根据需要,可在第一步创建的基本文件系统上添加应用程序和构筑一些必要的服务。例如,为了增添网络功能,可以在/bin 中加入 netstat、ping,在/sbin 中加入 ifconfig、route、xinetd 等网络程序;为了增加模块管理功能,可以在/sbin 中加入 insmod、lsmod、modprobe、depmod、rmmod 等有关操作模块的命令;为了便于在开发调试过程中使用交叉编译环境,需要用到串口通信功能,可以在/sbin 中加入 pppd 的命令,在/etc 中加入 PPP 目录及其配置文件等。

至此,一个满足系统需求的嵌入式 Linux 文件系统基本构造完成。为了使系统能在特定的嵌入式硬件设备上运行,系统中所有的二进制文件都必须是经过特定的嵌入式开发编译工具编译的,将编译好的文件系统烧至嵌入式系统的开发板中,调通串口,就可以进行调试和进一步开发了。

第四步,使用相应文件系统制作工具制作文件系统。

假如 rootfs 目录是设计好文件系统的总目录,生成 JFFS2 或 CRAMFS 文件系统映像可以采用如下方式完成。

例如,使用 mkfs.jffs2 命令生成 JFFS2:

mkfs.jffs2-r rootfs-o rootfs.img

例如,使用 mkcramfs 命令生成 CRAMFS:

mkcramfs rootfs rootfs.img

生成的文件 rootfs.img 就是要烧写的文件系统,将生成的 rootfs.img 放到 tftpd 服务路径下,启动 bootloader,把 rootfs.img 写入 Flash 中。

有了嵌入式的 Linux 内核和根文件系统,再加上 Linux 嵌入式系统中的 BootLoader,就可以将一个嵌入式 Linux 系统引导起来进行开发调试了。

嵌入式 Linux 系统在产品阶段(区别开发调试阶段)的引导一般采用 Flash 存储设备。它将 BootLoader、配置参数、内核和根文件系统等所有代码和数据都存放在 Flash 上面。

7.10 图形用户界面 GUI

7.10.1 图形用户界面简介

图形用户界面(Graphical User Interface,GUI)的广泛流行是嵌入式技术的重大成就之一,它极大地方便了非专业用户的使用,用户不再需要死记硬背大量的命令,而可以通过窗口、菜单、图标和按钮方便地操作,通过曲线、图表、动画或视频直观地获得运行结果。

　　嵌入式 GUI 为嵌入式系统提供了一种应用于特殊场合的人机交互接口。要求嵌入式 GUI 直观、简单、可靠、占用资源小并且反应快,以适应嵌入式系统硬件资源有限的条件。总体来讲,嵌入式 GUI 具备以下特点:①占用存储空间以及运行时占用的资源少;②响应速度快;③可靠性高;④便于移植和定制。

　　目前在嵌入式系统中比较成熟的 GUI 库主要有:MicroWindows、Qt/Embedded、MiniGUI 等。这些 GUI 系统在体系结构、功能特性等方面存在着较大的差别,它们的特点和比较如表 7-3 所示。

　　Mini GUI 是一个轻量级的 GUI 系统,它由国内开发人员设计,目标主要是为实时嵌入式 Linux 系统建立一个快速和稳定的图形用户界面支持系统。"小"是 Mini GUI 的特色,当前 Mini GUI 的最新版本是 3.0,它对中文的支持很好。它在设计之初就考虑到了小巧、高性能和高效率,因而比较适合实时性要求较高的工业控制领域的简单应用。MiniGUI 提供了完备的窗口机制,提供了多个线程中的多窗口机制;支持多种字体和字符集合;支持 GIF、BMP、JPEG、PCX、TGA 等图像文件;支持 Windows 的资源文件。MiniGUI 的代码精简,包括全部功能的支持库的大小为 500 KB 左右;可定制配置并编译,具有高稳定性和高性能。

　　MicroWindows 是一个基于 Client/Server 体系结构的 GUI 系统。基本可以分为三层:最底层是面向图形输出和键盘、鼠标或者触摸屏的驱动程序;中间层提供底层硬件的抽象接口,并进行窗口管理;最高层分别提供兼容于 X Windows 和 Windows CE 的 API。它的主要特点在于它提供了比较完整的图形功能,支持多种外部设备输入,包括液晶显示器、鼠标和键盘等。

　　QT/Embedded 是一个多平台的 C++图形用户界面应用程序框架。它基于 C/S 体系结构继承了 QT 在 X 上的功能,底层图形接口采用的是 framebuffer,放弃了对 X lib 的使用。QT/Embedded 类库采用 C++封装,其对象容易扩展且可移植性好。QT/Embedded 还提供了一种称为信号/槽(signals/slots)的事件处理类型,它取代了回调函数(callback),使得不同元件之间的协同工作变得简单。QT/Embedded 结构复杂,资源消耗较大,效率低,适用于高端配置的硬件环境。QT/Embedded 被广泛的应用到各种嵌入式产品和设备中(如智能手机)。

表 7-3　典型的嵌入式 GUI 系统的特点和比较

GUI 名称	MiniGUI	MicroWindows	QT/Embedded
API	Win32 风格	X,Win32 子集,不完备	QT(C++),完备
函数库大小	500KB	600KB	1.5MB
可移植性	很好	很好	较好
授权条款	LGPL(免费)	MPL/LGPL	好
多进程支持	支持	支持 X 接口	好
健壮性	好	很差	差
多语种支持	好	一般	一般
可配置型	好	一般	差
资源占用率	小	较大	最大
效率	好	较差	差
硬件平台	主流 CPU(最低主频 30MB)	主流 CPU(最低主频 70MB)	主流 CPU(最低主频 100MB)

7.10.2　QT GUI 开发

在 QT 编程中,信号与槽是程序设计基础。引入信号与槽的概念,也是 QT 作为 GUI 设计工具所做的创新,并且在 QT 中处理界面各个组件的交互操作时变得更加直观和简单。信号(Signal)指某些设定情况下会发生的事件,例如按下按钮会产生信号 Clicked。QT 作为 GUI 程序设计工具,其主要的功能就是对图形界面上的所有组件发生事件后的响应操作,其核心就在于实时检测各组件发生信号的时间,并及时对事件进行响应和处理。槽(Slot)函数是指对信号响应的特定函数,需要通过 connect 函数与特定信号关联。当信号发生时,关联的槽函数被自动执行。

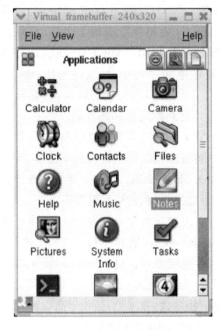

图 7-12　QT 开发的图形界面例子

QT Creator 是基于 QT 的一种跨平台的 IDE 工具,它可以完成创建项目、代码编辑、程序调试等工作。QT Creator 集成了之前 QT 相关开发工具的所有特点,拥有图形化的 GDB 调试前端以及更加集成化的 qmake 项目构建工具,可以通过 QT Creator 开发工具更加快捷和方便地完成开发任务。QT Creator 设计的程序界面类似图 7-12。

项目的创建和编译执行都很简单,但是通过 QT Creator 默认的编译选项编译出来的是基于宿主机 x86 架构的可执行文件。由于用户需要在 ARM 之类的嵌入式开发板上执行,需要生成类似 ARM 架构的可执行文件,因此要先配置 QT Creator 开发环境,改变默认的编译器。进入 Tools/Options 菜单,进入图 7-13 所示的编译命令配置对话框,改变编译配置、指令专用的嵌入式版本编译器,譬如 ARM 版 gcc 编译器。

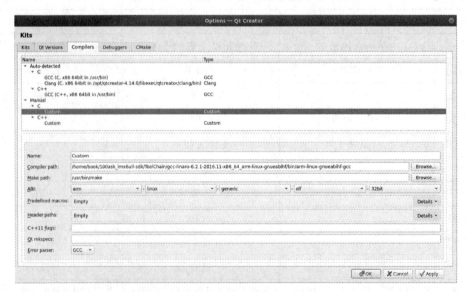

图 7-13　QT Creator 编译命令配置对话框

随后配置 qmake,并将先前配置好的编译器和 qamke 添加到系统中,此后编译工程时将生成一个目标 CPU 架构(例如 ARM 架构)的可执行文件,可以下载到开发板上运行。

7.11 典型软件开发环境

7.11.1 Keil C

Keil C51 是美国 Keil Software 公司出品的 51 系列兼容单片机 C 语言软件开发系统。与汇编语言相比,C 语言在功能、结构性、可读性和可维护性上有明显的优势,易学易用。用过汇编语言后再使用 C 语言来开发,体会将更加深刻。

Keil C51 软件提供了丰富的库函数和功能强大的集成开发调试工具,采用全 Windows 界面。另外重要的一点,只要查看一下编译后生成的汇编代码,就能体会到用 Keil C51 生成的目标代码效率非常高,多数语句生成的汇编代码很紧凑,容易理解。

C51 工具包的整体结构如图 7-14 所示,其中 uVision 与 Ishell 分别是 C51 for Windows 和 for DOS 的集成开发环境(IDE),可以完成编辑、编译、连接、调试、仿真等整个开发流程。开发人员可用 IDE 本身或其他编辑器编辑 C 或汇编源文件,然后分别由 C51 及 A51 编译器编译生成目标文件(.obj)。目标文件可由 LIB51 创建生成库文件,也可以与库文件一起经 L51 连接定位生成绝对目标文件(.abs)。.abs 文件由 OH51 转换成标准的.hex 文件,以供调试器 dScope51 或 tScope51 使用进行源代码级调试;也可由仿真器使用,直接对目标板进行调试;也可以直接写入程序存储器(如 EPROM)中。

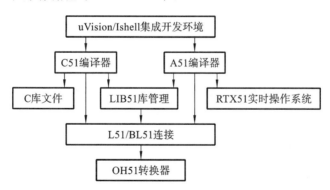

图 7-14 C51 工具包整体结构

C51 是 C 语言编译器,A51 是汇编语言编译器,L51 是 Keil C51 软件包提供的连接/定位器,其功能是将编译生成的.obj 文件与库文件连接定位生成绝对目标文件(.abs)。BL51 也是 C51 软件包的连接/定位器,它具有 L51 的所有功能,此外它可以连接定位大于 64 KB 的程序,可用于 RTX51 实时多任务操作系统。dScope51 是一个源级调试器和模拟器,它可以调试由 C51 编译器、A51 编译器产生的程序。它不需要目标板就能进行软件模拟调试,但其功能强大,可模拟 CPU 及其外围器件,如内部串口、外部 I/O 及定时器等,能对嵌入式软件功能进行有效测试。

uVision for Windows 是一个标准的 Windows 应用程序,它是 C51 的一个集成软件开发平台,具有源代码编辑、Project 管理、集成的 make 等功能,它的人机界面友好、操作方便,是开发者的首选。图 7-15 所示是 uVision 软件的工作主界面。

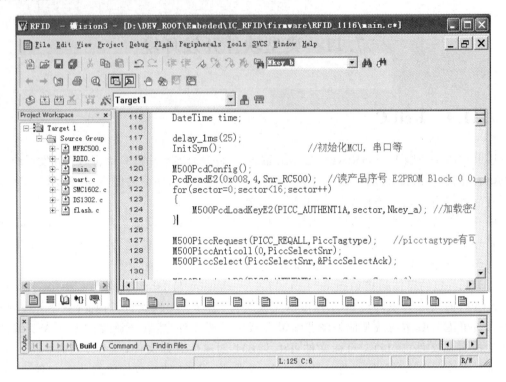

图 7-15　uVision 软件的工作主界面

7.11.2　SDT /ADS

1. SDT

SDT 的英文全称是 Software Development Kit,是 ARM 公司为方便用户在 ARM 芯片上进行应用软件开发而推出的一整套集成开发工具。ARM SDT 由于价格适中,同时经过长期的推广和普及,目前拥有最广泛的 ARM 软件开发用户群体,也被相当多的 ARM 公司的第三方开发工具合作伙伴集成在自己的产品中,如美国 EPI 公司的 JEENI 仿真器。

ARM SDT 可在 Windows98、NT 及 Solaris 2.5/2.6、HP-UX 10 上运行,支持最高到 ARM9 的所有 ARM 处理器芯片的开发,包括 StrongARM。

ARM SDT 包括一套完整的应用软件开发工具。

(1) armcc:ARM 的 C 编译器,具有优化功能,兼容于 ANSI C。

(2) tcc:Thumb 的 C 编译器,具有优化功能,兼容于 ANSI C。

(3) armasm:支持 ARM 和 Thumb 的汇编器。

(4) armlink:ARM 连接器,连接一个和多个目标文件,最终生成 ELF 格式的可执行映像文件。

(5) armsd:ARM 和 THUMB 的符号调试器。

以上工具为命令行上的开发工具,均已经被集成在 SDT 的两个 Windows 开发工具 APM 和 ADW 中,用户无须直接使用命令行工具。APM 是 Application Project Manager 的缩写,意即 ARM 工程管理器,具有完全的图形界面,负责管理源文件,完成编辑、编译、链接并最终生成可执行映像文件等。ADW 是 Application Debugger Windows 的缩写,意即 ARM 应用程序调试窗口,提供一个调试 C、C++和汇编源文件的全窗口源代码级调试环境,同时可以查看寄存器、存储区、栈等调试信息。

ARM SDT 还提供一些实用程序,如 fromELF、armprof、decaxf 等,可以将 ELF 文件转换为不同的格式,执行程序分析及解析 ARM 可执行文件格式等。ARM SDT 集成快速指令集模拟器,用户可以在硬件完成以前完成一部分调试工作。ARM SDT 提供 ANSI C、C++、Embedded C 函数库,所有库均以 lib 形式提供,每个库都分为 ARM 指令集和 Thumb 指令集两种,同时各指令集也分为高字节结尾(big endian)和低字节结尾(little endian)两种形式。

ARM SDT 经过 ARM 公司逐年的维护和更新,目前的最新版本是 2.5.2。但从版本 2.5.1 开始,ARM 公司宣布推出一套新的集成开发工具 ARM ADS 1.0,以取代 ARM SDT。

2. ADS

ADS(ARM Developer Suite)是由 ARM 公司开发的用于 ARM CPU 程序开发和调试的集成开发环境 IDE,目前的版本为 v1.2。该版本的 ADS 在功能和易用性上较其先前版本 SDT 都有提高。使用者可以用 ADS 编写和调试各种基于 ARM 家族 RISC 处理器的应用,包括开发、编译、调试采用 C、C++和 ARM 汇编语言编写的程序。ADS 主要由以命令行开发工具、图形界面开发工具及各种辅助和支持工具组成。其中,AXD 和 CodeWarrior IDE 是其中最重要的两个图形界面开发工具。AXD 提供基于 Windows 和 Unix 使用的 ARM 调试器,可用于在完全的 Windows 和 Unix 环境下调试 C、C++和汇编语言级的代码。CodeWarrior IDE 提供基于 Windows 使用的工程管理工具,使源码文件的管理和编译工程变得非常方便。但 CodeWarrior IDE 在 Unix 下不能使用。

CodeWarrior IDE 中使用 C/C++进行编程(也支持 Java 开发)。CodeWarrior IDE 能够自动检查代码中的明显错误,通过一个集成的调试器和编辑器来扫描用户代码,以找到并减少明显的错误,然后编译并链接程序。CodeWarrior 阶段 IDE 功能十分强大,可以用来编写用户能够想象得到的任何一种类型的程序,包括 ARM 目标 CPU 上可以运行的各种程序。一个嵌入式系统项目通常是由多个文件构成的,这其中包括用不同的语言(如汇编语言或 C 语言)、不同类型的文件(源文件或库文件)。CodeWarrior IDE 通过"Project"来管理与项目相关的所有文件。因此,在正确编译这个项目代码以前,要建立"工程",并加入必要的源文件、库文件等。图 7-16 所示是 CodeWarrior IDE 中一个已经打开的 ADS 工程截图。

调入编写程序的第一步是建立项目。为了简便起见,通常可以采用工程模板来建立新的工程。工程模板已经针对目标系统对编译选项进行了设置。工程文件的后缀是 mcp。通常,工程模板都根据目标 CPU 和硬件配置做了设置,无须用户重新大范围调整。如果不想利用已有的工程模板,也可以从新建一个空白工程开始(见图 7-17),这时用户需要确定目标程序的类型,例如,如果选择 ARM Executable Image 类型,则可生成 ARM 可执行映像。

这样的工程还不能正确地被编译,还需要对工程的编译选项进行适当配置。为了设置方便,先点选 Targets 页面,选中 DebugRel 和 Release 变量,按下 Del 键将它们删除,仅留下供调试使用的 Debug 变量。依次单击菜单"Edit→Debug Settings…",弹出配置对话框如图 7-18 所示。

首先选中 Target Settings,将其中的 Post-linker 设置为 ARM fromELF,使得工程在链接

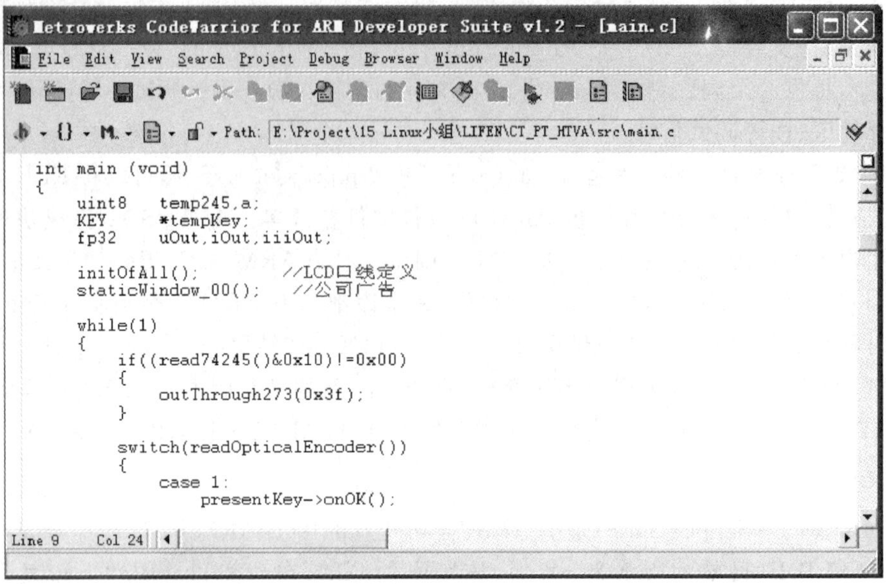

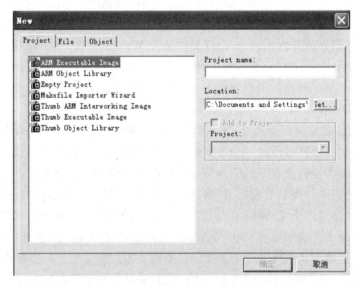

```
Metroverks CodeWarrior for ARM Developer Suite v1.2 - [main.c]
File Edit View Search Project Debug Browser Window Help
Path: E:\Project\15 Linux小组\LIFEN\CT_PT_HTVA\src\main.c

int main (void)
{
    uint8    temp245,a;
    KEY      *tempKey;
    fp32     uOut,iOut,iiiOut;

    initOfAll();        //LCD口线定义
    staticWindow_00();  //公司广告

    while(1)
    {
        if((read74245()&0x10)!=0x00)
        {
            outThrough273(0x3f);
        }

        switch(readOpticalEncoder())
        {
            case 1:
                presentKey->onOK();
```
Line 9 Col 24

图 7-16   ADS 工作主界面

```
New
Project  File  Object

ARM Executable Image       Project name:
ARM Object Library
Empty Project
Makefile Importer Wizard   Location:
Thumb ARM Interworking Image   C:\Documents and Settings\  Set...
Thumb Executable Image
Thumb Object Library        Add to Project
                            Project:
```
确定   取消

图 7-17   新建一个空白工程时确定目标程序的类型

后再通过 fromELF 产生二进制代码。然后,选中 ARM Linker,对链接器进行设置;选取 Layout 页面,设置 Output format。

Make 结束后产生了可执行映像文件 Myhelloworld. axf,这个文件可以载入 AXD 进行仿真调试。此后还可以通过 fromELF 工具将 ELF 文件转换为二进制格式文件 hello. bin,用来最终固化到 Flash ROM 中运行。

程序开发过程中可以使用 AXD 进行仿真调试,单击 Debug 按钮,进入 AXD 视窗界面。依次单击菜单"Option"→"Configure Target…",对调试目标进行配置,如图 7-19 所示。在调试之前,先用并口电缆将 PC 机并口和 JTAG 调试模块连接起来,用串口线将 PC 机串口和主板的 UART 口连接起来。

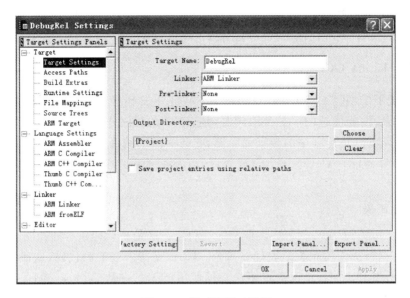

图 7-18　调试配置对话框

图 7-19　对调试目标进行配置

　　如果目标系统正确链接了,会看到程序下载的进度条显示。进度消息框消失后,显示当前执行代码视窗,指针指向第一条执行的语句,如图 7-20 所示。

图 7-20　源代码调试界面

这时,先尝试进行单步运行,如果程序立即正确地跳转到"ResetHandler"处执行,而没有跑飞或顺序执行,则说明程序的下载成功,可以进行调试了。

7.11.3　Linux GCC

Linux 系统下的 GCC(GNU C Compiler)并不是开发环境,而是编译器。GCC 是 GNU 推出的功能强大、性能优越的多平台编译器,是 GNU 的代表作品之一。GCC 是可以在多种硬件平台上编译出可执行程序的超级编译器,它与一般的编译器相比平均效率要高 20%～30%。GCC 编译器能将 C、C++语言源程序,以及汇编程序和目标程序编译、链接成可执行文件。

1. GCC 编译器

GCC 编译器提供了在 C 代码中内嵌汇编的功能。这是 C 代码没有的功能,比如手动优化软件关键部分的代码、使用相关的处理器指令。GCC 支持内嵌汇编代码,这使得用户在编写底层程序时十分有利。两种情况决定用户必须使用汇编。一是 C 语言限制了用户更加贴近底层操作硬件,比如,C 语言中没有直接修改程序状态寄存器(PSR)的声明。二是在要写出更加优化的代码时,支持汇编需要采用 asm 关键词声明。

前面提到,针对不同目标 CPU 需要采用相应的交叉编译器。因此 GCC 必须相应地配置参数后才能生成目标代码。为了区别本地 GCC,交叉编译器的 GCC 名字一般都有前缀,如 arm-linux-gcc、sparc-xxxx-Linux-gnu-gcc 等。交叉编译器的使用方法跟本地 GCC 的差不多,但有一点特殊:必须用-L 和-I 参数指定编译器用的目标 CPU 系统(如 ARM CPU)的库和头文件,而不能用本地(一般是 X86)的库。

要编译出运行在 ARM 平台上的代码,就必须使用支持 arm 的交叉编译器 arm-linux-gcc。在使用 arm-linux-gcc 时,必须给出一系列必要的调用参数和文件名称。参数大约有 100 个,其中多数参数绝大部分用户可能根本就使用不到,这里只介绍其中最基本、最常用的参数。

GCC 最基本的用法是:

GCC [options] [filenames]

其中,options 就是编译器所需要的参数,filenames 给出相关的文件名称。options 可以为下列值。

-c:只编译,不连接成为可执行文件。编译器只是由输入的.c 等源代码文件生成以.o 为后缀的目标文件,通常用于编译不包含主程序的子程序文件。

-o output_filename:确定输出文件的名称为 output_filename,同时这个名称不能和源文件同名。如果不给出这个选项,GCC 就给出预设的可执行文件 a.out。

-g:产生符号调试工具(GNU 的 GDB)所必要的符号信息。要想对源代码进行调试,就必须加入这个选项。

-O:对程序进行优化编译、连接。采用这个选项,整个源代码会在编译、连接过程中进行优化处理,这样可以提高产生可执行文件的执行效率,但是,编译、连接的速度就相应地要慢一些。

-O2:比-O 能够更好地优化编译、连接,当然整个编译、连接过程会更慢。

-Idirname:将 dirname 所指出的目录加入程序头文件目录列表中,是在预编译过程中要使用的参数。

-Ldirname：将 dirname 所指出的目录加入程序函数档案库文件的目录列表中,是在连接过程中使用的参数。在预设状态下,连接程序 ld 在系统的预设路径中(如/usr/lib)寻找所需要的档案库文件,这个选项告诉连接程序,首先到-L 指定的目录中去寻找,然后到系统预设路径中寻找。如果函数库存放在多个目录下,就需要依次使用这个选项,给出相应的存放目录。

-lname：在连接时,装载名字为“libname. a”的函数库,该函数库位于系统预设的目录或由-L 选项确定的目录下。例如,-lm 表示连接名为“libm. a”的数学函数库。

以文件 example. c 的编译为例说明它的用法。

(1) arm-linux-gcc-c-o example. o example. c

-c 参数将对源程序 example. c 进行预处理、编译、汇编操作,生成 example. o 文件。去掉指定输出选项-o example. o,自动输出为 example. o,所以说,在这里加或不加-o 都可以。

(2) arm-linux-gcc-v-o example example. c

加上-v 参数,显示编译时的详细信息、编译器的版本、编译过程等。

(3) arm-linux-gcc-g-o example example. c

加上-g 选项,加入 GDB 能够使用的调试信息,使用 GDB 调试时比较方便。

(4) arm-linux-gcc-Wall-o example example. c

-Wall 选项打开了所有需要注意的警告信息,如在声明之前就使用的函数、声明后却没有使用的变量等。

2. Binuitls 工具

从上面 GCC 的一般编译流程可以知道,GCC 最终输出的是汇编语言源程序。想要进一步编译成所需要的机器代码,就需要引入一些新的工具,如汇编程序等。Binutils 工具集提供了一些这样的工具,事实上,GCC 和 Binuitls 是经常捆绑在一起使用的。另外,对 C 语言而言,需要有相应的函数库支持 C 语言源程序的编译,而在 Linux 中应用最多的就是 GLibc 了。此外,在 Linux 环境下,生成相应的交叉编译器还需要 Linux 内核头文件的支持。

GNU Binutils：GNU Binutils 的主要工具有两个,一个是连接程序 ld,另一个是汇编程序 as。除此之外,它还包括一些工具,如用于将地址转换成文件名和行序号的 addr2line,用于显示 ELF 格式目标文件的相关信息等。GNU Binutils 所支持的平台种类很多,不仅包括很多种 Unix 平台,还包括 Wintel 系统。其主要目的是为 GNU 系统,包括 GNU/Linux 系统提供汇编和连接工具。

GNU GCC：就是上面提到的 GCC,由于它和 Binutils、Glibc 同样都是 GNU 维护的,因此冠名 GNU。GCC 主要是为 GNU 系统提供 C 编译器,这是它的最初目标。

GNU GLibc：任何一个 Unix 体系的操作系统都需要一个 C 库,用于定义系统调用和其他一些基本的函数调用,如 open、malloc、printf、exit 等。而 GNU Glibc 可以提供这样一个用于 GNU 系统,特别是 GNU/Linux 系统的 C 库。GNU Glibc 在最初设计时就是可移植的。尽管其源代码体系非常复杂,但是仍然可以通过简单的 configure/make 生成对应平台的 C 函数库。

3. 调试工具 GDB

在 Linux 中调试程序使用 GDB 工具。GDB 是一个交叉调试工具,用来观察程序内部的运行情况,帮助使用者去发现 Dugs。对于嵌入式 Linux 程序,必须使用交叉调试。GDB 支持交叉调试的方式。假定用户已经交叉编译好目标程序(如 hello),并且已经下载到目标板的存储系统中,则交叉调试的前提就是目标板文件系统中必须有 GdbServer 调试工具。另外,编译程序时,需要添加 g 编译选项,使输出程序包括调试信息。GdbServer 负责与远程的 GDB 远程通信,并且控制本地应用程序的执行过程。在目标机和主机之间 GDB 通过以太网进行调试,必须使目标机和主机之间的 TCP/IP 可用。

7.11.4　IAR EW

IAR EW(IAR Embedded Workbench)是一套嵌入式集成开发环境,支持用户采用汇编、C 或 C++编写嵌入式应用程序,针对不同芯片具有特定的代码优化器,对多数主流芯片都有优化支持。

IAR Embedded Workbench for ARM 是 IAR Systems 公司为 ARM 微处理器开发的一个集成开发环境(简称 IAR EWARM),具备高度优化的 IAR ARM C/C++编译器、通用的 IAR XLINK 链接器、IAR DLIB C/C++运行库、功能强大的编辑器、项目管理器及命令行实用程序集。与其他 ARM 开发环境比较,IAR EWARM 有入门容易、使用方便和代码紧凑等特点,且 IAR EWARM 中包含一个全软件的模拟程序(simulator),用户不需要任何硬件支持就可以模拟各种 ARM 内核、外部设备甚至中断的软件运行环境。

IAR Embedded Workbench For 8051(IAR EW8051)是 IAR 针对 8051 芯片提供的开发环境,可以为 8051 系列芯片生成非常高效可靠的 FLASH/PROMable 代码。IAR EW8051 包括一个可重定位的 8051 汇编器,支持 DATA、IDATA、XDATA、PDATA 和 BDATA,在编译器和库中支持多个 DPTR、SFR 的按位寻址,以及最多使用 32 个虚拟寄存器,且含有针对 8051 的模拟调试器 C-Spy。C-Spy 调试器是一个具有 8051 模拟器的全面调试器,支持带有 RTOS 的硬件调试,以及包括 JTAG 调试驱动、ROM 监视器,以及用于创建自己定制的 ROM 监视器驱动程序所需要的源代码和项目。

7.11.5　RT-Thread Studio

RT-Thread Studio 是睿赛德公司为 RT-Thread 操作系统提供的 IDE 开发环境。RT-Thread Studio 的主要功能包括工程创建和管理、代码编辑、SDK 管理、RT-Thread 配置、构建配置、调试配置、程序下载和调试等,结合图形化配置系统以及软件包和组件资源,减少了程序员的重复工作,提高了开发效率。RT-Thread Studio 的主工作界面如图 7-21 所示。

RT-Thread Studio 支持主流的 C/C++语言开发,有强大的代码编辑能力和重构功能。通过简单的向导,可以基于特定的芯片或开发板创建工程,并且自动生成驱动等代码,用于快速验证功能原型;实现了全新图形化配置系统,同时支持架构图和树形图配置;具备丰富的调试功能,便于快速查看和跟踪定位代码问题。

SDK 管理器支持在线快速下载 RT-Thread 稳定版本代码包,并能同步更新 RT-Thread 最新版代码,支持各种芯片支持包、板级支持包(BSP)、编译工具链与调试工具支持包的可视化管理,基于 github 进行自动更新与下载。图 7-22 所示为 RT-Thread SDK 管理器的工作界面。

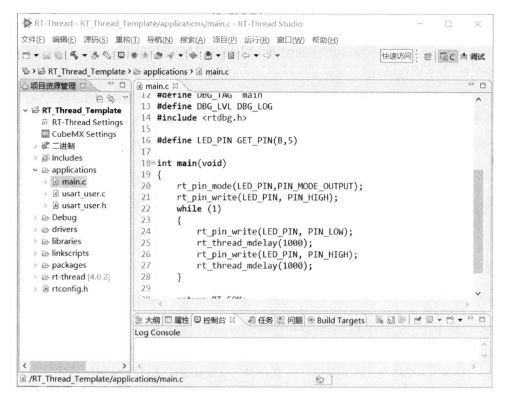

图 7-21　RT-Thread Studior 主工作界面

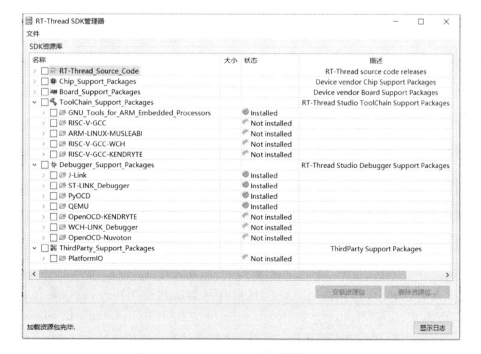

图 7-22　RT-Thread SDK 管理器的工作界面

7.12 嵌入式软件的调试和仿真

7.12.1 软件的调试和仿真

当今软件的复杂性给嵌入式软件的开发者验证其软件功能是否达到预期的目标提出了更高的要求。通过调试工具可测试代码逻辑，发现程序的异常，了解程序的运行路径、函数调用关系、调用参数、调用时间等情况。因此在开发嵌入式软件时，调试是必不可少的一步。与 PC 机软件不同，嵌入式软件的特点决定了其调试具有如下特点。

（1）一般情况下调试器（Debugger）和被调试程序（Debugged）运行在不同的计算机上。调试器主要运行在主机上，而被调试程序运行在目标机上。

（2）调试器通过某种通信方式与目标机建立联系。通信方式可以是串口、并口、网络、JTAG 或专用的通信方式。

（3）一般在目标机上有调试器的某种代理（Agent），这种代理能配合调试器一起完成对目标机上运行的程序调试。这种代理可以是某种软件，也可以是某种支持调试的硬件等。

（4）目标机也可以是一种虚拟机。在这种情形下，似乎调试器和被调试程序运行在同一台计算机上。但是调试方式的本质没有变化，即被调试程序都被下载到目标机上，调试并不是直接通过主机操作系统的调试支持来完成的，而是通过虚拟机代理的方式来完成的。

因此，嵌入式软件的调试又称交叉调试。交叉调试器是指调试程序和被调试程序运行在不同机器上的调试器。调试器通过某种方式能控制目标机上被调试程序的运行方式，并且通过调试器能查看和修改目标机上的内存、寄存器及被调试程序中的变量等。交叉调试与非交叉调试的比较如表 7-4 所示。

表 7-4 交叉调试与非交叉调试的比较

交叉调试	非交叉调试
调试器和目标程序在不同计算机上	调试器和目标程序在相同计算机上
可独立运行，无需操作系统支持	需操作系统支持
目标程序的装载由调试器完成	目标程序的装载由专门的 Loader 程序完成
需要通过外部通信来控制目标程序	不需要通过外部通信来控制目标程序
可以直接调试不同指令集的程序	只能直接调试相同指令集的程序

交叉调试的方式即调试器控制被调试程序运行的方式有很多种，一般可以分为软件调试和硬件调试两种。其中，软件调试可分为模拟软件调试和交叉软件调试，硬件调试包括 Crash&Burn 方式、RomMonitor 方式、RomEmulator 方式、ICE（In Circuit Emulator）方式和 OCD（On Chip Debugging）方式等几种。常用的硬件调试方式是 RomMonitor 方式和 OCD 方式。

1. 模拟软件调试方式和交叉软件调试方式

模拟软件调试方式是一种最简单的调试方式，不需要连接目标板，直接在开发主机上模拟运行目标程序。程序运行环境实际上是在开发主机上模拟目标机环境,因此其调试不可能和真实环境的运行过程完全一样。这种调试方式对于实时性不强、任务简单的小程序可以满足调试需求。

交叉软件调试需要连接目标板,目标程序在目标板上运行,主机和目标机之间通过网络连接,主机能够控制目标机的运行过程。主机和目标机上各自运行有调试软件的客户端和服务器端。GDB 调试器是典型的交叉调试工具。

2. Crash&Burn 方式

最初的调试方式称为“Crash&Burn”,意即“崩溃和固化”。利用该方式开发嵌入式程序的过程如下。

(1) 编写代码和编译通过。

(2) 将程序固化(即 Burn)到目标机上的非易失性存储器中。

(3) 观察程序工作是否正常。

(4) 如果程序不能正常工作(崩溃),则反复检查代码,回到步骤(1)。

(5) 如果程序能正常工作,则结束调试。

显然,这种调试方式对于开发人员而言是非常麻烦的,并且开发效率很低。如果比较幸运,或许还能从目标机打印一些有用的提示信息(如从监视器、LCD 或串口等输出信息);档次低一点的目标机就只能通过指示灯或者示波器等辅助设备进行调试。因此在调试程序时,不得不重复地“烧写—崩溃—烧写—崩溃…”,这种调试方式的难度是可想而知的。

3. RomMonitor 方式

在 RomMonitor 调试方式下,调试环境由 3 部分构成,即宿主机端的调试器、目标机端的监控器(监控程序),以及两者间的连接(包括物理连接和逻辑连接)。调试器一般都支持源代码级调试,高级的还支持任务级调试。RomMonitor 是运行在目标机上的一段程序。它负责监控目标机上被调试程序的运行,通常和主机端的调试器一起完成对应用程序的调试。RomMonitor 预先被固化在目标机的 ROM 空间中,目标机复位后首先执行的就是 RomMonitor 程序。图 7-23 为 RomMonitor 调试方式的原理框图。

RomMonitor 方式明显提高了调试程序的效率,减小了调试的难度,缩短了产品开发的周期,有效地降低了开发成本。RomMonitor 方式的最大好处就是简单、方便。它还可以支持许多高级的调试功能,可扩展性强,成本低廉,基本上不需要专门的调试硬件支持。但是 RomMonitor 方式也具有较多缺点:开发 RomMonitor 的难度比较大;当 RomMonitor 占用 CPU 时,应用程序不响应外部的中断,因此不便于调试有时间特性要求的程序;RomMonitor 要占用目标机一定数量的资源,如 CPU 资源、RAM 资源和通信设备(如串口、网卡等)资源。

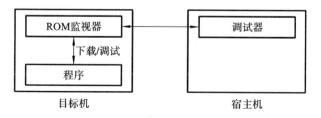

图 7-23　RomMonitor 调试方式的原理框图

4. RomEmulator 方式

RomEmulator 从一定程度上讲,被认为是一种用于替代目标机上 ROM 芯片的设备,即 ROM 仿真器。利用这种设备,目标机可以没有 ROM 芯片,但目标机的 CPU 可以读取 RomEmulator 设备上 ROM 芯片中的内容,因为 RomEmulator 设备上 ROM 芯片的地址可以实时地映射到目标机的 ROM 地址空间,从而仿真目标机的 ROM。图 7-24 为 ROMEmulator 方式的原理框图。

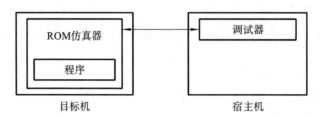

目标机　　　　　　　　　　宿主机

图 7-24　ROMEmulator 调试方式的原理框图

这种调试方式的最大优点就是目标机可以没有 ROM 芯片,却可以使用 RomEmulator 提供的 ROM 空间,并且不需要用别的工具来写 ROM。其缺点是目标机必须能支持外部 ROM 存储空间,且其通常要和 RomEmulator 配合使用。现在大多数目标板都提供 ROM 芯片并且支持在板上直接对 ROM 空间快速进行写操作,所以这种 RomEmulator 属于被淘汰的调试方式。

5. ICE 调试方式

ICE(Incircuit Emulator)即在线仿真器,是一种用于替代目标机上 CPU 的设备。ICE 的 CPU 是一种特殊的 CPU。它可以执行目标机上 CPU 的指令,但它比一般的 CPU 有更多的引出线,能够将内部的信号输出到被控制的目标机。ICE 上的内存也可以被映射到用户的程序空间,这样即使在目标机不存在的情形下也可以进行代码调试。图 7-25 为 ICE 调试方式的原理框图。

目标机　　　　　　　　　　　　　　　　　宿主机

图 7-25　ICE 调试方式的原理框图

在连接 ICE 和目标机时,一般是将目标机的 CPU 取下,将 ICE 的 CPU 引出线接到目标机的 CPU 插槽中。在用 ICE 进行调试时,在主机端运行的调试器通过 ICE 来控制目标机上运行的程序。

采用 ICE 调试方式,可以完成如下的特殊调试功能。

(1) 同时支持软件断点和硬件断点的设置。

(2) 设置各种复杂的断点和触发器。

(3) 实时跟踪目标程序的运行,并可实现选择性地跟踪。

(4) 支持时间戳 Timestamp。

(5) 允许用户设置定时器 Timer。

（6）提供 Shadow RAM，能在不中断被调试程序运行的情况下查看内存和变量，即非干扰调试查询。

ICE 的调试方式特别适用于调试实时应用系统、设备驱动程序，以及硬件功能和性能。利用 ICE 可进行一些实时性能分析，精确地测定程序运行时间（精确到每条指令执行的时间）。ICE 的主要缺点就是太昂贵，一般价格都在几千美元，功能更强的要几万美元。现在 ICE 一般都是在普通的调试工具解决不了问题的情况下或做严格的实时性能分析时才会使用。

6. OCD 方式

OCD(On Chip Debugging)是 CPU 芯片提供的一种调试功能（片上调试），可以认为是一种廉价的 ICE 功能。OCD 的价格只有 ICE 的 20%，但却提供了 ICE80% 的功能。OCD 采用了两级模式的思路，即将 CPU 的模式分为正常模式和调试模式。

正常模式是指除调试模式外 CPU 的所有模式。在调试模式下 CPU 不再从内存读取指令，而是从调试端口读取指令，通过调试端口控制 CPU 进入或退出调试模式。这种模式下主机端的调试器就可以直接向目标机发送要执行的指令，可以读/写目标机的内存和各种寄存器，控制目标程序的运行，完成各种复杂的调试功能。

OCD 方式的主要优点是：不占用目标机的资源，调试环境和最终的程序运行环境基本一致，支持软、硬件断点，跟踪、精确计量程序的执行时间，具有时序分析等功能。

OCD 方式的主要缺点是：调试的实时性不如 ICE 方式，不支持非干扰调试查询，CPU 必须具有 OCD 功能。

比较常用的 OCD 实现有 BDM(Background Debug Mode，背景调试模式)、JTAG 等。其中 JTAG 是主流的 OCD 方式，如图 7-26 所示。

图 7-26　JTAG 调试方式的原理框图

7.12.2　GDB 交叉软件调试

GDB 交叉软件调试主要是通过插入调试桩的方式来进行的。这种方式通过在目标操作系统和主机调试器内分别加入某些功能模块，两者互通信息来进行调试。GDB 交叉调试器分为 GDBServer 和 GDBClient，GDBServer 作为调试桩安装在目标板上，GDBClient 是驻于本地的 GDB 调试器。它们的调试原理图如图 7-27 所示。

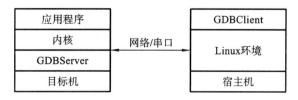

图 7-27　GDB 远程调试原理

GDB 调试的工作流程如下。

（1）通过串口、网卡、并口等多种方式，建立调试器（本地 GDB）与目标操作系统的通信连接。

（2）在目标机上开启 GDBServer 进程，并监听对应端口。

（3）在主机上运行调试器 GDB，这时，GDB 就会自动寻找远端的通信进程，也就是 GDBServer 的所在进程。

（4）主机 GDB 通过 GDBServer 对目标机上的程序发出控制命令。这时，GdbServer 将请求转化为程序的地址空间或目标平台的某些寄存器的访问，这对于没有虚拟存储器的简单的嵌入式操作系统而言是十分容易的。

（5）GDBServer 把目标操作系统的所有异常处理转向通信模块，并告知主机上的 GDB 当前有异常。

（6）主机上的 GDB 向用户显示被调试程序产生了哪一类异常。

GDB 调试方式实质是用软件接管目标机的全部异常处理及部分中断处理，并在其中插入调试端口通信模块，与主机的调试器进行交互。但是它只能在目标机系统初始化完毕、调试通信端口初始化完成后才能起作用，因此，一般只能用于调试运行目标操作系统之上的应用程序，而不宜用来调试目标操作系统的内核代码及启动代码。

7.12.3　JTAG 调试技术

1. JTAG 的概念

JTAG（Joint Test Action Group，联合测试行动小组）是一种国际标准测试协议（IEEE 1149.1 兼容），主要用于芯片内部测试。现在多数的高级器件，如 DSP、FPGA 器件等都支持 JTAG 协议。JTAG 最初是用来对芯片进行测试的，采用边界扫描技术（Boundary Scan）和专用 JTAG 测试工具对芯片进行内部测试。

边界扫描技术的基本思想是在靠近芯片的输入/输出引脚上增加的一个移位寄存器单元就是边界扫描寄存器（Boundary Scan Register）。当芯片处于调试状态时，边界扫描寄存器可以将芯片和外围的输入/输出隔离开来。通过边界扫描寄存器单元可以实现对芯片输入/输出信号的观察和控制。对于芯片的输入引脚，可以通过与之相连的边界扫描寄存器单元把信号（数据）加载到该引脚中去；对于芯片的输出引脚，也可以通过与之相连的边界扫描寄存器"捕获"该引脚上的输出信号。芯片输入、输出引脚上的边界扫描寄存器可以相互连接起来，在芯片的周围形成一个边界扫描链（Boundary Scan Chain）。一般的芯片都会提供几条独立的边界扫描链，用来实现完整的测试功能。在正常的运行状态下，边界扫描寄存器对芯片来说是透明的，所以正常的运行不会受到任何影响。

利用边界扫描链可以实现对芯片的输入/输出进行观察和控制。实际上，对边界扫描链的管理和控制主要是通过 TAP（Test Access Port）控制器来完成的。专门的 JTAG 调试设备实现了 TAP 接口，通过 JTAG 调试设备可以访问芯片提供的所有数据寄存器（DR）和指令寄存器（IR）。JTAG 调试设备也称为 JTAG 实时在线协议转换器，主要完成主机和目标芯片之间符合 JTAG 协议的通信（主机发布的控制命令和目标机的数据返回都必须符合 JTAG 协议）。JTAG 接口一般由 4 个引脚组成：测试数据输入（TDI）、测试数据输出（TDO）、测试时钟（TCK）、测试模式选择引脚（TMS），有的还加了一个异步测试复位引脚（TRST）。

目前,主流 JTAG 调试设备有 14 引脚和 20 引脚两种,其中以 20 引脚为主流标准。经过简单的信号转换后,可以将两种调试设备通用。现在较为高档的微处理器都带有 JTAG 接口,包括 ARM7、ARM9、StrongARM、DSP 等。通过 JTAG 接口可以方便地对目标系统进行测试,同时,还可以实现 ISP(In System Programmable,在线编程),对 Flash 等器件进行编程。JTAG 的在线编程功能改变了传统生产流程中先对芯片进行预编程后再装到板上的工作模式。

一个含有 JTAG 接口模块的 CPU 只要时钟正常,外部就可以通过 JTAG 接口访问 CPU 的内部寄存器和挂在 CPU 总线上的设备,如 Flash、RAM、SOC(如 4510B、44Box、AT91M 系列)内置模块的寄存器,以及 UART、Timers、GPIO 等寄存器。

2. JTAG 的应用

市面上的 JTAG 调试器(即 JTAG 实时在线协议转换器,有时也称 JTAG 仿真器)产品比较多,价格在几百元到几千元之间,图 7-28 所示是某公司基于 JTAG 协议的 ARM 仿真器。

图 7-29 所示是一个采用 JTAG 仿真器进行 ARM 程序调试的环境。当有测试需求时,主机通过 JTAG 协议转换器向 JTAG 接口发出控制指令,此后被测试 CPU 的每个引脚状态都被

图 7-28　基于 JTAG 协议的某 ARM 仿真器

JTAG 扫描单元采样,经过与扫描单元数相等的时钟脉冲之后,输出整个扫描链的采样数据,再经过协议转换器送回到调试目标机,此时,获得的测试数据以可视化形式出现在嵌入式集成开发环境的调试界面。

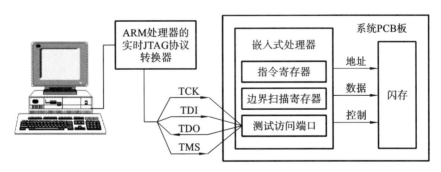

图 7-29　采用 JTAG 仿真器进行 ARM 调试

JTAG 仿真器的连接比较方便,通过现有的 JTAG 边界扫描口与 ARM CPU 内核通信,属于完全非插入式(即不使用片上资源)调试,它无须目标存储器,不占用目标系统的任何端口,而这些是驻留监控软件所必需的。另外,由于 JTAG 调试的目标程序在目标板上执行,仿真更接近于目标硬件,因此,高频操作限制、AC 和 DC 参数不匹配、电线长度的限制等接口问题被最小化了。

JTAG 调试时不需要在目标系统上运行程序,因此对于一个"裸"目标系统也可以进行调试。JTAG 调试除了可以在 RAM 中设置断点外,还可以在 ROM 中设置断点。目前使用集成开发环境配合 JTAG 仿真器进行开发是采用得最多的一种调试方式。

习　题

1. 试述嵌入式交叉编译环境的概念，并以 Linux 为例介绍交叉编译环境的配置过程。

2. 试述嵌入式软件的编译和调试过程。

3. 试述 Linux 内核 6 种配置方式和 config.in 的配置机制。

4. 试述 Linux 驱动程序的结构。

5. 试述 Linux 驱动程序的编译和加载方式。

6. 试述 Linux 中断的上、下半部机制。

7. 试述 BootLoader 的概念和程序结构。

8. 试述嵌入式系统中常用文件系统的概念和结构。

9. 试述 MiniGUI 的结构和应用过程。

10. 试述 JTAG 调试原理。

第8章 嵌入式网络与互联

在很多场合,嵌入式设备并不是处于封闭孤立的工作环境中,而是需要和其他嵌入式设备、外设或通用计算机进行连接,实现数据通信,甚至构成物联网。主要介绍 TCP/IP 网络、典型有线网卡、无线网络操作系统 Contiki、典型无线通信、无线传感网络概念和结构、Zigbee 无线网络、第三方移动网络等。

8.1 嵌入式设备的网络化

随着通用网络技术和电子技术的发展,越来越多的嵌入式设备,尤其是远程分布式测控系统,开始采用网络化的方式来运行和管理,物联网更是嵌入式网络应用的集大成者。网络化已经成为嵌入式设备发展的一种必然趋势。这里所讲的网络化,并不是简单地指 Internet 或 Intranet,而是泛指采用标准的通信协议连接嵌入式设备或计算机,使之构成分布式的网络系统的过程和技术。

由于嵌入式设备的应用环境多种多样,网络通信协议也多种多样,因此很难用一种通用模型来表达嵌入式网络的构建过程。后面各节会针对有线网络或无线网络、自构建网络或第三方网络介绍相关的技术和典型案例。

8.2 TCP/IP 网络

8.2.1 TCP/IP

TCP/IP 是目前 Internet 网络上的事实标准。TCP/IP 采用了 4 层的层级结构,每一层都呼叫下一层所提供的网络服务来完成自己的需求。这 4 层层级分别为应用层、传输层、互连网络层和网络接口层。数据以 TCP/IP 方式从一台计算机传送到另一台计算机,需要经过上述四层通信软件的处理才能在物理网络中传输。

应用层:应用程序间沟通的层,如简单电子邮件传输协议(SMTP)、文件传输协议(FTP)、网络远程访问协议(Telnet)等。

传输层:提供了节点间的数据传送服务,如传输控制协议(TCP)、用户数据报协议(UDP)等,TCP 和 UDP 给数据包加入传输数据并把它传输到下一层中。传输层负责传送数据,并且确定数据已被送达并接收。

互连网络层:负责提供基本的数据封包传送功能,让每一块数据包都能够到达目的主机(但不检查是否被正确接收),如网际协议(IP)。

网络接口层:对实际的网络媒体进行管理,定义如何使用实际网络(如 Ethernet、Serial Line 等)来传送数据。

TCP/IP 其实是一个协议集合,它包括了最重要的 TCP、IP 及其他一些协议。其中,TCP 用于在应用程序之间传送数据,IP 用于在主机之间传送数据。

1. IP

IP 是 TCP/IP 的"心脏",也是网络层中最重要的协议。IP 数据包是不可靠的,因为 IP 并没有做任何事情来确认数据包是按顺序发送的或者是没有被破坏的。IP 数据包中含有发送它的主机地址(源地址)和接收它的主机地址(目的地址)。表 8-1 所示是 IP 数据包的格式。

表 8-1　IP 数据包格式

0	4	8	16	32
版本	首部长度	服务类型	数据包长度	
标识	DF	MF	碎片偏移	
生存时间	协议	首部校验和		
源 IP 地址				
目的 IP 地址				
选项				
数据				

2. TCP

TCP 将数据包排序并进行错误检查,同时实现虚电路间的连接。TCP 数据包包括序号和确认,所以未按照顺序收到的数据包可以被排序,而损坏的数据包可以被重传。TCP 是建立在 IP 之上的可靠协议,是按照顺序发送的。因此,TCP 数据结构比前面的 IP 结构要复杂。表 8-2 所示是 TCP 数据包格式。

表 8-2　TCP 数据包格式

0	8				16		24	31
源端口					目的端口			
序列号								
确认号								
数据偏移	保留	URG	ACK	PSH	SYN	FIN	窗口	
校验和					紧急指针			
选项					填充字节			

3. UDP

UDP 与 TCP 位于同一层,但它不管数据包的顺序、错误或重发。因此,UDP 不被应用于那些使用虚电路的面向连接的服务,UDP 主要用于那些面向查询-应答的服务,如 NFS。欺骗 UDP 数据包比欺骗 TCP 数据包更容易,因为 UDP 没有建立初始化连接(也可以称为握手),在两个系统间没有虚电路,也就是说,与 UDP 相关的服务面临着更大的危险。UDP 数据包包头格式如表 8-3 所示。

表 8-3　UDP 数据包包头格式

0	16	32
UDP 源端口	UDP 目的端口	
UDP 数据报长度	UDP 数据报校验	

8.2.2　TCP/IP 的裁剪

要实现嵌入式设备连接 Internet/Intranet 上网,必须实现 TCP/IP。TCP/IP 是一个协议族,由几百种网络通信协议组成,适用于标准计算机和通用操作系统环境。由于嵌入式设备的资源受限且硬件是定制的,因此嵌入式系统中的 TCP/IP 都必须经过移植和裁剪才能符合嵌入式系统的要求。另外,嵌入式系统的应用环境决定了其数据交互方式简洁、数据流量较小、可靠性要求比较高,因此在嵌入式网络中也只需要实现 TCP/IP 协议族的一个子集而不是所有的 TCP/IP。因而在实际应用中,需要对 TCP/IP 协议栈进行简化。

1. 链路层协议的简化

链路层主要实现硬件接口、ARP 协议及 RARP 协议。其主要作用是在硬件接口上为其上层协议发送和接收数据包。根据物理层采用的标准不同,链路层有多种协议可以选择。嵌入式网络如果要接入以太网就必须实现 IEEE 802.3 规定的 CSMMCD 协议。而实现该协议一般可以采用通用的 NICF 网络接口控制芯片。

以太网上数据的传输是采用网络 MAC 地址来进行识别的,所以要求通信系统必须涵盖具有 IP 地址到 MAC 地址转换功能的 ARP。它包括 ARP 回应协议和 ARP 请求协议。如果要求其他计算机能与嵌入式系统进行主动通信,那么嵌入式系统就应该实现 ARP 响应协议;如果由于嵌入式系统的资源有限,向其他计算机发送信息时使用以太网广播帧发送数据,那么就可以不用实现 ARP 请求协议,同时也不需维护 IP 地址到 MAC 地址的映射。RARP 用于实现从其他服务器中把 MAC 地址转换成 IP 地址的功能。在嵌入式网络中可以把 IP 地址存储于本地内存中,这样就不要求实现 RARP。

2. 网络层协议的简化

网络层主要负责处理数据报在网络中的活动,包括 IP、ICMP 和 IGMP 等。IP 是 TCP/IP 协议族中的核心协议,它使异构网络之间的通信成为可能。如果嵌入式网络需要跨越不同的网络进行通信,就必须要实现 IP。在实际的嵌入式网络应用中,由于传输层协议的应用都比较固定,而且其交给 IP 层处理的数据量往往也比较小,因此可以不支持 IP 定义的复杂机制(如分段机制及各种附加选项),而只使用 IP 提供的最基本的路由功能。

ICMP 主要用来传递差错报文及其他需要注意的信息。该协议规定了多种协议类型和代码,实现完整的 ICMP 将耗费不少的系统资源。对于普通的嵌入式网络的应用而言,只需在 ICMP 协议中实现能够测试网络连通情况的 Ping 应答协议即可。

IGMP 主要用于支持主机和路由器进行组播。嵌入式网络不常采用组播的方式进行通信。因此在通常的嵌入式网络设计中可以不考虑实现 IGMP。

3. 传输层协议的简化

传输层主要为两台主机上的应用程序提供端到端的通信。传输层有两种不相同的传输协议:TCP 和 UDP。TCP 在 TCP/IP 协议族的所有协议里是最复杂的。TCP 使用超时重传机制以实现其可靠性。UDP 没有保证可靠性的机制,同时也没有其他关卡机制,所以可以实现数据的高速传输。由于 UDP 的开销很小,对于使用低速处理器的嵌入式系统,采用 UDP 能得到比采用 TCP 高出很多的传输速率。因此,对微处理器性能有限、实时性要求较高而可靠性要求不高的传输应用就应当使用无连接的 UDP,而对实时性要求相对不高且要保证数据传输可靠性的应用则应当使用面向连接、可靠性高的 TCP。

4. 应用层协议的简化

应用层为通信进程提供了端到端的、与网络无关的传输服务。不同嵌入式系统对嵌入式网络所采用的应用层协议的要求都不同。系统如果要求采用 Email 来发送自己的信息。那么就需要 SMTP 来实现传输。如果系统要求可以通过浏览器方式来访问,那么系统就应该实现嵌入式 HTTP。另外,由于设计中对传输层协议也进行了子集划分,因此应用层协议也必须和传输层所实现的协议相适应。例如,传输层只实现了 UDP,没有实现 TCP,那么在应用层就无法实现与 TCP 有关的 HTTP、FTP、SMTP 等协议。应用层协议纷繁复杂,嵌入式系统必须根据应用需要和传输层协议实现来选择应用层协议。

5. 协议栈的优化

相对于嵌入式系统的需求来说,还可以对协议栈进行优化,从而进一步减小嵌入式系统的硬件开销,例如 TCP 状态机的优化、避免短报文段传输等。

8.2.3　开源 TCP/IP

1. μC/IP

μC/IP 是由 Guy Lancaster 编写的一套基于 μC/OS 且开放源码的 TCP/IP 协议栈,亦可移植到其他操作系统,是一套完全免费的、可供研究的 TCP/IP 协议栈。μC/IP 大部分源代码是从公开源代码的 BSD 发布站点和 KA9Q(一个基于 DOS 单任务环境运行的 TCP/IP 协议栈)移植过来的。μC/IP 具有如下一些特点:带身份验证和报头压缩支持的 PPP,优化的单一请求/回复交互过程,支持 IP/TCP/UDP 协议,可实现的网络功能较为强大并可裁剪。μC/IP 协议栈被设计为一个带最小化用户接口及可应用串行链路网络的模块。根据采用 CPU、编译器和系统所需实现协议的多少,协议栈需要的代码容量空间 30~60KB。

2. uIP

uIP 是专门为 8 位和 16 位控制器设计的一个非常小的 TCP/IP 协议栈。它全部用 C 语言编写,可移植到各种不同的结构和操作系统上。一个编译过的协议栈可以在几千字节 ROM 或几百字节 RAM 中运行。uIP 中还包括一个 HTTP 服务器作为服务内容。

3. LwIP

LwIP 是瑞士计算机科学院的 Adam Dunkels 等开发的一套用于嵌入式系统的开放源代码的 TCP/IP 协议栈。LwIP 的含义是 Light Weight(轻型)IP,相对于 uIP,LwIP 可以移植到操作系统上,也可以在无操作系统的情况下独立运行。LwIP TCP/IP 实现的重点是在保持 TCP 主要功能的基础上减少对 RAM 的占用,一般它只需要几十千字节的 RAM 和 40KB 左右的 ROM 就可以运行,这使 LwIP 协议栈适合在低端嵌入式系统中使用。LwIP 在保持 TCP/IP 基本要求的前提下,在层与层之间共享内存,避免了许多烦琐的复制处理,这样做虽然破坏了严格的分层思想,但大幅度地节省了代码和数据存储空间,因此非常适合嵌入式应用。与其他轻型协议栈不同的是,LwIP 不仅支持一般的网络协议,如 UDP、DHCP、PPP 等,而且还支持多网络接口、IPv6 和标准 API。

选择一个开源协议栈可以从 4 个方面来考虑:①是否提供易用的底层硬件 API,即与硬件平台的无关性;②与操作系统内核 API 之间的接口函数是否容易构造;③对于应用的支持程度;④占用的系统资源是否在可接受范围内,是否有裁剪优化的潜力(这点最关键)。

BSD TCP/IP 协议栈可完整实现 TCP/IP,但代码较庞大,为 $70\sim150$KB,裁剪优化有难度,uIP 代码容量小巧,实现功能精简,限制了在一些较高要求场合下的应用。LwIP 和 μC/IP 是同量级别的两个开源协议栈,两者代码容量和实现功能相似,LwIP 没有操作系统针对性,它将协议栈与平台相关的代码抽象出来,用户如果要移植到自己的系统,需要完成该部分代码的封装,并为网络应用支持提供 API 接口的可选性。μC/IP 最初针对 μC/OS 设计,为方便用户实现移植,同样也抽象了协议栈与平台相关代码。协议栈所需调用的系统函数大多参照 μC/OS 内核函数原型设计,并提供了协议栈的测试函数,方便用户参考,其不足在于该协议栈对网络应用支持不足。

8.2.4　接入 TCP/IP 网络

一旦在嵌入式设备中实现了 TCP/IP,就可以把嵌入式设备直接连入 Internet/Intranet。目前,把嵌入式设备网络化的方式有很多种。从嵌入式设备(或应用)的形态、结构、规模、成本等多种方面考虑,可以采用以下两种方式来实现。

1. PC 机网关技术

基于 PC 机网关的访问方式是指在网络用户和嵌入式设备之间使用 PC 机做网络专用接入设备的方式。由于 PC 机具有丰富的软、硬件资源,安装有功能强大的操作系统(如 Windows XP 或标准 Linux)和完整的 TCP/IP 协议栈,因此可以借用 PC 的网络接入能力来间接实现多嵌入式设备的网络控制。通过 PC 机网关构建的嵌入式网络体系结构如图 8-1 所示。

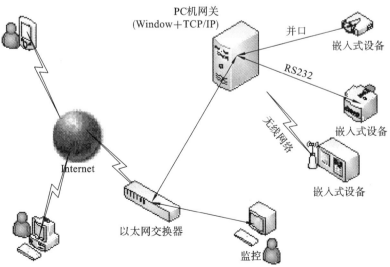

图 8-1　通过 PC 机网关构建的嵌入式网络

PC 机具有独立的网卡和 IP 地址,安装有 TCP/IP,能够方便地接入 Internet 或 Intranet。此外,PC 机上还安装有嵌入式设备的监控程序,该监控程序以服务的方式在后台运行。监控程序的功能有两个:一是接收网络用户发布的命令和参数,并把它们解析之后传递给嵌入式设备;二是接收来自嵌入式设备的状态和数据,并把它们封装之后传递给网络用户。该方式对嵌入式设备的性能要求比较低,嵌入式设备不需要具有额外的计算和存储能力,也不需要直接支持 TCP/IP,只需通过各种简单通用的接口(如 RS 232 接口、并口、USB 接口、红外或蓝牙等无线接口)与 PC 机进行数据通信就可以了。该网络结构的工作原理如下:用户通过网络把命令或参数发给 PC 机网关,由 PC 机上的监控程序把数据通过通用接口转发给嵌入式设备,嵌入式设备执行命令之后把结果通过通用接口返回给 PC 机,并由监控程序转发给网络上的远程用户。

PC 机网关访问网络方式的缺点是显而易见的,作为网关的 PC 机外型庞大、成本较高,实现方式缺乏灵活性。同时嵌入式设备只能以串行方式与 PC 机进行通信,这会导致整个系统效率的下降,实时性不强,不能充分体现嵌入式设备小巧、廉价和灵活的特点。这种方式自身固有的一些缺点限制了嵌入式设备的进一步应用。

2. 在嵌入式设备上实现 TCP/IP 和网络接入

该网络结构直接在嵌入式设备上实现网络接入功能,嵌入式设备直接接收网络用户的命令和参数,并能直接向网络用户返回结果数据,图 8-2 显示了该网络的结构。

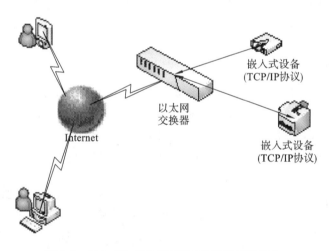

图 8-2 嵌入式设备实现 TCP/IP 实现网络接入

该方式不需要借助其他任何额外的代理或网关就可以将嵌入式设备连入 Internet/Intranet。每个嵌入式设备都具有独立的 IP 地址,实现了 TCP/IP。用户则通过网络对设备进行访问,即可直接访问相应的嵌入式设备。这种访问网络的方式具有方便、灵活的特点,不需要专门的网关就可以让嵌入式设备以低成本直接连入 Internet/Intranet,与嵌入式设备的微型化、网络化和智能化的发展趋势相吻合,同时这种方式能够很好地支持分布式应用,是将来嵌入式设备发展的主流方向。

在该网络结构中,嵌入式设备内部实现的 TCP/IP 协议栈是一个根据用户需求经过了简化和删减的最小 TCP/IP。在比较简单的情况下,可以只实现 TCP 或 UDP 传递简单的数据;在复杂的情况下,还可以实现 Web Server 或 FTP Server 等复杂的网络应用协议。具体需要实现何种协议需要根据硬件资源和应用的需要来设计。能够实现上网功能的嵌入式设备的硬件平台至少要由嵌入式 CPU、存储芯片、网络接口芯片等部分构成。其中,网络接口芯片用来支持以太网协议。嵌入式设备的软件平台至少应包括 TCP/IP 协议栈和应用软件。

在该方式中实现嵌入式设备上网,根据硬件资源和应用需要也有 3 种实现方法:一是直接面向硬件实现 TCP/IP 实现网络接入;二是在嵌入式操作系统基础上移植 TCP/IP 实现网络接入;三是采用硬件协议栈。这 3 种方法的实现过程、难度、效率和成本有很大的差异。

8.2.5　典型网络接口芯片

在嵌入式系统中增加网络接口控制器(Network Interface Controller,简称 NIC),通常有两种方法实现。第一种方法是直接采用带有以太网接口控制器的嵌入式处理器。这种方法要求嵌入式处理器有通用的网络接口控制器,通常这种处理器是面向网络应用而设计的,通过内部总线的方法实现处理器和网络数据的交换。另一种方法采用嵌入式处理器加网卡芯片结构。这种方法对嵌入式处理器没有特殊要求,只要有合适的总线能把网络接口控制器连接到嵌入式处理器即可。第二种方法的通用性强,不受处理器的限制,只不过处理器要能提供合适的总线,能连接网络接口控制器。

1. 网络接口控制器

网络接口控制器是嵌入式设备连接网络的核心控制芯片,它负责完成开放系统互联参考模型(OSFRM)的数据链路层功能。通常所使用的网卡就是 NIC 及其他外围芯片与电路构成的。网络接口控制器的种类很多,按照它所实现的数据链路层协议,网络接口控制器可以分成以下 3 类:基于以太网的 NIC(IEEE8O2.3 标准)、基于令牌总线网的 NIC(IEEE8O2.4 标准)和基于令牌环网的 NIC(IEEE802.5 标准)。

NIC 主要用来控制网络和主机间的数据传输,主要由接收功能模块、CRC 产生校验功能模块、发送串行功能模块、地址识别逻辑模块、FIFO 和 FIFO 控制逻辑、协议逻辑阵列、DMA 和缓冲控制逻辑等模块来实现数据传输。

接收模块主要用来把串行输入的比特流进行 8 位分割,然后把分割后的比特流(8 位)并行送入 16 字节的 FIFO。

发送串行模块负责把 FIFO 中的并行数据转变成串行数据并发送,同时把串行化数据送入 CRC 产生校验功能模块,以计算校验和,该校验和附加在数据帧之后发送出去。

地址识别逻辑模块用来识别接收到的帧的目的地址域中的 6 字节长的地址,并与地址寄存器组中的地址进行地址匹配。若不匹配,则拒绝接收该帧。判断依据是本地网卡的物理地址和多址寄存器组中的地址是否与接收帧的目的地址相符。

选择 NIC 以太网控制芯片要考虑以下几个因素。

(1)主控芯片的位数(单片以 8 位为主,ARM 等以 32 位为主),选用的以太网控制芯片也必须支持相应的工作模式。

(2)以太网控制芯片的缓存应尽可能大。

(3)以太网控制芯片和主控芯片的数据交换方式。

表 8-4 是目前市面上几种可供选用的以太网控制芯片及其主要特性。

表 8-4　典型以太网控制芯片及其特性

生产厂商	型号	片内缓存	8 位支持模式	相对价格
SMSC	LAN91C111	8KB	是	高
国家半导体(NI)	DP8390	无	是	低
Davicom	DM9008F	16KB	是	低
Realtek	RTL8019AS	16KB	是	低
Cirrus Logic	CS8900A	4KB	否	高

2. CS8900 芯片

CS8900 芯片是 Cirrus Logic 公司生产的一种局域网处理芯片,在嵌入式领域中的使用非常广泛。它采用 100 引脚 TQFP 封装,内部集成了 RAM、10Base-T 收发滤波器,并且提供 8 位和 16 位两种接口。CS8900 芯片复位后的默认工作方式为 I/O 连接,I/O 模式简单易用。CS8900 芯片独特的 Packet Page 结构可自动适应网络通信量模式的改变和现有系统资源,从而提高系统效率。

3. RTL8019AS

RTL8019AS 是 Realtek 公司生产的高集成度芯片,它提供了遵守 IEEE802.3 标准所有的 MAC 和编解码功能。RTL8019 采用 100 引脚 POFP 封装。它支持 PnP 自动探测,符合 Ethernet II 与 IEEE802.3(10Base5、10Base2、10Base-T)标准,内嵌 16KB SRAM,有全双工通信接口,可以通过交换机在双绞线上同时发送和接收数据,使带宽从 10 MHz 增加到 20 MHz,是进行以太网通信的理想器件。

根据数据链路不同,可以将 RTL8019AS 内部划分为远端 DMA(remote DMA)通道和本地 DMA(local DMA)通道两个部分。本地 DMA 完成控制器与网线的数据交换,主处理器收发数据只需对远端 DMA 操作。当主处理器要向网上发送数据时,先将一帧数据通过远端 DMA 通道送到 RTL8019AS 的发送缓存区,然后发出传送命令。RTL8019AS 在完成上一帧的发送后,再完成此帧的发送。RTL8019AS 接收到的数据通过 MAC 比较、CRC 校验后,由 FIFO 存到接收缓冲区,收满一帧后,以中断或寄存器标志的方式通知主处理器。RTL8019AS 的工作原理如图 8-3 所示。

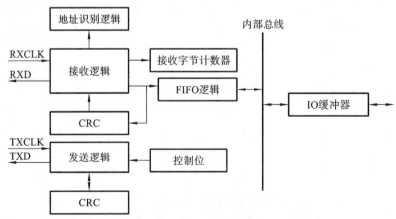

图 8-3　RTL8019AS 的工作原理

在图 8-3 所示中,接收逻辑在接收时钟的控制下,将串行数据拼成字节送到 FIFO 和 CRC。发送逻辑将 FIFO 送来的字节在发送时钟的控制下逐步按位移出,并送到 CRC。CRC 逻辑在接收时对输入的数据进行 CRC 校验,将结果与帧尾的 CRC 比较,如不同,该帧数据将被拒收,在发送时 CRC 对帧数据产生 CRC,并附加在数据尾传送。地址识别逻辑对接收帧的目的地址与预先设置的本地物理地址进行比较,如不同且不满足广播地址的设置要求,则该帧数据将被拒收。FIFO 逻辑对收发的数据作 16 个字节的缓冲,以减少对本地 DMA 请求的频率。

4. DM9000 芯片

DM9000 是 Davicom 公司的一款以太网控制芯片,在网络中它可自动获得同设定 MAC 地址一致的 IP 包,完成 IP 包的收发。DM9000 有一个 10/100 M 自适应物理层接口 PHY 以及一块 4KB 双字 SRAM。DM9000 同时支持 8 位、16 位和 32 位接口访问内部存储器,便于支持不同的处理器,物理层接口完全支持 10 MBs 下 3 类、4 类、5 类非屏蔽双绞线和 100 MBs 下 5 类非屏蔽双绞线,完全符合 IEEE 802.3u 规格标准。DM9000 还支持 IEEE 802.3x 全双工流量配置。DM9000 的功能简单化使得用户可以方便地移植各种系统下的以太网端口驱动程序。

8.2.6　RTL8019AS 的应用实例

RTL8019AS 的性价比很高,使用十分普遍。在众多实现方案中,以单片机(MCU)为核心的实现方案具有一定的代表性。虽然实现起来有一定困难,仍因其极低的成本,格外受到重视。本节以在信息家电及某些低端嵌入式设备中使用十分广泛的网络接入方案为例,介绍 RTL8019AS 和 MCU 结合实现网络接入的方案。这种方案的成本非常低,而且扩展起来非常方便灵活,再配上小型嵌入式实时操作系统的支持,就可以实现性价比很高的嵌入式多任务 Internet 平台。图 8-4 所示为一种 RTL8019AS 与 MCU 相结合的方案。

图 8-4　嵌入式网络接口实现方案

图 8-5 显示了单片机 AT89C51 和 RTL8019AS 的网络接入原理。RTL8019 有 16 根数据线,但是通信可以采用字节方式,使用 8 位数据线即可与 AT89C51 单片机接口,故只需用到低 8 位数据线。因此,RTL8019AS 的 IOCS16B 引脚应当下拉接地以选择 8 位总线方式。

以太网芯片 RTL8019AS 有 3 种接口工作模式:跳线方式、即插即用方式(Plug and Play)和免跳线方式。在嵌入式系统中,以太网芯片是不经常插拔的,所以为了系统的精简,减少连线,将 RTL8019AS 配置为跳线模式,即设置 RTL8019AS 的 65 脚 JP 为高电平(接到 VCC)来实现。

由于 AT89C51 系统没有 DMA 控制器,因此将 RTL8019 的 AEN 引脚接地。P0 口作为数据通信端口,P2.0～P2.4 作为 RTL8019 芯片的 I/O 端口寻址地址线,进行远端的 8 位 DMA 传输。这里的 DMA 不是通常意义上的 DMA,它的数据接收还是要通过 AT89C51 进行控制,只不过主机只要给出读/写的起始地址和读/写长度就可以对 RTL8019AS 的 RAM 进行读/写。每读一次数据,RTL8019 的 RAM 就自动加 1。

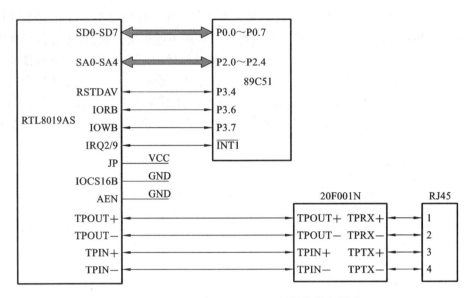

图 8-5 AT89C51 和 RTL8019AS 的网络接入原理

图 8-5 所示中,单片机的 P3.6 和 P3.7 作为 RTL8019 的读/写选通引脚,RTL8019AS 的 IRQ2/9 作为外部中断引脚。RTL8019AS 的 RSTDAV 端口是 ISA 总线的复位端,高电平有效,至少需要 800ns 的宽度。引脚 TPIN+、TPIN-、TPOUT+、TPOUT-作为媒体接口管脚,是接收 IP 数据报所需要用到的管脚。在设计网卡芯片电路时,通过一个隔离变压器 20F001N 和 RJ45 的网络外接口相连,外部主机通过以太网网线与 RJ45 接口进行连接,实现数据交换。20F001N 是双绞线的驱动/接口,其内部有两个传输变压器。

8.2.7 DM9000 的应用实例

本节以 STM32F103ZET6 芯片为例介绍 DM9000 网络接口控制器与处理器的连接过程和实际电路设计。DM9000 网络接口控制器的主要引脚名称和作用如下。

PWRST:用于硬件复位。

INT:中断信号引脚,高电平有效。处理器通过此信号判断是否收到网络数据包。

CS:片选信号引脚。

WR:控制写引脚。

RD:控制读引脚。

CMD:用于标识访问类型。高电平时访问数据端口,低电平时访问地址端口。

SD0~SD15:0~15 位的数据/地址复用总线,由 CMD 引脚决定访问类型。

RX+、RX-、TX+ 和 TX-:物理层接收/发送端口,+为正极,-为负极。

X1、X2:外部 25 M 晶振时钟引脚。

LED1、LED2:外接工作指示 LED 引脚,指示当前工作模式、带宽等。

图 8-6 的电路图展示了 STM32F103ZET6 与 DM9000 的典型连接方式。电路中 STM32F103ZET6 通过 FSMC 总线访问 DM9000 芯片,此时对于 STM32F103ZET6 来说,DM9000 就是一个特殊的静态存储器外设,通过类似对静态存储器的操作访问 DM9000 中存储的以太网数据帧。本例中 DM9000 采用 16 位模式,数据线 SD0~SD15 直接与 FMSC 数据

线低 16 位 FSMC_D0~FSMC_D15 相连；DM9000 片选信号线 CS 连接至 FSMC 片选信号 FSMC_NE4，因此 DM9000 端口地址为 0x6c000000；而 DM9000 的中断信号线 INT 可直接连接至 STM32F103ZET6 的 I/O 口，在程序中激活处理器对应 I/O 口的中断复用功能。当 DM9000 收到数据后，硬件自动将中断信号线 INT 拉高，此时 STM32 会检测到中断，以中断方式接收网卡数据，在中断服务程序中对数据进行后续处理。

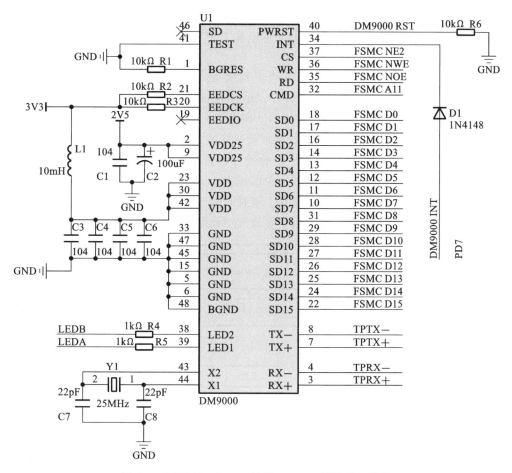

图 8-6　STM32F103ZET6 控制 DM9000 网络接口芯片

8.5　无线网络操作系统 Contiki

8.5.1　Contiki 简介

很多物联网节点在网络中不仅要完成数据采集的任务，还要负责网络拓扑的构建与维护，不可避免地涉及多任务的协调与调度，因此需要使用嵌入式操作系统。传统的嵌入式操作系统如 VxWorks、μCOSII 等，在嵌入式领域的应用十分广泛，提供了多任务管理、内存管理、中断管理等功能。但是这些系统诞生在以控制任务为中心的背景下，对硬件性能的要求较高，不适合性能较低的无线节点。另外,缺乏对物联网协议的支持也是传统嵌入式系统的一大弱点。Contiki 操作系统是广泛应用在物联网节点做网络协议运行环境的操作系统。其特点如下。

(1) Contiki 充分考虑了物联网芯片的特点,即节点的运算能力低、存储容量较小,只需要极少的硬件资源即可正常运行。典型的 Contiki 配置仅消耗 2KB 的 RAM 和 40KB 的 ROM。

(2) Contiki 提供了事件驱动内核以及多线程库,能够满足任务的并发需求,特别适合物联网场景的多任务需求。

(3) Contiki 内部集成 uIP 协议栈,能够提供基于 IPv6 的 UDP/TCP 的网络服务,方便数据采集业务的扩展和上层应用升级。

Contiki 是一个完全开源、支持网络的多任务嵌入式操作系统,由 LWIP 协议作者 Adamdunkels 团队和 ETH 大学共同开发。Contiki 主要包含多任务调度核心以及无线通信协议栈,采用 C 语言开发,极易于移植和使用。典型的 Contiki 配置仅需要 2KB 的 RAM 以及 40KB 的 ROM,十分适合资源受限的无线传感器网络或者物联网场景。

如图 8-7 所示,Contiki 系统运行在特定的硬件平台之上,最下层是与平台相关的驱动程序,包括射频模块驱动、传感器驱动、时钟相关的函数、与 CPU 相关的库函数等底层函数。这些程序直接面向硬件的寄存器编程,通过在上层接口注册函数的方式为上层应用提供抽象的应用程序接口。因此在移植操作系统时,主要修改驱动层。

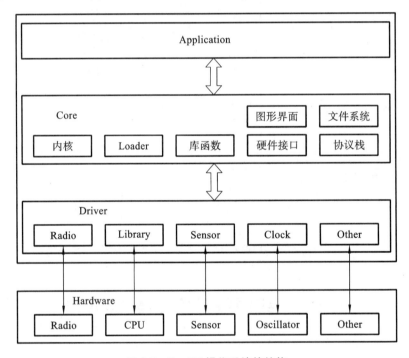

图 8-7　Contiki 操作系统的结构

驱动层之上就是 Contiki 的内核层。内核层包括一个事件驱动型内核、一个模块加载器、图形界面、文件系统、硬件接口以及 uIP 协议栈。考虑到系统的简化,内核没有硬件抽象层,设备驱动和硬件之间是直接通信的,并且内核模块可以根据需求进行裁剪。

应用层位于内核层之上,应用由多个线程构成,所有的线程共享相同的地址空间,线程间的通信必须经过内核,通信的方式可以通过事件触发来完成。

Contiki 主要包含多任务调度核心以及无线通信协议栈。在 Contiki 中有完整的 6LoWPAN

协议(一种基于 IPv6 的低速无线个域网标准,即 IPv6 over IEEE 802.15.4)的实现,在路由方面采用的是 Contiki RPL 路由协议。RPL 路由协议即 IPv6 低功耗有损网络路由协议。上层配置可采用 Coap 协议,Contiki 不仅高度可配置模块化,而且已广泛支持多种微处理器芯片,包括常用的 TI CC253X 系列、msp430、ARM 系列等,同时在工程中有大量示例代码可供读者参考。

Contiki 操作系统同时遵循模块化架构,在内核中构建事件驱动型模型,对每个单独的进程都提供可选的线程设施。事件驱动使得系统在无需响应时处于休眠状态而非空转,极大地节省了能耗。Contiki 操作系统提供轻量级 protothreads 进程模型,可在事件驱动的内核上提供线性流程。类似线程的编程模型易于理解和编写,每个 protothread 不需要自己的堆栈而公用同一堆栈,程序断点利用两个字节的行号表征即可,十分节省内存。

2.7 版本的 Contiki 可从 Contiki 官网或 GitHub 上下载源码,解压后总体积约为 37 MB,主要目录和内含文件如下。

apps 目录下主要为 Contiki 上层实现的应用代码,用户可以通过相应的配置编译运行,主要应用包括 dhcp 功能、邮件功能、ftp、远程登录、web 端通信等。

core 目录下为系统的内核实现,内部分别有与 coffee 文件系统相关的 cfs 目录、与设备相关的 dev 目录、系统库函数调用的 lib 目录、分步加载的 loader 目录、与网络相关的 net 目录以及与系统相关的 sys 目录。net 目录下为 Contiki 整个网络协议栈的实现代码,其中包含了 mac、rime 以及 rpl 目录,剩余文件和数据接收与发送缓冲区管理、uIP 协议栈初始化、头部压缩以及碰撞重发等内容相关。

sys 目录下均为文件,主要与时钟配置、各类定时器的实现、能耗控制、进程初始化以及进程调度相关。

cpu 目录下为已经移植支持的 CPU,主要包括 TI 的 CC 系列、x86、arm、msp430 以及 stm32。

doc 目录下主要为文档介绍以及相关的示例代码,比如对内存、网络、Rime 协议栈、uip6 等文档介绍;示例代码有 C/S 通信、进程调度处理及链表操作等。

examples 目录下主要为应用实现的实例工程,譬如专门针对 cc2530 的路由边界、外设测试、C/S 通信代码实例等,以及通用邮件、ipv6、shell 实现等代码。

platform 里包含的是 Contiki 已经移植的平台,约 39 个,典型的譬如 Win32 平台、TI CC2530 平台、cooja 仿真平台以及 sky 平台等。

regression-test 中则是一些系统主要功能的回归测试文件。Tools 目录下是 Contiki 提供的一些工具,主要包括 cooja 仿真、cygwin 仿真、coffe 文件系统管理工具以及仿真平台的数据收集工具等内容。

8.5.2　uIP 网络协议栈

Contiki 系统最大的优势就在于其集成的 uIP 协议栈。uIP 协议栈集成了 IP 协议、ICMP 协议、UDP 协议以及 TCP 协议,资源占用极低,只需要大约 1KB 的 RAM 和 5KB 的 ROM 空间即可正常运行。在 Contiki 中,应用程序在内核的调度下使用 uIP 协议栈,其关系如图 8-8 所示。

当通信设备驱动取得射频模块接收到的数据包后执行输入处理程序,由 uIP 的输入处理函数对数据报头进行解析。首先检测报头的首字节确认 IP 包的版本号,然后根据长度字段检测 IP 数据包的合法性。如果长度字段大于缓存的数据包实际长度,则认为数据包无效并被丢弃。如果长度字段小于实际长度,则说明任务数据包结构完整但报尾有对齐数据。接下来对地址字段进行检查。如果数据包源地址非法,则被丢弃;否则根据目的地址决定是否转发消息。如果目的地址与节点地址相匹配,将会对数据包的扩展首部进行处理。若在扩展首部中发现错误,则向发送方回复一个 ICMPv6 差错报文。uIP 输入处理程序在验证完 IP 报头、报文长度、地址字段都没有问题后,将数据包交给传输层处理。以 UDP 协议为例,处理程序首先计算 UDP 校验和确保数据包没有错误,然后通过 UDP 端口号寻找数据要传送到的应用程序,应用程序在操作系统的调度下获得 CPU 的使用权,对应用数据做进一步的处理。其流程如图 8-9 所示。

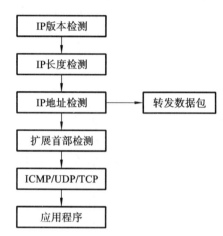

图 8-9　uIP 输入处理流程

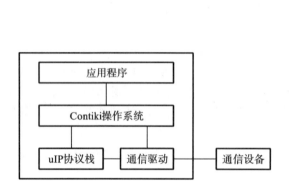

图 8-8　Contiki 操作系统与 uIP 协议栈的关系

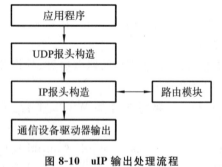

图 8-10　uIP 输出处理流程

uIP 的输出处理可以视为输入处理的逆过程。以 UDP 协议为例,应用程序在建立 UDP 连接后调用发送函数即可触发 uIP 协议栈的输出处理流程。处理流程首先为应用数据添加 UDP 报头,包括端口信息、校验和信息等。然后由 IP 层为其添加报头并计算校验和,其中报头的目的地址构造过程中会调用路由模块获得下一跳地址,最终得到的完整报文将通过通信设备驱动器输出。其流程如图 8-10 所示。

8.5.3　Contiki OS 移植和应用

Contiki 采用 C 语言编译,在 Linux 开发环境下可使用 GCC 和 IAR 软件编译平台;Contiki 采用 Makefile 管理工程编译,采用 IAR 效率更高,编译速度更快。

Contiki OS 属于嵌入式操作系统,主函数是一个死循环。它的内核是基于事件驱动的,是一个不断处理事件的过程,整个运行过程也是通过事件触发的,每个事件都对应一个进程,当事件被触发时,执行权就由对应的进程执行。典型的 Contiki OS 运行原理如图 8-11 所示,事件处理流程如图 8-12 所示。

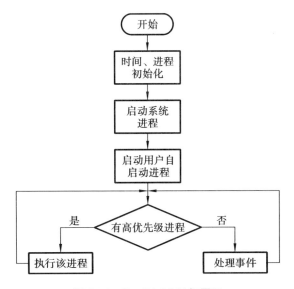

图 8-11　Contiki OS 运行原理

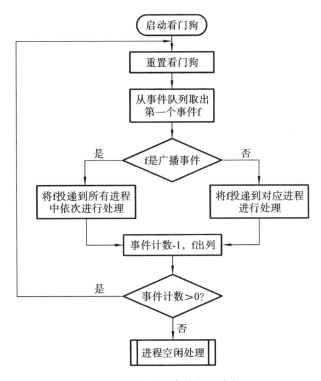

图 8-12　Contiki 事件处理流程

官方的 Contiki 源码是在 Linux 环境下开发的,移植到 IAR 上,要解决 GCC(用 Makefile 管理工程编译)与 IAR 的 IDE 的差异,且 GCC 的内嵌汇编与 IDE 的内嵌汇编格式也有很大不同,调用的头文件也不同。先创建一个工程文件,在工程文件里面添加 Contiki 源代码的内核文件。其内核文件只需添加库函数模块 Lib、网络模块 net 以及系统模块 sys 即可。

Contiki 内核的移植需要修改 clock.c 和 contiki-conf.h 文件。clock.c 有 2 个函数需要适配对应硬件平台。

void clock_init(void):用来设置一个定时器,每秒产生 clock_second 个 tick;

void Sys Tick_handler(void):tick 产生中断时递增时间,检测是否有超时事件发生;

contiki-conf.h:对 contiki 系统的参数进行设置。文件 clock.c 的头文件声明在 sys 文件下的 clock.h 中,sys_handler.c 和 sys_handler.h 用于完成系统的初始化和系统工作模式的选择,系统运行时 sys_init()最先被调用。网络模块 net 用来添加 Rime 协议栈。

8.6　无　线　通　信

无线网络(Wireless Network)是由许多独立的无线节点通过无线电波相互通信而构成的无线通信网络。广义地说,凡是采用了无线传输媒体的网络都可以称为无线网络,它的传输媒体可以是无线电波、光波或红外线。

无线网络具有无须布线、在一定的区域可以漫游、运行费用低廉等优点,这些优点使得它在许多应用场合都发挥了不可替代的作用。例如,在移动环境或设备中(战场、流动医院、交通工具)往往必须采用无线方式实现数据传输,又如在一些特别隔离区域(重症病房、临时救护场所、医学隔离区域)不适合采用有线网络通信,无线网络是实现视频通信的最佳选择。无线网络组网方式多种多样,典型的有商业化的移动通信网络(如 GPRS 网络、CDMA 网络)、无线局域网(WLAN)、基于红外或蓝牙等技术实现的非商业化自组网络。

8.6.1　2.4GHz 无线通信

从理论上来讲,2.4GHz 是工作在 ISM 频段的一个频段。ISM 频段是工业、科学和医用频段。一般来说世界各国均保留了一些无线频段,用于工业、科学研究和微波医疗方面的应用。应用这些频段无须申请许可证,只需要遵守一定的发射功率(一般低于 1W),并且不对其他频段造成干扰即可。因此,无线局域网 WLAN、蓝牙、ZigBee 等无线网络均可工作在2.4 GHz 频段上。它们采用的协议不同,又区别于其他 2.4GHz 技术而被称为 WLAN 或蓝牙或 ZigBee。例如,蓝牙技术广泛应用于蓝牙耳机,手机也可以集成蓝牙功能等。

nRF2401 是单片射频收发芯片,工作于 2.4～2.5GHz ISM 频段,芯片内置频率合成器、功率放大器、晶体振荡器和调制器等功能模块,输出功率和通信频道可通过程序进行配置。芯片能耗非常低,工作电流只有 10.5 mA,接收时工作电流只有 18 mA,具有多种低功率工作模式和方便的节能设计。nRF2401 适用于多种无线通信场合,如无线数据传输系统、无线鼠标、遥控开锁、遥控玩具等。

1. 芯片结构

nRF2401 内置地址解码器、FIFO 堆栈区、解调处理器、时钟处理器、GFSK 滤波器、低噪声放大器、频率合成器、功率放大器等功能模块,只需要很少的外围元件便可工作,使用起来非常方便,采用 QFN24 引脚封装,外形尺寸只有 5 mm×5 mm。nRF2401 的功能模块如图 8-13所示,引脚说明如表 8-5 所示。

2. 工作模式

nRF2401 的工作模式有 4 种,即收发模式、配置模式、空闲模式和关机模式。nRF2401 的工作模式由 PWR_UP、CE 和 CS 这 3 个引脚决定,详见表 8-6。

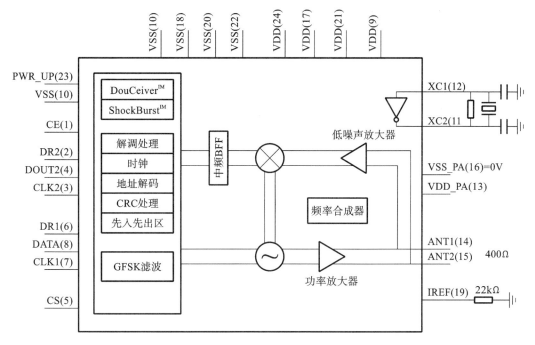

图 8-13　nRF2401 的功能模块

表 8-5　nRF2401 的引脚说明

引脚	名称	引脚功能	描述
1	CE	数字输入	使 nRF2401 工作于接收或发送状态
2	DR2	数字输出	频道 2 接收数据准备好
3	CLK2	数字 I/O	频道 2 接收数据时钟输入/输出
4	DOUT2	数字输出	频道 2 接收数据
5	CS	数字输入	配置模式的片选端
6	DR1	数字输出	频道 1 接收数据准备好
7	CLK1	数字 I/O	频道 1 接收数据时钟输入/输出
8	DATA	数字 I/O	频道 1 接收/发送数据端
9	DVDD	电源	电源的正数字输出
10	VSS	电源	电源地
11	XC1	模拟输出	晶振 1
12	XC2	模拟输入	晶振 2
13	VDD_PA	电源输出	给功率放大器提供 1.8V 的电压
14	ANT1	天线	天线接口 1
15	ANT2	天线	天线接口 2
16	VSS_PA	电源	电源地
17	VDD	电源	电源正端
18	VSS	电源	电源地
19	IREF	模拟输入	模数转换的外部参考电压

引脚	名称	引脚功能	描述
20	VSS	电源	电源地
21	VDD	电源	电源正端
22	VSS	电源	电源地
23	PWR_UP	数字输入	芯片激活端
24	VDD	电源	电源正端

2）工作模式

nRF2401 有工作模式有 4 种：收发模式、配置模式、空闲模式和关机模式。nRF2401 的工作模式由 PWR_UP、CE、TX_EN 和 CS 等引脚决定，详见表 8-6。

表 8-6　nRF2401 的 4 种工作模式

工作模式	PWR_UP	CE	CS
收发模式	1	1	0
配置模式	1	0	1
空闲模式	1	0	0
关机模式	0	×	×

1）收发模式

收发模式有 ShockBurstTM 收发模式和直接收发模式两种，收发模式由器件配置字决定。在 ShockBurstTM 收发模式下，使用片内的 FIFO 堆栈区，数据低速从微控制器送入，但高速（1 Mb/s）发射，这样可以尽量节能。因此，使用低速的微控制器也能得到很高的射频数据发射速率。与射频协议相关的所有高速信号处理都在片内进行，这种做法有三大优点：节能、系统费用低（低速微处理器也能进行高速射频发射）、数据在空中停留时间短。nRF2401 的 ShockBurstTM 技术同时也减小了整个系统的平均工作电流。在 ShockBurstTM 收发模式下，nRF2401 自动处理字头和 CRC 校验码。在接收数据时，自动把字头和 CRC 校验码移去。在发送数据时，自动加上字头和 CRC 校验码，当发送过程完成后，数据准备好引脚通知微处理器数据发射完毕。在直接收发模式下，nRF2401 如传统的射频收发器一样工作。

2）配置模式

在配置模式下，15 字节的配置字被送到 nRF2401，通过 CS、CLK1 和 DATA 这 3 个引脚完成，具体的配置方法请参考器件配置部分。

3）空闲模式

nRF2401 的空闲模式是为了减小平均工作电流而设计的，其最大的优点是在实现节能的同时，能缩短芯片的启动时间。在空闲模式下，部分片内晶振仍在工作，此时的工作电流跟外部晶振的频率有关，如外部晶振为 4 MHz 时工作电流为 12μA，外部晶振为 16 MHz 时工作电流为 32μA。在空闲模式下，配置字的内容保持在 nRF2401 片内。

4）关机模式

在关机模式下，为了得到最小的工作电流，一般此时的工作电流小于 1μA。关机模式下，配置字的内容也会被保持在 nRF2401 片内，这是该模式与断电状态最大的区别。

3. 器件配置

nRF2401 的所有配置工作都是通过 CS、CLK1 和 DATA 这 3 个引脚完成的，将其配置为

ShockBurst 收发模式需要 15 个字节的配置字,而如把其配置为直接收发模式则只需要两个字节的配置字。在配置模式下,注意保证 PWR_UP 引脚为高电平,CE 引脚为低电平。配置字从最高位开始,依次送入 nRF2401。在 CS 引脚的下降沿,新送入的配置字开始工作。

4. nRF2401 最小系统实例

图 8-14 所示为 nRF2401 的一个最小应用电路,只需要 14 个外围元件。nRF2401 应用电路一般工作于 3V,它可用多种低功耗微控制器进行控制。在设计过程中,设计者可使用单鞭天线或环形天线,图 8-14 所示中为 50Ω 单鞭天线的应用电路。在使用不同的天线时,为了得到尽可能大的收发距离,电感、电容的参数应适当调整。

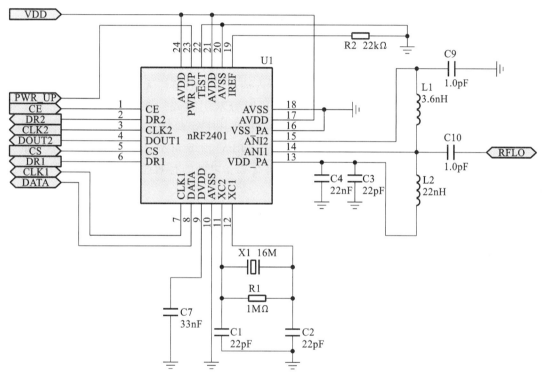

图 8-14　nRF2401 最小应用电路

PCB 设计对 nRF2401 的整体性能影响很大,所以 PCB 设计是 nRF2401 收发系统开发过程中最主要的工作之一。在进行 PCB 设计时,必须考虑各种电磁干扰,注意调整电阻、电容和电感的位置,特别要注意电容的位置。nRF2401 的 PCB 一般都是双层板,底层一般不放置元件。在底层和顶层的空余地方一般都敷上铜,这些敷铜通过过孔与底层的地相连。直流电源及电源滤波电容应尽量靠近 VDD 引脚。nRF2401 的供电电源应通过电容隔开,这样有利于给 nRF2401 提供稳定的电源。在 PCB 中,应尽量多放置一些过孔,使顶层和底层的地能够充分接触。

8.6.2　蓝牙通信

1. 蓝牙的概念

1998 年 5 月,爱立信、诺基亚、东芝、IBM 和英特尔等 5 家著名公司,在联合开展短程无线通信技术的标准化活动时提出了蓝牙技术。其宗旨是提供一种短距离、低成本的无线传输应用技术。这 5 家公司还成立了蓝牙特别兴趣组,以使蓝牙技术能够成为未来的无线通信标准。蓝牙是一种支持设备短距离通信(一般 10 m 内)的无线电技术。能在包括移动电话、PDA、无线耳机、便携式计算机、相关外设等众多设备之间进行无线信息交换。利用蓝牙技术,能够有效地简化移动通信终端设备之间的通信,也能够成功地简化设备与 Internet 之间的通信,从而使数据传输变得更加迅速、高效,为无线通信拓宽道路。蓝牙采用分布式网络结构以及快跳频和短包技术,支持点对点及点对多点通信,工作在全球通用的 2.4GHz ISM 频段。其数据速率为 1 Mb/s。采用时分双工传输方案实现全双工传输。

蓝牙技术利用短距离、低成本的无线连接替代了电缆连接,从而为现存的数据网络和小型的外围设备接口提供了统一的连接。它具有许多优越的技术性能,以下介绍一些主要的技术特点。

1) 射频特性

蓝牙设备的工作频段选是在全世界范围内都可以自由使用的 2.4GHz 的 ISM 频段,这样用户不必经过申请便可以在 2.4~2.5GHz 范围内选用适当的蓝牙无线电收发器频段。采用 23 个或 79 个频道,频道间隔均为 1 MHz,采用时分双工方式。调制方式为 BT = 0.5 的 GFSK,调制指数为 0.28~0.35。蓝牙的无线发射机采用 FM 调制方式,从而能降低设备的复杂性。最大发射功率分为 3 个等级,即 100 mW(20dBm)、2.5 mW(4dBm)和 1 mW(0dBm),在 4~20dBm 范围内要求采用功率控制,因此,蓝牙设备之间的有效通信距离为 10~100 m。

2) TDMA 结构

蓝牙的数据传输率为 1 Mb/s,采用数据包的形式按时隙传送,每个时隙为 0.625μs。蓝牙系统支持实时的同步定向连接和非实时的异步不定向连接,蓝牙技术支持一个异步数据通道、3 个并发的同步语音通道或一个同时传送异步数据和同步语音的通道。每一个语音通道支持 64Kb/s 的同步语音,异步通道支持最大速率为 721Kb/s,反向应答速度为 57.6Kb/s 的非对称连接,或者是速率为 432.6Kb/s 的对称连接。

3) 使用跳频技术

跳频是蓝牙使用的关键技术之一。对应单时隙包,蓝牙的跳频速率为 1600 跳/秒,对于多时隙包,跳频速率有所降低,但在建链时则提高为 3200 跳/秒。使用这样高的跳频速率,蓝牙系统具有足够高的抗干扰能力,且硬件设备简单、性能优越。

4) 蓝牙设备的组网

蓝牙根据网络的概念提供点对点和点对多点的无线连接,在任意一个有效通信范围内,所有的设备都是平等的,并且遵循相同的工作方式。基于 TDMA 原理和蓝牙设备的平等性,任一蓝牙设备在主从网络(Piconet)和分散网络(Scatternet)中,既可作主设备(Master),又可作从设备(Slaver),还可同时既是主设备(Master),又是从设备(Slaver)。因此在蓝牙系统中没有从站的概念,所有的设备都是可移动的,组网十分方便。

5) 软件的层次结构

和许多通信系统一样,蓝牙的通信协议采用层次式结构,其程序写在一个 9 mm×9 mm 的微芯片中。其底层为各类应用所通用,高层则视具体应用而有所不同,大体分为计算机背景和非计算机背景两种方式。前者通过主机控制接口(Host Control Interface,HCI)实现高、低层的连接,后者则不需要 HCI。层次结构使其设备具有最大的通用性和灵活性。根据通信协议,各种蓝牙设备无论在任何地方都可以通过人工或自动查询来发现其他蓝牙设备,从而构成主从网和分散网,实现系统提供的各种功能,使用起来十分方便。

蓝牙系统的基本功能模块如图 8-15 所示。它的功能模块包括天线单元、蓝牙链路控制器、蓝牙链路管理程序和软件功能等。

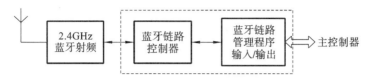

图 8-15 蓝牙系统的基本功能模块

2. 蓝牙系统的应用

蓝牙技术广泛应用于各种电话系统、无线电缆、无线公文包、各类数字电子设备、电子商务等领域。跳线和 TDMA 等技术的应用使得蓝牙的射频电路较为简单。通信协议的大部分内容可以用专用集成电路和软件来实现,因此从技术上保证了蓝牙设备的高性能和低成本。本节介绍了 MITEL 公司和 PHILSAR 公司共同推出的蓝牙芯片组 MT1020 和 PH2401 的特性、结构及其在蓝牙无绳电话中的应用。

MT1020 基带控制器和 PH2401 无线收发器分别由 MITEL 公司和 PHILSAR 公司提供,两者配合可构成完整的低功耗的蓝牙模块,提供高至 HCI(主机控制接口)层的功能。它们在蓝牙系统中的位置如图 8-16 所示。MT1020 基带控制器负责蓝牙基带部分的功能,完成基带及链路的管理,包括对 SCO(同步)和 ACL(异步)连接方式的支持、差错控制、物理层的认证与加密、链路管理等。PH2401 实现数据的无线接收和发送。PH2401 属于单片无线收发器,用砷化镓工艺制造,具有高集成度、超低功耗、体积小等优点,专门优化用于 2.4GHz 无线个人系统,完全兼容蓝牙规范 Bluetoooth V1.0。它工作于 2.4GHz 的 ISM 频段,以每秒 1600 次的速度在 79 个频道(2.402~2.408GHz)上快速跳频,最大位传输速率可达 1 Mb/s。基带控制器 MT1020 通过串行总线与 PH2401 接口,通过对其内部寄存器的读/写实现跳频、调谐等其他控制。

由于 MT1020 和 PH2401 构成的蓝牙模块提供高至 HCI 的功能,因此可以很方便地利用它构成蓝牙系统。根据蓝牙规范对无绳电话的协议要求,无绳电话实现协议栈如图 8-17 所示。通过服务发现协议(SDP),子机寻找通信范围内所有蓝牙设计信息和服务类型,从而与无绳电话主机建立连接。语音呼叫的控制命令则在二元电话控制协议(TCS Binary)中定义。逻辑链路控制应用协议(L2CAP)向上层提供面向连接和无连接的逻辑链路,传输上层协议数

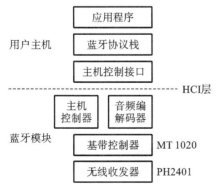

图 8-16 使用蓝牙技术的无绳电话系统

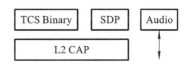

图 8-17 无绳电话的实现协议栈

据。语音流不经过逻辑链路控制应用协议(L2CAP),直接与基带控制器连接,使用连续可变斜率增量调制(CVSD)技术,以获得高质量传输的音频编码。

蓝牙无绳电话子机的基本电路框图如图 8-18 所示。MCU 不仅完成对键盘、显示器的控制,而且实现 TCS Binary、DSP 和 L2CAP,受话器/送话器直接与 MT1020 基带控制器连接,系统简洁可靠,具有很好的性价比。

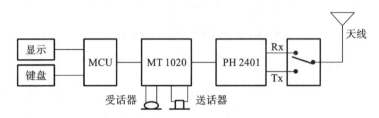

图 8-18　蓝牙无绳电话子机原理

图 8-19 所示为一个更加通用的蓝牙通信模块的构成。蓝牙模块中的无线射频收发器 PH2401 用于收发 2.4GHz 的射频信号,基带控制器 MT1020A 用于实现射频、基带、链路控制器和链路管理器协议的功能,处理蓝牙基带分组的收发及管理蓝牙设备间的物理链路。CPU 负责蓝牙比特流调制和解调后的所有位级处理,同时还控制 RS-232 和 USB 等收发器,以及专用的语音编码和解码器。在不同的应用系统中,可以将语音 CODEC 单元替换成其他数据处理单元。

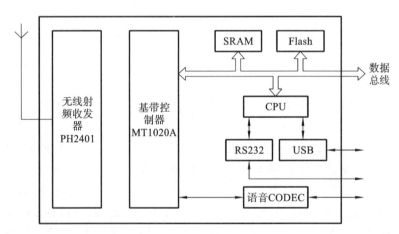

图 8-19　一个通用的蓝牙通信模块的构成

8.6.3　IrDA 红外通信

1. IrDA 概述

IrDA 即红外数据协会,全称为 The Infrared Data Association,是由 HP、COMPAQ、Intel 等 20 多家公司在 1993 年 6 月发起、成立的一个国际性组织,专门制定和推进能共同使用的低成本红外数据互联标准。IrDA 的宗旨是制定以合理成本实现的标准和协议,推动红外通信技术的发展。

IrDA 红外线有别于广泛应用在长距离无线通信之中的无线电波和微波,其波长较短,对障碍物的衍射能力差,所以更适合应用在短距离无线通信的场合。红外无线通信采用红外线作为通信载体,一般采用 0.9pm 左右波长的红外线。红外线波长与可见光波长接近,它不能穿透不透明的障碍物,所以,红外传输范围限制在同一个房间内,这种局限性使通信的安全性增强,也避免了不同房间的交叉干扰。要在多个房间之间进行通信,就得通过有线途径增加红外接入点(Access Point)。红外线易受环境噪声的影响,如太阳光、电灯光线等。

图 8-20 所示为红外数据传输的基本模型。IrDA 通信一般由红外发射和接收系统两部分组成。发射系统对一个红外辐射源进行调制后发射红外信号,而接收系统用光学装置和红外探测器进行接收。

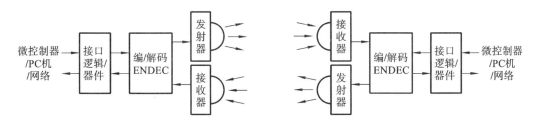

图 8-20　红外数据传输的基本模型

IrDA 先后制定了很多红外通信协议,有侧重于传输速率方面的,有侧重于低功耗方面的,也有两者兼顾的。IrDA 1.0 协议基于异步收发器(UART),最高通信速率为 115.2Kb/s,简称 SIR(Serial InfraRed,串行红外协议),采用 3/16ENDEC 编/解码机制。IrDA1.1 协议提高通信速率到 4 Mb/s,简称 FIR(Fast InfraRed,快速红外协议),采用 4PPM(Pulse Position Modulation,脉冲相位调制)编译码机制,同时在低速时保留 IrDA 1.0 协议的规定。之后,IrDA 又推出了最高通信速率为 16 Mb/s 的协议,简称 VFIR(Very Fast InfraRed,特速红外协议)。红外传输距离、发射强度与接收灵敏度因不同器件、不同应用设计而强弱不一,使用时只能以半双工方式进行红外通信。

符合 IrDA 红外通信协议的器件称为 IrDA 器件。由于红外通信系统由多个功能部件(如发射器、接收器、编/解码器等)组成,因此 IrDA 器件按功能可以分为发射器、接收器、收发器、编/解码器、接口器等几种类型。红外发射器大多是使用 Ga、As 等材料制成的红外发射二极管,能够通过的 LED 电流越大、发射角度越小,产生的发射强度就越大。红外接收器的主要部件是红外敏感接收管,接收灵敏度越高,传输距离越远,误码率就越低。红外收发器是集发射与接收于一体的部件,通常发射部分含有驱动器,接收部分含有放大器,并且内部集成有中断控制逻辑、编/解码器,英文简称 ENDEC,即实现调制/解调。

根据传输速率的大小,也可以把 IrDA 器件区分为 SIR、FIR、VFIR 类型,同时它们分别符合 SIR 协议、FIR 协议和 VFIR 协议。如 Vishay 系列的红外收发器中,TFDU4300 是 SIR 器件,TFDU6102 是 FIR 器件,TFDU8108 是 VFIR 器件。

根据应用功耗的大小,可以把 IrDA 器件区分为标准型和低功耗型。低功耗型器件通常使用 1.8~3.6V 电源,传输距离较短(约 20cm),如 Agilent 的红外收发器 HSDL-3203。标准型器件通常使用 DC5V 电源,传输距离长(在 30 厘米到几十米之间),如 Vishay 的红外接收器 TSOP12xx 系列,配合其发射器 TSAL5100,传输距离可达 35 m。使用上述两种分类方法,可以清晰地表明 IrDA 红外器件的性能。

2. 红外传输电路设计实例

对于红外收发模块,TFDU4100 红外收发器是性价比较好的常用模块,它属于低电压红外收发模块,以串行方式进行数据交换,遵循 IrDA1.2 标准,最高通信速率可以达到 115.2Kb/s,最大传输距离为 3.0 m。TFDU4100 芯片的各引脚定义分别如表 8-7 所示。

表 8-7　TFDU4100 芯片各管脚定义

引脚	作用	描述	I/O	有效电平
1	IRED Anode	红外发射的阳极,该引脚通过一个外接电阻与 VCC2 相接		
2	IRED Cathode	红外发射的阴极,该引脚在模块内部与输出驱动相连		
3	TXD	发送数据的输入端	输入引脚	高
4	RXD	接收数据的输出端,不需要上拉或下拉电阻,数据发送时此引脚无效	输出引脚	低
5	NC	不用连接		
6	VCC1/SD	电源/关闭引脚,当该脚为低电平时,红外传输模块关闭		
7	SC	灵敏度控制端	输入引脚	高
8	GND	接地端		

　　除了使用 TFDU4100 构成红外收发模块外,还可以选用其他的方案。比如,用分立元件搭建一个红外发射、接收电路;用电阻、电容组成低步振荡器,频率调在 38kHz 左右,由红外发光二极管发射载波;红外接收部分采用普通的红外接收头,如 LF0038U,再用二极管、晶体管、电容、电阻构成放大、解调电路。此方案的缺点在于电路复杂、系统稳定性不强,并且其成本与采用 TFDU4100 设计的成本差别不大。

　　根据 IrDA 红外传输标准,串行红外传输采用特定的脉冲编码标准,该标准与 RS232 串行传输标准不同。若两设备之间进行串行红外通信,则需要一个传输控制器,以进行 RS232 编码和 IrDA 编码之间的转换。TOIM3232 串行红外传输控制器就是 Vishay 公司为配合TFDU4100 而设计的。其功能结构如图 8-21 所示。

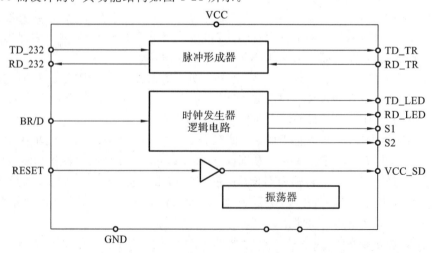

图 8-21　TOIM3232 功能结构框图

　　在输出模式下,TOIM3232 可把 RS232 输出信号转变成符合 IrDA 标准的信号以驱动红外发射器;在接收模式下,TOIM3232 可把 IrDA 输入信号转变成符合 RS232 标准的信号;TOIM3232 的红外传输速率的范围为 2.4～115.2Kb/s。TOIM3232 内部有一个 3.6864 MHz 的晶振,用于实现脉冲的扩张和压缩。该时钟信号既可以由内部晶振产生,也可用外部时钟实现。该控制器可通过 RS232 口进行编程控制,其输出脉冲宽度可程控为 1.627μs 或 3/16 位长。

　　红外通信模块主要由上面介绍的 TFDU4100 和 TOIM3232 构成。TFDU4100 采用 IrDA 红外传输标准,即串行红外传输的脉冲编码,这个标准不能和单片机接口直接兼容,所以用串行红外传输控制器 TOIM3232 进行串码和 IrDA 编码间的转换。TOIM3232 可把单片机输出的串码信号转换成符合 IrDA 标准的信号以驱动 TFDU4100,它还可以将 IrDA 输入信号转换成串码信号送入单片机。其电路设计原理图如图 8-22 所示。

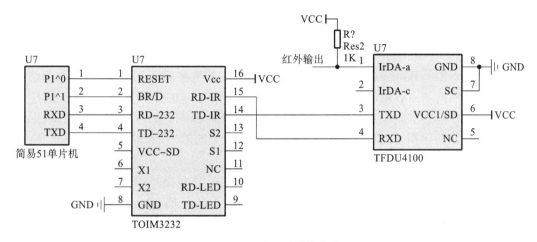

图 8-22　红外通信模块电路

3. 设计 IrDA 通信电路的要点

　　第一,做好红外器件的选型工作。要求传输快速时,可选择 FIR、VFIR 收发器与编/解码器。要求长距离传输时,可选择大 LED 电流、小发射角发射器和灵敏度高的接收检测器。在低功耗场合应用时,可选取低功耗的红外器件。要注意,低功耗与传输性能之间存在着矛盾:通常而言,低功耗器件的传输距离很小。这一点在应用时应该综合考虑。

　　第二,红外数据传输采用半双工方式。为避免自身产生的信号干扰自身,要确保发送时不接收,接收时不发送,可以着眼于软件设计,使软件处在一种状态时暂不理会另一种状态。同时,要合理设置好收发之间的时间间隔,不立即从一种方式转入另一种方式。

　　第三,要合理设计好各种红外器件的供电电路。选择适当的 DC 器件,恰当地进行电磁抑制,做好电源滤波。同时还要注意尽可能地减少功耗,不使用红外电路时要在软件上能够控制关闭其供电。很多厂家对自己推出的红外器件都有推荐的电路设计,要注意参考并实验。

　　第四,进行 PCB 设计时,要合理布局器件。滤波电感、电容等器件要就近放置,以确保滤波效果;红外器件与系统的地线要分开布置,仅在一点相连;晶振等振荡器件要靠近所供器件,以减少辐射干扰。

　　第五,增大红外传输距离、提高收发灵敏度的方法包括:增加发射电路的数量,使几只发射管同时启动发送;在接收管前加装红色滤光片,以滤除其他光线的干扰;在接收管和发射管前面加凸透镜,提高其光线采集能力等。

8.7　无线传感器网络

8.7.1　无线传感器网络概述

无线传感器网络（Wireless Sensor Network，WSN）被认为是 21 世纪最重要的技术之一，它是众多传感器通过无线通信方式相互联系、处理信息、传递信息的网络。该网络综合了传感器技术、嵌入式计算技术、分布式信息处理技术和通信技术，可以实时监测、感知和采集网络分布区域内的各种环境及监测对象的信息，并对这些信息进行处理，传送给所需用户。

近年来，随着通信技术、嵌入式计算技术和传感器技术的发展，作为现代信息获取的重要技术之一，传感器技术日益成熟，

无线传感器网络就是由大量密集部署在监控区域的智能传感器节点构成的一种网络应用系统。由于传感器节点数量众多，部署时只能采用随机投放的方式，传感器节点的位置不能预先确定；在任意时刻，节点间通过无线信道连接，采用多跳（multi-hop）、对等（peer to peer）通信方式自组织网络拓扑结构；传感器节点间具有很强的协同能力，通过局部的数据采集、预处理及节点间的数据交换来完成全局任务。

无线传感器网络的这些特殊性导致它与传统网络存在许多差异，主要表现为以下几方面。

（1）在网络规模方面，无线传感器网络的节点数量比传统的 ad hoc 网络高几个数量级。由于节点数量很多，因此无线传感器网络节点一般没有统一的标识（ID）。

（2）在分布密度方面，无线传感器网络分布密度很大。

（3）传感器的电源能量极其有限。通信能耗与通信距离的三次方成正比，在满足通信连通度的前提下应尽量减少单跳通信距离。

（4）无线传感器网络节点的能量、计算能力、存储能量有限。

（5）传统网络以传输数据为目的。传统网络强调将一切与功能相关的处理都放在网络的端系统上，中间节点仅负责数据分组的转发，无线传感器网络的中间节点具有数据转发和数据处理双重功能。

（6）无线传感器网络需要在一个动态的、不确定性的环境中，管理和协调多个传感器节点簇集。这种多传感器管理的目的在于合理优化传感器节点资源，增强传感器节点之间的协作，提高网络的性能及对所在环境的监测程度。

由于无线传感器网络具有节点体积小、耗能低、可移动性强、适应不同环境等优点，在现实中有着非常广阔的应用前景。目前主要应用在以下领域。

（1）军事领域。由于无线传感器网络具有可快速部署、自组织、隐蔽性强、容错性高等特点，因此非常适合应用在军事及恶劣的战场环境中。

（2）医疗保健领域。在医疗保健领域，无线传感器网络节点可用于监测人体的各项生理参数，以及居住环境、药物使用等数据，对病人监护、药品管理和及早发现病情都有很大的帮助。

（3）环境监控领域。无线传感器网络的出现为大面积环境的随机数据获取提供了方便，也对人类难以到达的环境进行长期监控带来了极大的便利。美国正在进行的 CENS 计划就

是利用无线传感器网络实现陆地生态观测系统、地震观测系统、污染的评估与管理系统和水生微生物观测系统等综合监测。

（4）智能建筑领域。在建筑物安全监测、智能家居等方面，人们正积极探索利用无线传感器网络使其更为自动化、人性化。

8.7.2　网络节点

无线传感器网络的系统构架如图 8-23 所示，它通常包括传感器节点（Sensor Node）、汇聚节点（Sink Node）和管理节点。无线传感器网络的 3 个要素是传感器、感知对象和观察者。

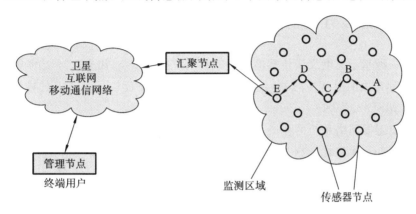

图 8-23　无线传感器网络的系统构架

在无线传感器网络的工作过程中，大量传感器节点随机部署在监测区域内部或附近，能够通过自组织的方式构成网络。传感器节点监测的数据沿着其他传感器节点逐跳地进行传输，在传输过程中监测数据可能被多个节点处理，经过多跳后路由到汇聚节点，最后通过互联网或卫星到达管理节点。用户通过管理节点对传感器网络进行配置和管理、发布监测任务及收集监测数据。

无线传感器节点通常是一个微型的嵌入式系统，它的处理能力、存储能力和通信能力相对较弱，通过携带能量有限的电池供电。无线传感器节点由传感器模块、处理器模块、无线通信模块和能量供应模块四部分组成，如图 8-24 所示。

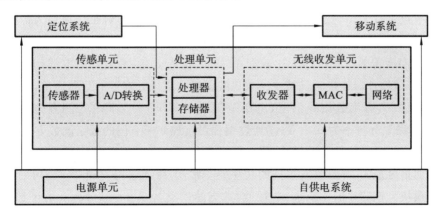

图 8-24　无线传感器节点的结构

传感器模块负责监测区域内信息的采集和数据转换;处理器模块负责控制整个传感器节点的操作,存储和处理本身采集的数据以及其他节点发来的数据;无线通信模块负责与其他传感器节点进行无线通信,交换控制信息和收发采集数据;能量供应模块为传感器节点提供运行所需的能量,通常采用微型电池。

由于传感器节点采用电池供电,一旦电能耗尽,节点就失去了工作能力。为了最大限度地节约电能,在硬件设计方面要尽量采用低功耗器件,在没有通信任务的时候,切断射频部分电源;在软件设计方面,各通信协议都应该以节能为中心,必要时可以牺牲一些其他的网络性能指标,以获得更高的电源效率。

8.7.3　节点设计实例

本节设计一种基于温度无线传感器网络监控系统中的节点,用来对环境的温度进行监控。DS18B20 是一种常用的温度传感器,使用较为简单,测量精度较高。节点的控制采用功能强大且功耗低的 MSP430F2013。

温度无线传感器网络系统的核心是传感器节点,且设计需要满足以下几个主要指标:网络性、小型化、低功耗和稳定性。根据上述要求,传感器网络节点一般包括 4 个部分:处理器模块、无线传输模块、温度传感器模块和电源供应模块,节点的结构如图 8-25 所示。

图 8-25　温度无线传感器网的节点结构

硬件电路设计中采用了 TI 公司的 16 位低功耗单片机 MSP430F2013 作为处理器模块,传感器模块采用 DS18B20,无线传输模块采用低功耗的无线收发模块 CC1100,电源采用电池或者是稳压电源。DS18B20 负责监测区域内信息的采集和数据转换;MSP430F2013 负责控制整个传感器节点的操作、存储和数据采集,以及处理其他节点发来的数据;CC1100 负责与其他传感器节点进行无线通信,交换控制消息和收发采集数据;电源供应模块为传感器节点提供运行所需的能量,通常采用微型电池。

DS18B20 温度传感器使用方法比较简单,其主要特点有:①独特的单线(1-wire)接口方式,DS18820 与微处理器连接时仅需要一条口线即可实现微处理器的双向通信,在使用中不需要任何外围元件;②可用数据线供电,电压范围为+3.0~+5.5V;③测温范围为-55 ℃~+125 ℃,固有测温分辨率为 0.5 ℃;④通过编程可实现 9~12 位的数字读数方式。

无线通信模块是耗能的主要模块,因此要慎重选择。考虑到无线传感器网络节点的通信模块必须是能量可控的,并且收发数据的功耗要非常低,因此选用 Chipcon 公司的 CC1100 作为无线收发模块。该芯片的体积小、功耗低,数据速率支持 1.2~500Kb/s 的可编程控制,本例中 CC1100 的工作频率为 315 MHz,采用 FSK 调制方式,数据速率为 100Kb/s,信道间隔为100kHz。CC1100 编程线与数据线是分别与处理器芯片连接的,这样就可以在收发数据的同时方便地读取 CC1l00 内部寄存器的状态,从而能有效地控制通信过程。无线传输模块具体设计可以参考 8.3.1 节,此处不再重复。

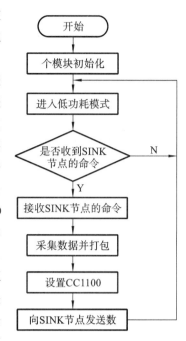

图 8-26　节点收发程序流程

节点的软件设计主要包括节点发送程序、参数调节程序、SINK 节点接收程序及上位 PC 机程序设计。节点发送程序主要完成现场传感器芯片的数据采集和数据发送。节点发送程序流程如图 8-26 所示,上电后,节点无线模块处于接收状态,检测 SINK 节点发来的指令,当收到正确的指令后开始对现场数据进行采集。当节点接收到数据后,将认为字头后的数据是有效数据,单片机首先核对节点 ID 号,如果 ID 号不是本节点的,则丢弃所有数据,重新进入接收状态,这样可以防止错误动作和恶意的破坏。如果 ID 号是本节点的,则继续对命令号进行判断,以确定节点的动作。如果 SINK 节点要获取数据,则对传感器号进行判断,以确认所要的是该节点的哪个传感器数据。对数据分析完毕后,节点将现场的数据进行采集、打包,并发给 SINK 节点,或启动参数调节系统进行参数调节,然后重新进入接收状态。

8.8　Zigbee 无线网络

8.8.1　Zigbee 概述

Zigbee 是无线通信网络的全球开放标准,旨在提供一种易于使用的无线数据解决方案,其特征是安全可靠的无线网络架构。其基于 IEEE802.15.4 标准,添加了更灵活的网络拓扑、智能的消息路由和增强的安全措施;具有低功耗、低成本、时延短、网络容量大、可靠性安全性好等优点。大部分时间 Zigbee 采取休眠策略,尽可能地节省能耗,且休眠状态激活时延及通信时延都比较短,因此在一些时延要求十分苛刻的无线控制场合应用有优势明显。

ZigBee 技术的网络容量较大,通常情况下,一个星形结构 Zigbee 网络可以容纳 1 个主设备和 254 个从设备。同时 Zigbee 网络采取碰撞避免原则,为需要固定宽带的业务预留有一定的时隙,发送数据时可以避免竞争及冲突,特别适合传感器数量庞大的应用场景。

在 Zigbee 自组网协议中存在三个角色:PAN 协调器节点、路由器节点和终端节点。PAN 协调器是网络各节点信息的汇聚点,是网络的核心节点,负责组建、维护和管理网络。路由器节点则是负责转发数据资料包,进行数据的路由路径寻找和路由维护,允许节点加入网络并辅助其子节点通信。终端节点可以直接与协调器节点相连,也可以通过路由器节点与协调器节点相连,是传感器网络中的功能末梢节点,实际的测量与传感器挂载就实现在终端节点上。Zigbee 网络的建立与初始化是由 PAN 协调器节点发起的,新的节点入网时都要与协调器进行直接或者间接的交互。

8.8.2　典型的 Zigbee 方案

广泛使用的 ZigBee 方案是基于 TI(德州仪器)生产的 CC25XX 系列芯片(典型如 CC2530芯片)的片上系统解决方案。它能够以非常低的材料成本建立功能强大的传感网节点。

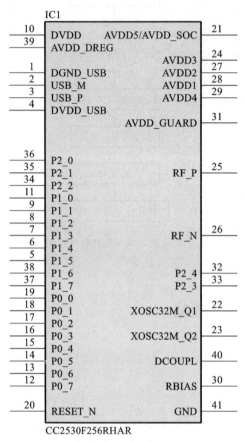

图 8-27　CC2530F256 芯片引脚

CC2530 芯片集成了 RF 收发器,具有增强型8051CPU,片内具有可编程闪存和 8KBRAM,具有不同的运行模式,非常适合具有超低功耗要求的系统,通过在不同运行模式之间的转换确保能源消耗极可能低。

图 8-27 展示了 CC2530F256 型号的 CC2530芯片引脚,内部具有 256KFLASH。主要的引脚所下。

AVDD∗:为 2V～3.6V 模拟电源连接。

DVDD∗:为 2V～5V 数字电源连接。

DCOUPL:1.8V 数字电源去耦。不使用外部电路供应。

P0_0～P2_2:I/O 引脚。其中 P0_2、P0_3 可分别作为串口 0 的 RX 端、TX 端。P0 端口的 8个引脚还都可以作为模拟信号输入端口。

P2_3、P2_4:这两个引脚为复用引脚,既可以作为数字 I/O 引脚,还可以作为模拟 I/O 引脚或32.768kH 晶振时钟的输入引脚。

USB_M、USB_P:USB 端口,不使用时全部接地 GND。

RF_P、RF_N:与射频天线相关的引脚。

XOSC32M_Q1、XOSC32M_Q2:用作模拟I/O 端口,或 32 MHz 外部晶振时钟输入。

由于 CC2530 芯片不仅搭载有 8051 处理器和 ZigBee 无线网络模块,还含有常见的外设接口,因此 CC2530 本身就具有作为简单传感器节点的能力:数据处理能力和网络处理能力。CC2530 芯片可以直接外接一些简单外设作为传感器节点,譬如连接传感器元件、开关量、LED、继电器等。图 8-28 展示了 CC2530 芯片的 P0_1 引脚连接光敏电阻测量光照强度的应用,P0_1 引脚是复用引脚,不仅可以作为数字 I/O 引脚使用,还是可以作为其内部 ADC 模块的模拟信号输入引脚。LS1 即为光敏电阻,在光照强度不同的情况下会有不同的阻值,电阻阻值变化将导致 AIN_LS 处电压发生变化。AIN_LS 信号已经接入到 P0_1 模拟信号输入引脚。CC2530 芯片通过内部 ADC 模块检测电压的值来判断当前光照强度。

实际应用中,如果 CC2530 芯片的数据处理能力不足,用户可以为传感器节点另外配置更高性能的 MCU,这样 CC2530 芯片的功能就局限于提供无线网络组网和网络接入的功能,而由新加入的 MCU 实现更加复杂的传感器信息采集及执行器控制的功能。

可以使用 IAR 开发工具依靠 TI 提供的 Zigbee 协议栈(Z-stack)在 CC2530 芯片上进行应

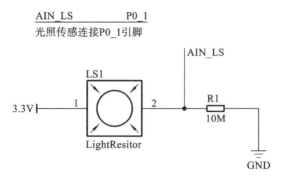

AIN_LS　　　　　　P0_1
光照传感连接P0_1引脚

图 8-28　CC2530 芯片的 P0_1 引脚连接光敏电阻

用开发,使用 SmartRF04EB 仿真器进行片上程序下载以及调试。在 Z-stack 中,TI 提供了 OSAL 操作系统抽象层接口,通过轮询每个逻辑事件的状态进行相应处理,为多任务场景提供了便利。Z-stack 中对网络数据包的处理采用基于事件的触发机制,允许用户自己编写网络包的处理函数。另外提供了对基本外设(如 ADC、串口、输入输出引脚等)的操作接口,可以通过寄存器操作方式或者 HAL 硬件抽象层接口方式进行硬件操作。

8.9　移 动 网 络

8.9.1　GSM 通信

1. GSM 概述

GSM(Global System for Mobile Communication)是欧洲国家为了创建一个统一的、完整的泛欧数字化蜂窝移动通信系统,联合了欧洲 20 多个国家的电信运营部门、研究所和生产厂家组成的标准化委员会设计而成的。我国于 1993 年开始建立 GSM 实验网,到目前已建成了覆盖全国的数字蜂窝移动通信网,是我国公众陆地移动通信网的主要方式。GSM 工作在 90 MHz 附近的射频频带,上行频率为 890～915 MHz,下行频率为 935～960 MHz,双工间隔为 45 MHz,载频间隔为 200kHz。

2. 典型 GSM 模块和应用

目前很多移动通信设备制造商都推出了自己的 GSM 模块。国内已经开始使用的 GSM 模块有 Falcom 的 A2D 系列、Wavecom 的 WMO2 系列、西门子的 TC35 系列、爱立信的 DM10/DM20 系列、中兴的 ZXGM18 系列等,而且这些模块的功能、用法差别不大。TC35 模块是西门子公司推出的新一代无线通信 GSM 模块,可以快速、安全、可靠地实现系统方案中的数据、语音传输、短消息服务(Short Message Service)和传真。模块的工作电压为 3.3～5.5V,可以工作在 900 MHz 和 1800 MHz 两个频段,所在频段功耗分别为 2W(900 MHz)和 1W(1800 MHz)。模块有 AT 命令集接口,支持文本和 PDU 模式的短消息、第三组的二类传真,以及 2.4Kb/s、4.8Kb/s、9.6Kb/s 的非透明模式。此外,该模块还具有电话簿、多方通话、漫游检测等功能,常用工作模式有省电模式、IDLE 模式、TALK 模式等。它通过独特的 40 引脚的 ZIF 连接器,实现电源连接、指令、数据、语音信号及控制信号的双向传输。通过 ZIF 连接器及 50Ω 天线连接器,可分别连接 SIM 卡支架和天线。TC35 模块的通信全部采用 AT 命令完成,常用的 AT 命令如表 8-8 所示。

表 8-8　常用 SMS 控制的 AT 命令

AT 命令	功能
AT+CMGF	选择 SMS 消息格式:0＝PDU,1＝TXT
AT+CMGL	列表选中存储设备的 SMS 短信
AT+CMGR	读 SMS 短信
AT+CMGS	发送 SMS 短信
AT+CMGD	删除 SMS 短信

　　TC35i 模块是西门子公司最新推出的无线通信模块,与 TC35 模块兼容,设计紧凑。TC35i 模块与 GSM2/2＋兼容,支持双频(GSM900/GSM1800)工作,带有 RS232 数据口,符合 ETSI 标准 GSM0707 和 GSM0705,且易于升级为 GPRS 模块。

　　TC35i 模块从功能上看主要分为 6 大部分:GSM 基带处理器、GSM 射频部分、电源 ASIC、闪存、ZIF 连接器、天线接口等,其结构如图 8-29 所示。作为 TC35i 模块的核心,GSM 基带处理器主要处理 GSM 终端内的语音、数据信号,并涵盖了蜂窝射频设备中的所有模拟和数字功能。在不需要额外硬件电路的前提下,可支持 FR、HR 和 EFR 语音信道编码。

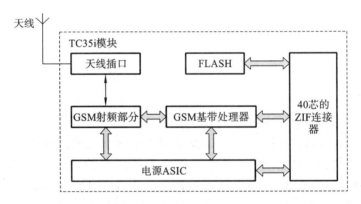

图 8-29　TC35i 结构图

　　本节详细介绍西门子公司的 GSM 模块 TC35、TI 公司的电平转换芯片 MAX3238 等器件,及其构成的移动终端硬件电路。该设计可以完成短消息收发、语音传输、与 PC 机进行数据传输等功能,可以应用在基于 GSM 短消息通信的相关应用中。

　　完整的全功能 TC35 模块的正常运行需要相应的外围电路与其配合。TC35 模块共有 40 个引脚,通过 ZIF 连接器分别与电源电路、启动与关机电路、数据通信电路、语音通信电路、SIM 卡电路、指示灯电路等连接。在具体应用中可以根据需要只选择必要的外围电路单元,以降低复杂性和成本。接下来设计一个简单的基于 GSM 的远程温度监测系统,通过现有的 GSM 网络将监测的温度结果以短信方式发送至相应的监控终端(如手机、PC 机)。该应用实例拓展之后可广泛应用于桥梁混凝土测温、油气井场监测、电力电缆火灾监测、粮仓及物资仓库温度监测。温度传感器采用美国 DALLAS 公司生产的 DS18820 单线数字温度传感器。

　　基于 GSM 的远程温度监测系统分为监测中心站和远程监测分站两部分。监测中心站主要由监测中心站服务器、GSM 无线通信模块、数据库系统及其应用软件组成;远程监测分站主要由 AT89C52 单片机及外围电路、温度传感器和 GSM 无线通信模块 TC35 组成。监测中心控制 GSM 无线通信模块收发短消息,接收各监测分站采集的温度数据,对数据进行显示、处理和打印等。远程监测分站实现温度数据的采集、处理和显示,同时控制 GSM 无线通信模块收发短消息。监测中心站与远程监测分站之间通过 GSM 网络实现无线远程通信,系统总体结构如图 8-30 所示。

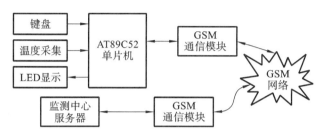

图 8-30　基于 GSM 的远程温度监测系统结构

　　GSM 模块与单片机的接口电路如图 8-31 所示。TC35 模块的接口采用 40 引脚的 ZIP 插座,TC35 模块的数据接口完全符合 ITU 的 TRS232 标准异步串行接口。其数据格式为 8 个数据位、1 个停止位,无奇偶校验,其波特率从 300b/s 到 115Kb/s 可调。还有可用于 MODEM 的 DTR0、DSR0、DCD0 和 RING0 信号。TC35 模块的数据接口是 CMOS 电平(高电平 2.65V),由于系统使用的电源统一为 3V,所以单片机的串口与 TC35 模块连接时不需要进行电平转换。需要注意的是,TC35 模块是作为数据通信设备(DCE)来连接的,而不是像一般调制解调器作为数据终端设备(DTE)进行连接。因此,在与单片机串口相连时,TC35 模块的 TXD 管脚同单片机的 TXD 管脚相连,TC35 模块的 RXD 管脚同单片机的 RXD 管脚相连,TC35 模块其他的串口管脚 DSR0、RING0、CTS0 及 DCD0 悬空,RST0 和 DTR0 接地。

　　虽然 TC35 模块的串口提供了许多控制线,但考虑到设计接口的简便性,并且与单片机的 UART 进行连接。所以采用两线(TXD、RXD)连接,对 TC35 模块通信的控制可以通过软件来实现,采用软件实现控制具有使用灵活等特点,也可以很好地避免过多硬件信号的检测。TC35 模块的其他管脚在不使用的时候,如果该管脚为输出,则一般将该管脚悬空;如果该管脚为输入管脚,则需要将该管脚通过 10kΩ 的电阻上拉。

　　TC35 模块的电源采用手机电池供电,上电 10 ms 后(电源电压须大于 3V),为使之正常工作,必须在 GSM 模块 ZIF 插座的 15 脚(IGT)加时长至少为 100 ms 的低电平信号,且该信号下降沿时间小于 1 ms。启动后,15 脚的信号应保持高电平。

　　TC35 模块基带处理器集成了一个与 ISO7816-3ICCard 标准兼容的 SIM 接口。TC35 模块在 ZIF 连接器上为 SIM 卡接口预留了 6 个引脚,CCIN 引脚用来检测 SIM 卡支架中是否插有 SIM 卡。由于目前移动运营商所提供的 SIM 卡均无 CCIN 引脚,因此在设计电路时将引脚 CCIN 与 CCVCC 相连。考虑到设计中的电磁兼容和静电保护等因素,采用在 SIM 支架下,即 PCB 的顶层敷设一层铜隔离网。该层敷铜与 SIM 卡的 CCGND 引脚相连,为 SIM 卡构成了一个隔离地,以屏蔽其他信号线对 SIM 卡的干扰。为了防止静电破坏,还可以在 SIM 卡各引脚接 MAX3204 保护芯片。

　　该系统的主要任务是监测被控对象的温度,然后通过 TC35 模块发送到监测中心。系统

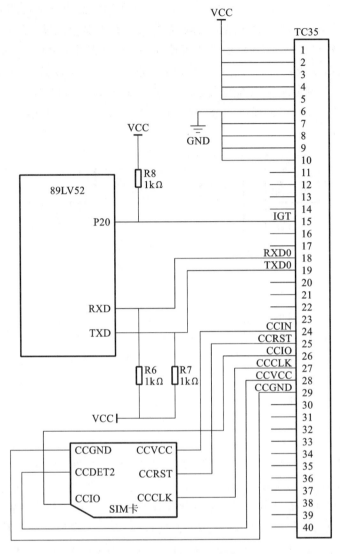

图 8-31　TC35 的外围电路

软件设计的重点在于单片机的编程。通过向 TC35 模块写入不同的 AT 指令完成多种功能。
远程监测分站主程序流程如图 8-32 所示。监测软件主要包括初始化程序、信号采集处理程序
和短消息收发程序等。初始化程序实现硬件、定时器和串口初始化;信号采集处理程序主要对
外部采集的温度数据进行转换;接收短消息时采用查询方式,一旦短消息到达,调用串口接收
程序解码短消息内容并做出相应处理;采用定时方式发送温度信号,将采集的温度编码为短消
息,并调用发送指令将短消息发送到监测中心。

　　在系统调试时可以采用 PC 机测试。把 TC35 模块的 RS232 数据接口通过电平转换电路
(见图 8-33)和 PC 机的串口相连;同时接上 SIM 卡,在超级终端或串口调试助手中输入 AT 命
令即可进行功能测试。TC35 模块与微处理器接口连接完成后,使用 AT 指令(显示产品识别
信息)对串口连接进行测试。对于 PC 机控制的 TC35 模块,只需将 PC 机输出的控制命令转
化成单片机输出的指令即可。对于电路,只需设计一个 TTL 转换 RS232 电平电路,一端连接
PC 机串口,另一端直接连接到 TC35 模块,如图 8-33 所示。

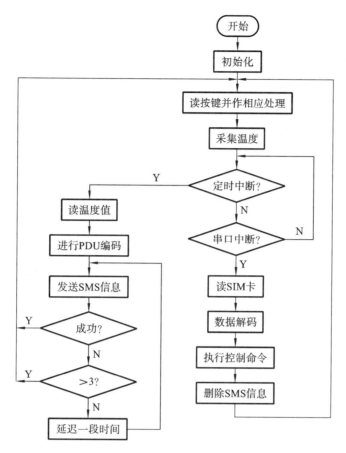

图 8-32 远程监测分站主程序流程

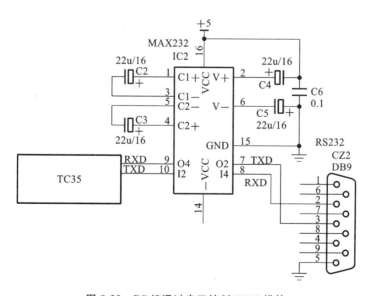

图 8-33 PC 机通过串口控制 TC35 模块

8.9.2 GPRS 通信

1. GPRS 概述

GPRS(General Packet Radio Service)是通用分组无线业务的简称。它是第二代移动通信技术 GSM 向第三代移动通信技术 3G 过渡的技术,经常被描述成 2.5G。GPRS 是 GSM Phase 2.1 规范实现的内容之一,是在现有的 GSM 移动通信系统基础上发展起来的一种移动分组数据业务。GPRS 通过在 GSM 数字移动通信网络中引入分组交换功能进行数据传输。GPRS 能提供比现有 GSM 传输网络 9.6Kb/s 更高的数据传输速率,最高可达 171.2Kb/s。

GPRS 采用分组交换技术,数据传输速率高,它支持多种带宽,具有"永远在线"的功能。当终端与 GPRS 网络建立连接后,即使没有数据传送,终端也一直与网络保持连接,再次进行数据传输时不需要重新连接,而网络容量只有在实际进行传输时才被占用,从而保证了数据交换的实时性。GPRS 是以传输的数据量,而不是以连接时间为基准来收费的。接入了 GPRS 网络但没有数据传输是不收费的,这使得通信信道的使用费用大大降低。

典型的 GPRS 通信网络构成方案是采用 GPRS 与 Internet 相结合的通信连接方式。数据采集终端上安装具有移动通信公司 SIM 卡的 GPRS 无线终端。GPRS 无线终端上电后,经过初始化操作、激活 PDP 上下文、设定服务质量等级、拨号呼叫连接后登录到 GPRS 网络,再通过移动 Internet 的接入点获得外部 IP 地址,建立访问 Internet 的通道;管理中心主机具有独立固定的 IP 地址与 Internet 相连。通过这种方式,管理中心主机与 GPRS 无线终端通过 GPRS 与 Internet 进行通信,完成各种管理功能。这种通信网络构成的成本较低,但 GPRS 无线终端作为网络主机,暴露在 Internet 上,有遭受攻击的可能,并且 GPRS 无线终端发送和接收的数据没有进行加密处理,数据传输的安全性低。在注重网络通信费用少、数据安全性要求不高的情况下,采用这种方案比较好。

2. GPRS 通信模块 MC55 的应用

MC55 通信模块是西门子公司推出的三频 GSM/GPRS 模块,除具有普通 GSM 模块的通话、短信、电话簿管理、CSD(电路交换数据)传输等功能和无线 MODEM 的 GPRS 连接功能外,内置完整的 TCP/IP 协议栈,不仅支持 SOCKET 连接下的 TCP/UDP 数据传输,还支持 HTTP、FTP、SMTP、POP3 等上层应用协议。它支持标准 ITU-T 的 AT 命令集,可以通过串口对其进行控制。

GPRS 模块在实际应用中,数据采集终端主要以 SOCKET、FTP 和短消息等三种通信方式与主站进行数据通信,通信方式和任何与通信相关的参数均可以 AT 命令的形式通过串口本地更改和通过短消息远程切换。一般典型的应用方式如下。

(1) SOCKET 通信主要完成终端实时数据、控制命令的传输。

(2) FTP 主要完成程序的远程维护与更新。

(3) 短消息通信的功能主要是从主站修改终端参数,如终端的 IP 地址和端口号。

下面以一个简单的远程数据采集系统为例来说明 MC55 模块的应用。系统以 STC89C58RD+作为控制核心,主要分为数据采集和数据传输两部分。数据采集包括对 8 路模拟量和 8 路开关量的采集,模拟量通过多通道的串行 A/D 转换器 TLC2543 送给 STC89C58RD+。单片机将前端采集到数据存储在 AT24C512 中,PCF8583 时钟模块用于记录某一段数据后的当前时刻值。数据传输则是用 STC89C58RD＋控制 MC55 模块。MC55 模块需要配备一个 SIM 卡才能连接到 GPRS 网络中。单片机控制 MC55 模块的开关状态，将采集到一定量的数据以短消息的方式发送到接收终端，实现远程数据的传输，如图 8-34 所示。

硬件设计主要涉及电源电路、RS232 串口、数据存储及时钟电路、开关量采集电路、模拟信号量采集电路和 MC55 模块接口电路等 6 部分。STC89C58RD＋通过其标准串口与 MC55 模块的主异步收发器相连，如图 8-35 所示。单片机的 P2.2 与 MC55 模块的引脚 ING 相连，用于启动 MC55 模块；P2.0 与 MC55 模块的引脚 VDD 相连，用于判断 MC55 模块是否正常启动。

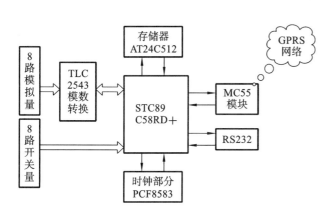

图 8-34　系统总体设计框图　　　　　8-35　MC55 模块与 STC 单片机连

MC55 模块与单片机的数据输入/输出接口实际上是一个串行异步收发器。其异步串口支持的参数如下：8 位数据位和 1 位停止位，无校验位，波特率在 300b/s～230Kb/s 之间可选，硬件握手信号用 RTS0/CTS0，软件流量控制用 XON/XOFF，模块支持 AT 命令集。MC55 模块内嵌了 TCP/IP，极大地缩减了软件设计的难度。

程序的主要功能是完成 GPRS 模块与单片机之间的数据传输，传输的主要是 AT 指令和参数，包括所拨号码、DNS 服务的 IP 地址、GPRS 服务提供商的密码、接入 GPRS 服务的 APN、建立一个 TCP 通信、客户 IP 和端口号等。该程序包括 3 个子程序：数据发送子程序、数据接收子程序及延时子程序。主程序的流程图如图 8-36 所示。

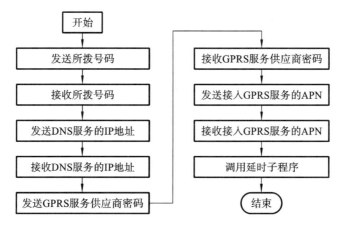

图 8-36　GPRS 模块与单片机通信主程序流程图

8.9.3 4G 通信技术与应用

4G 通信技术是第四代移动信息系统,是在 3G 技术上的一次更好的改良。相较于 3G 通信技术来说,它的一个更大的优势是将 WLAN 技术和 3G 通信技术进行了很好的结合,使图像的传输速度更快,在智能通信设备中应用 4G 通信技术让用户的上网速度更加迅速,速度可以高达 100 Mb/s。4G 通信在图片、视频传输上能够实现原图、原视频高清传输,这种快捷的下载模式能够为用户带来更佳的通信体验。

EC20 模块是一款典型的 4G 通信模块,采用标准的 Mini PCIe 封装,同时支持 LTE,UMTS 和 GSM/GPRS 网络,最大上行速率为 50 Mb/s,最大下行速率为 100 Mb/s。EC20 模块有 EC20 Mini PCIe-A 和 EC20 Mini PCIe-E 两个版本,能够向后兼容现存的 EDGE 和 GSM/GPRS 网络,以确保在缺乏 3G 和 4G 网络的偏远地区也能正常工作。它通过多输入多输出技术(MIMO)降低误码率,改善通信质量。

通常使用 EC20 模块的串口与单片机 MCU 进行数据交换。MCU 可通过 UART 串口向 EC20 模块发送 AT 指令,进行工作模式的调节与 4G 通信的配置。

EC20 模块有两个串口:主串口和调试串口。主串口默认支持 115200b/s 的波特率,当然也可以选择其他波特率,最低为 4800b/s,最高为 3000000b/s,用于数据传输与 AT 命令传送。调试串口则只支持 115200b/s 波特率。

当使用网络模块串口连接 MCU 时,会用到 3 个信号管脚,分别为 UART_TX(输出管脚)、UART_RX(输入管脚)、UART_RTS 以及 UART_CTS(硬件流控管脚)。对于模块本身来说,UART_RTS 表示发送请求,是一个对外输出信号,用于指示本设备准备好可接收数据,低电平有效;而 UART_CTS 则是对向设备的发送允许,是个向内输入的信号,用于判断是否可以向对方发送数据,低电平有效。

图 8-37 是 EC20 模块的典型应用电路图。需要注意的是,EC20 模块上的串口管脚使用 1.8V 电平,显然与一般单片机 MCU 的 3.3V 电平不相符,所以需要在模块和 MCU 主机的串口连接中增加电平转换器。图 8-38 是 SIM 卡电平转换电路,EC20 模块通过电平转换电路读取 SIM 卡的数据。

单片机 MCU 对 EC20 模块的控制使用 AT 命令方式。EC20 模块 AT 指令集分为 4 大类,包括测试指令(AT+<x>=?),此命令返回由相应的写命令或内部进程设置的参数和值范围列表;读指令(AT+<x>?),此命令返回当前设置参数或参数的值;写指令(AT+<x>=<…>),此命令设置用户可定义的参数值;执行指令(AT+<x>),用于执行各种操作,且此指令执行时会读取受到内部进程影响的非变量参数。通过这些命令,就可以实现 4G 模块接入单片机 MCU,并且使用 4G 无线通信功能。

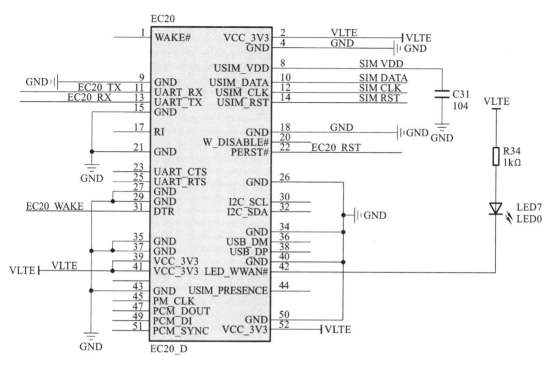

图 8-37 EC20 模块的典型应用电路

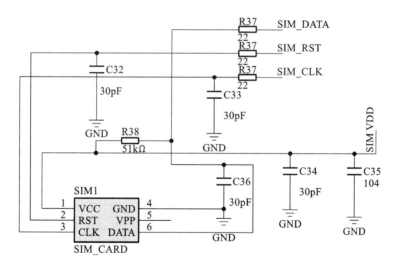

图 8-38 SIM 卡电平转换电路

习 题

1. 试列举 3 种典型嵌入式 TCP/IP 协议的名称和特点。

2. 试述嵌入式 TCP/IP 协议的裁剪原理。

3. 试介绍 RTL8019A 网络芯片的结构和典型应用。

4.试述典型无线通信的方式和特点。

5.试述无线传感器的概念和一般结构。

6.试介绍一种典型的 GSM 芯片,并介绍其引脚结构和应用特点。

7.试介绍一种典型的 GPRS 芯片,并介绍其引脚结构和应用特点。

8.试介绍一种典型的 CDMA 芯片,并介绍其引脚结构和应用特点。

第9章　项目实例分析

本章通过 7 个嵌入式项目实例介绍嵌入式系统设计和开发的基本思路和方法。通过这些典型实例,读者可以熟悉嵌入式系统的硬件和软件构成,熟悉硬件和软件协同设计方法,加深理解前面章节所介绍的处理器、存储器、接口和软件设计等多个方面的概念和相关技术。

9.1　LED 设备驱动开发

本实例主要让读者学习 Linux 操作系统下设备驱动程序的编写方法和应用。通过自己编写的设备驱动,实现应用程序与设备的信息交换;通过控制 LED 亮灭的例子掌握简单输入/输出设备的基本控制原理和驱动程序编写。目标板基于 ARM 处理器,目标板上有 8 个发光二极管构成一排 LED 灯,且为共阴极结构。若用亮代表 1、暗代表 0,则这一排 LED 灯刚好可以表示一个字节数据。假设该 LED 灯排的 I/O 地址为 0x10500000。下面介绍该 LED 灯排驱动的实现过程。

1. 实现模块初始化函数 init_module

```
#define MAJOR_NUM 123   //设备号为 123,设备名称为 LED
#define DEVICE_NAME "LED"
int init_module()
{
    int rc;
    rc=register_chrdev(MAJOR_NUM,DEVICE_NAME,&fops);//设备注册
    printk("mknod %s c %d 0 m 666",DEVICE_NAME,MAJOR_NUM);//创建节点提示
    return 0;
}
```

2) 实现模块关闭函数 cleanup_module

```
void cleanup_module(void)
{
    unregister_chrdev(MAJOR_NUM,DEVICE_NAME);//设备注销
}
```

3) 实现设备打开函数 open

打开函数,主要通过 void * ioremap(unsigned long offset,unsigned long size)函数为 I/O 内存区域分配虚拟地址,这样设备驱动程序就能访问 I/O 内存地址,其中 offset 为设备的 I/O 内存地址。具体程序如下:

```
#define SUCCESS 0
#define LED_ADDR 0x10500000  //LED 灯的 I/O 内存地址
static int Device_Open= 0;  //用于记录打开设备的次数,以防出错
```

```
        unsigned char *vLed;
        static int led_open(struct inode * inode,struct file * file)
        {
            vLed= ioremap(LED_ADDR,4);   //为 I/O 内存区域分配虚拟地址
            Device_Open+ + ;   //计数打开的次数
            return SUCCESS;
        }
```

4) 实现设备关闭函数 release

```
        static int led_release(struct inode * inode,struct file * file)
        {
            Device_Open --;   //计数器自减,最终在卸载前应归零
            iounmap(vLed);
            return SUCCESS;
        }
```

注意,驱动卸载之前应确定计数器已经归零,否则不能卸载。

5) 实现读操作函数 read

由于该设备主要是输出型设备,且逻辑简单,所以读操作的要求很低,此处从略,函数模型如下:

```
        static long led_read(struct file * file,char * buf,size_t length,long
        * offset)
        {
            return SUCCESS;
        }
```

6) 实现写操作函数 write

当用户改变 LED 亮灭状态时需要向 LED 的端口写入相应的数字即可,无符号整数,范围 0 到 255 之间。写操作函数把用户空间的数据传给设备。

```
        static long led_write(struct file * file,char * buf,size_t length,long
        * offset)
        {
            unsigned char nLedState;
            copy_from_user(&nLedState,buf,1);//把用户数据拷贝给 nLedState
            * (unsigned char *)vLed=nLedState;//把用户数据传给 LED,改变 LED 状态
            return 1;
        }
```

7) 初始化文件操作结构体 file_operations

定义和初始化文件操作结构体 file_operations 变量,把用户自定义的设备操作函数与标准的文件接口关联起来。

```
        struct file_operations fops=
        {
            owner:THIS_MODULE,
            open:led_open,
```

```
    release:led_release,
    write:led_write
}
```

将上述定义的各个函数写在 LED.c 文件中,按驱动程序方式编译和加载,并且按照提示键入命令"mknod LED c 123 0 m 666"以创建设备节点文件,同时该备文件被指定相应的主设备号和次设备号。在加载时如果出现提示"Loading LED will taint the kernel:no license",则意味着未取得许可,需在程序中加入宏 MODULE_LICENSE("GPL")取得许可。

到此,关于 LED 的设备驱动便完成了。接下来编写用户程序 LEDrun.c,用于测试所写设备驱动。用户程序的功能是实现一个跑马灯。对于这 8 个 LED,最开始的时候两端的 LED 亮(其他 LED 均熄灭),然后两端亮着的 LED 逐次向中间靠拢,最终两个在中间相遇,如此循环。

```
int main()
{
    int fd;
    int i,j,k,m;
    fd=open("/dev/led",O_RDWR);//以可读写方式打开设备
    for(k=0;k<3;k++)
    {
        j=1;
        for(i=128;i>=16;i=i>>1)//i 控制高四位灯,j 控制低四灯
        {
            m=i+j;
            write(fd,&m,1);j=j<<1;//将数据传递给设备
            sleep(1);
        }
    }
    return SUCCESS;
}
```

在终端键入命令:

```
Arm-linux-gcc o LEDrun LEDrun.c
```

编译并生成 LEDrun 可执行文件(也可用 Makefile 进行编译)。最后,在 minicom 界面上运行"./LEDrun",观察并根据结果调试和修改相应程序。注意,设备驱动、用户程序以及创建节点的设备名称、设备号必须一致,否则将无法打开设备。

9.2　单片机温度控制系统

9.2.1　项目要求

设计一个水温自动控制系统,控制对象为恒温烧水壶,水温可以在一定范围内由人工设定,并能在环境温度降低时实现自动调整,以保持设定的温度基本不变。系统设计的具体要求如下。

（1）目标温度设定为 40 ℃，允许 ±5 ℃的波动。

（2）加热棒功率为 2 kW，控制器为继电器。

（3）用十进制数码管显示水的实际温度。

9.2.2 系统总体设计

以 AT89C51 为 CPU，温度信号由 PT1000 和电压放大电路提供。电压放大电路用超低温漂移高精度运算放大器 OP07 将温度-电压信号进行放大，用单片机控制 SSR 固态继电器的通断时间以控制水温。水温可以在环境温度降低时实现自动控制，以保持设定的温度基本不变。

水温控制系统是一个过程控制系统，组成结构如图 9-1 所示，由控制器、执行器、被控对象及起反馈作用的测量变送组成。该控制系统把输出量检测出来，经过物理量的转换，再反馈到输入端，与给定量进行比较（综合），并利用控制器形成控制信号通过执行机构 SSR 对控制对象进行控制，抑制内部或外部扰动对输出量的影响，减小输出量的误差，达到控制目的。

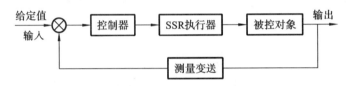

图 9-1 过程控制系统框图

本系统是一个简单的单回路控制系统，控制器设计总体框图见图 9-2。温度控制采用改进的 PID 数字控制算法，并采用 3 位 LED 静态显示。单片机系统是整个控制系统的核心，AT 89C51 可以提供系统控制所需的 I/O 口、中断、定时及存放中间结果的 RAM 电路；前向通道是信息采集通道，主要包括传感器、信号放大、A/D 转换等电路；由于水温变化是一个相对缓慢的过程，因此前向通道中没有使用采样保持电路；信号的滤波可由软件实现，以简化硬件、降低硬件成本。

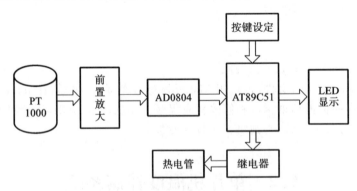

图 9-2 控制器设计总体框图

9.2.3 硬件设计

1. 单片机最小系统

在以单片机为控制核心的控制系统中，单片机担负着接收外部信号、发出控制指令等重要作用,是构建控制系统的前提,所以在开始设计之前必须首先搭建起一套能正常工作的单片机最小系统,如图 9-3 所示。

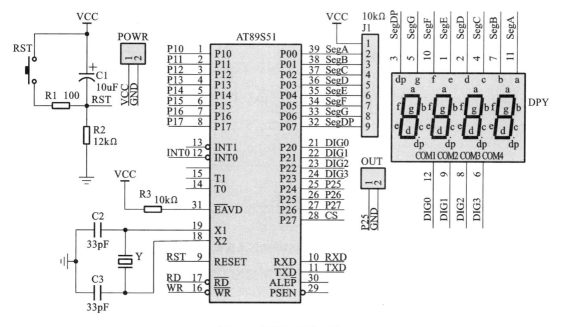

图 9-3　单片机最小系统

2. 温度采集电路

采用温度传感器铂电阻 PT1000。对于温度的精密测量而言,温度传感器的选择是该电路的关键。PT1000 是精密级铂电阻温度传感器,在 0 ℃～100 ℃时,最大非线性偏差小于 0.5 ℃,其性能稳定,广泛用于精密温度测量和标定。

3. 温度控制电路

此部分通过控制继电器的通断从而控制加热棒,采用对加在加热棒两端的电压进行通断处理的方法进行控制,以实现对水加热功率的调整,从而达到对水温控制的目的,即在闭环控制系统中对被控对象实施控制。此部分的继电器采用的是 SSR 继电器,即固态继电器,主要由输入(控制)电路、驱动电路和输出(负载)电路三部分组成。图 9-4 所示为加热棒控制电路。

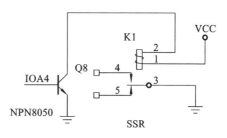

图 9-4　加热棒控制电路

4. A/D 转换电路

ADC0804 是采用 CMOS 集成工艺制成的逐次比较型 A/D 转换器芯片。分辨率为 8 位,转换时间为 $100\mu s$,该芯片内有输出数据锁存器,可以直接连接到 CPU 的数据总线上。ADC0804 的连接图如图 9-5 所示。

5. 键盘设置电路

单片机上的 P25 口接 S1,P26 口接 S2,P27 口接 S3。S1 设置温度的 10 位数(0～9)。S2设置温度的个位数(0～9)。

S3 为工作模式选择键,共有两种工作模式,即正常工作状态和温度重新设置。系统上电后,

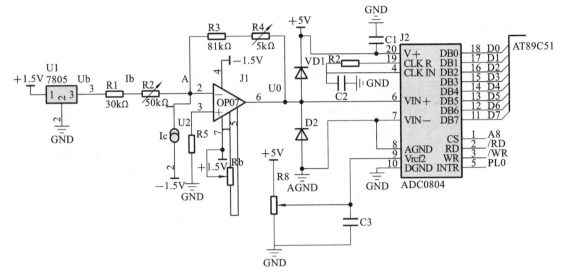

图 9-5　ADC0804 的连接图

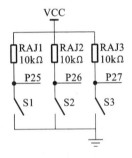

图 9-6　键盘设置电路

数码管全部显示为零,根据按 S1 的次数,十位数码管显示的数值顺序增加。同样,S2 也如此。按 S3 后,系统开始测温,并与采集的温度进行比较,通过软件来控制加热棒的开关。图9-6所示是键盘设置电路。

6. 数码显示电路

图 9-3 所示为 AT89C51 最小系统及一个 4 位共阴数码管,COM0、COM1、COM2、COM3 分别与单片机的 P20、P21、P22、P23 相连,每一个都拥有一个共阴的位选端,从而可以通过单片机选通所需显示的数码管。

9.2.4　软件设计

由前面的硬件设计过程可知,主要接口如下。

(1) P1 口接 AD。

(2) P0 口接 LEDa～LEDdp。

(3) P2.5～P2.7 接 S1～S3。

(4) P2.0～P2.3 接 COM1～COM3。

软件系统包括主控制程序、A/D 采样数据处理程序、PID 算法程序、LED 显示及按键处理程序等模块,整个结构框架如图 9-7 所示。

主程序模块对子程序模块的调用进行管理,它主要负责初始化 I/O 口;等待键盘被按下,并调用相应的模块进行处理;在适当的时候接收 A/D 采样的数据,并与所设定的值进行比较,然后通过调用 PID 算法处理数据,控制继电器的通断,从而控制热电管,达到控制水温的目的。

下面重点介绍按键处理程序和 A/D 采样数据处理程序。

由于机械触点有弹性,在按下或弹起按键时会出现弹跳抖动过程,从最初按下到接触稳定要经过数毫秒的弹跳时间,因此为了保证按键识别的准确性,必须消除抖动。图 9-8 是对键值处理的流程图。

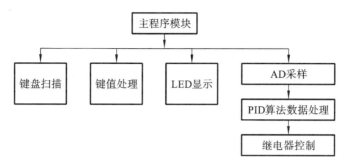

图 9-7 程序结构图

当采样到温度数据时,为了防止在采样过程中受外界干扰而造成采样数据不准确,必须调用温度均值处理程序,然后确定温度系数,将采样转换得到的电压信号转换成温度值,并进行十进制转换,用于显示和 PID 计算。其中,均值处理是一个重要的环节,是 A/D 转换前必不可少的工作,A/D 转换流程如图 9-9 所示。

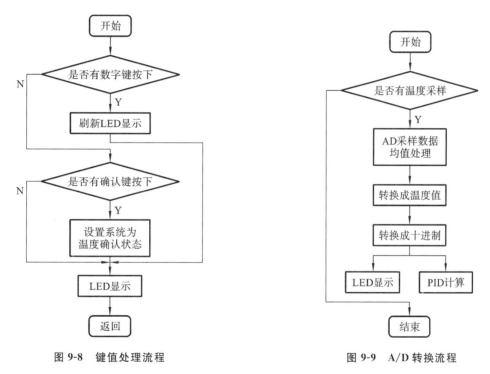

图 9-8 键值处理流程   图 9-9 A/D 转换流程

9.3 多路视频服务器

9.3.1 项目概述

近年来,随着多媒体压缩编码技术、网络通信技术、嵌入式技术和高性能处理芯片的迅速发展,各种基于视频技术的业务和需求不断涌现。视频处理系统在日常生活、军事、工业和医疗等许多领域得到了广泛的应用,如远程视频监控、视频会议、远程医疗等。而基于 DSP (Digital Signal Processor)的视频处理系统,作为实现实时处理的一个极其重要的方法已经成为研究重点。视频编/解码的硬件实现是进行数字视频处理和网络传输的前提,是视频产品的核心部分。本节设计一个基于 DSP 的具有较强通用性的视频处理硬件电路,DSP 的可编程特性可以让其支持不同应用环境的软件开发。

视频编/解码系统的特点是数据吞吐量巨大,实时性要求高,因而其关键技术在于数字信号的高速处理。TMS320DM642 是 TI 公司推出的高性能定点 DSP 芯片,是目前业界性能最高的媒体处理器之一。TMS320DM642 在 C64x 的基础上增加了很多外围设备和接口,非常适合用于音、视频实时处理。因此本系统自然而然地选用 TMS320DM642 作为核心处理芯片。

9.3.2　硬件整体设计

系统硬件的基本要求有以下 6 点:①支持 4 路 PAL 制视频采集,4 路音频采集;②支持 1 路 D1 格式(704×576)或者 4 路 CIF 格式(352×288)每秒 25 帧实时 MPEG4/H.264 编码,且码率和帧率可调;③压缩后的音、视频可以进行本地存储,支持 CF 卡或 IDE 硬盘;④支持云台控制;⑤支持实时视频的 Web 远程访问和控制;⑥满足大多数类似应用的硬件需要。

系统典型应用场景如图 9-10 所示。4 路实时视频被采集和压缩,压缩后的码流可以被用户使用 Web 方式浏览和控制,同时也可以选择本地存储。因此视频编码终端除了具有视频压缩功能外,还具有 Web 服务器功能。

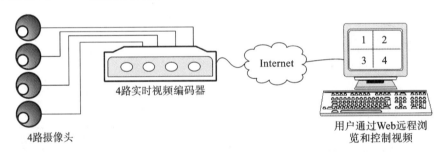

图 9-10　四路音视频编码系统的典型应用场景

系统硬件设计采用 CADENCE 平台,该平台特别适用于复杂电路和高速电路的原理设计、仿真、PCB 布局和布线等工作。

视频编码终端为独立于计算机的嵌入式系统,系统的设计目标为 4 路视频、4 路音频编码系统。4 个摄像头采集到的模拟视频信号经过 A/D 转换为 DM642 视频口能够处理的 BT.656 数字视频流格式。4 路模拟音频信号由 A/D 转换后通过集成音频接口(Integrate Interface of Sound,IIS)与 DM642 相连。在视频和音频信号都进行 A/D 转换之后,DM642 芯片开始对输入的音、视频流进行压缩编码。编码后的音、视频流通过以太网口(EMAC)发送给远端的视频服务器或自身提供 Web 服务器功能,从而实现远程视频浏览和控制。整个系统硬件设计包含以下核心模块:视频 A/D 转换模块、音频 A/D 转换模块、SDRAM/Flash 存储模块、网络模块、电源模块和 IDE 硬盘存储模块,整体结构如图 9-11 所示。

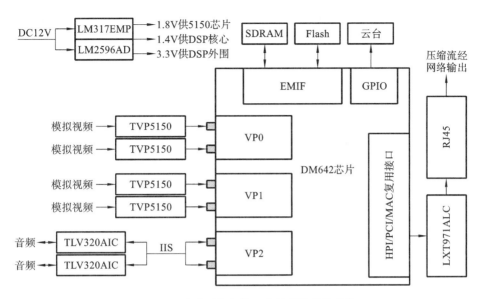

图 9-11　4 路实时视频编码终端硬件整体结构

9.3.3　音视频电路设计

音、视频采集设计是影响整个系统设计的核心。音、视频 A/D 转换模块主要完成 4 路模拟 CVBS 信号和 4 路 LINE_IN 信号的模数转换及与 DM642 视频口的连接。DM642 是专为音、视频处理而设计的,具有 3 个独立可编程的视频端口(Video Port,VP),而且每个 VP 还可以分成高、低两个部分单独使用,如图 9-12 所示。本系统中的 3 个 VP 口配置为:VP0 低端为第 1 路视频输入端口;VP0 高端为第 2 路视频输入端口;VP1 低端为第 3 路视频输入端口;VP1 高端为第 4 路视频输入端口;VP2 低端为第 1 路立体音频输入端口;VP2 高端为第 2 路立体音频输入端口。

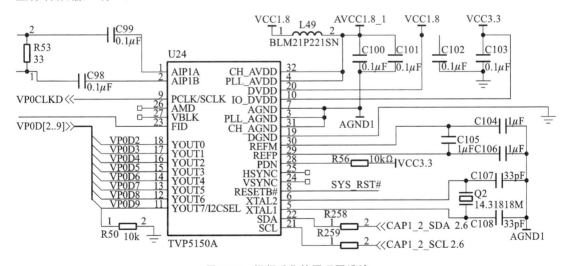

图 9-12　视频采集的原理图设计

视频采集处理过程:模拟视频流通过视频解码芯片 TVP5150A 进行模数转换,输出

CCIR656 格式的数字信号,然后通过前面分配的 VP0 和 VP1 传送给 DSP,DSP 得到数据后对其进行 MPEG4 或 H.264 压缩,最后通过网络发送或进行本地存储。视频采集的原理图设计如图 9-12 所示,其他 3 路采集电路的原理图设计与之完全一样。

目前被广泛使用的视频解码芯片有 Philips 公司的 SAA7115 和 TI 公司的 TVP5150。前者虽然功能强大且支持水平、垂直、场同步信号控制并具有片上 1/2 缩放功能,但其功耗比较大,若本系统采用它将导致一个电源难以供应四片 SAA7115 工作的情况。因此本系统选择了具有超低功耗且性能优异的 TVP5150 芯片。它可自动识别 NTSC/PAL/SECAM 制式的模拟信号,按照 YCbCr4:2:2 的格式转化成数字信号,以内嵌同步信号的 8 位 ITU-RBT.656 格式输出,具有价格低、体积小、操作简便的特点。DM642 通过 I^2C 总线对 TVP5150 内部寄存器进行配置。

音频采集过程与视频采集过程类似。音频芯片 TLV320AIC23 集成了音频 A/D 转换和音频 D/A 转换的功能,使用两个串行通道,一个通道控制编解码器的内部配置寄存器,另一个通道用于收发数字音频信号。该芯片和 DM642 的多通道音频串口(McASP)相连,如图 9-11所示。DM642 的 McASP 使用 IIS 协议,两者可以实现无缝接口,所以硬件设计上就比较简单。此外,TLV320AIC23 提供了 I^2C 接口,DSP 可以通过 I^2C 对其内部寄存器进行设置。

9.3.4　重要外围电路设计

重要外围电路主要包括存储模块、网络模块、I^2C 模块和电源模块等。

存储模块包括两片 32 位 32 MB 的 SDRAM 芯片和一片 4 MB Flash。这 3 片芯片都利用了 TMS320DM642 的 64 位扩展存储接口(EMIF),可寻址空间为 4GB,数据吞吐能力也相当高,适用于视频应用。两片 32 位的 SDRAM 可扩展成 64 位的 SDRAM,位于 EMIF 的 CE0空间,用于在系统运行时存放程序和数据。系统中 SDRAM 存储器接口如图 9-13 所示,图示中左边两片芯片即是 SDRAM 芯片。

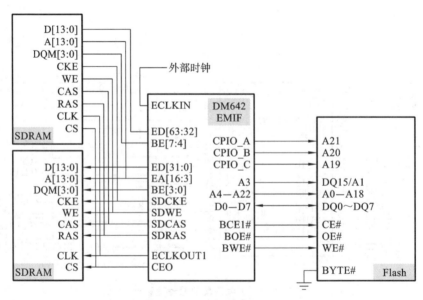

图 9-13　SDRAM 和 Flash 存储电路模块

EMIF 时钟源可配置为内部时钟或外部时钟,由 ECLKINSEL0 和 ECLKINSEL1 两个管脚的复位状态决定。由于系统所用 SDRAM 芯片主频是 166 MHz,而 CPU 时钟是 600 MHz,因此 EMIF 时钟选用 CPU 四分频,即 150 MHz 是可行的;同时考虑到时钟频率若过高,系统则可能不稳定,故外部还用 50 MHz 的锁相环倍频生成 133 MHz 的备选时钟。这样,系统便可以根据实际情况选择 133 MHz 时钟或 150 MHz 时钟。

EMIF 接口也具有和异步 FLASH 存储器直接接口的能力。系统选用的 Flash 芯片是 AMD 公司的 AM29LV320M,其容量为 4 MB,位于 EMIF 的 CE1 空间,用于在系统掉电时存放程序和数据。AM29LV320M 有 BYTE 和 WORD 两种数据模式,在本设计中该芯片工作在 Byte 模式下。由于 EMIF 的 CE1 地址空间宽度为 A[03∶22],因此 Flash 工作在 Byte 模式时,最多只能映射到 0x90000000～0x900FFFFF 的 1 MB 的空间。该空间小于系统采用的 Flash 空间,因此必须扩展地址线才能完全访问 Flash。本系统没有使用额外的 FPGA 或 CPLD 来扩展地址空间,而是利用 DM642 丰富的 GPIO 来扩展大容量的 Flash 空间。GPO13、GPO14 两根控制线和 A[03∶22]协同工作,将 Flash 分为 4 页,每页 1 MB 字。第 0 页的前 1KB 空间为 BootLoader 段,用于存放用户的二级 BootLoader,剩下的空间可以全部用来存放大型用户程序。

系统中 I²C 总线用于配置音频编/解码(Codec)芯片和视频 A/D 芯片的工作参数。由于 DSP 本身仅仅提供一对 I²C 控制线,而本系统中音频 Codec 芯片有两片,视频 A/D 芯片有 4 片,因此必须扩展 I²C 接口。扩展方式是采用 74HC4052 芯片产生另外两对 I²C 控制线来控制上述芯片的工作参数。

网络模块采用 Intel 的 LXT971ALC 网络处理芯片。DM642 包含一个网络媒体接入控制器 EMAC、物理层 PHY 和设备管理数据输入/输出模块 MDIO。EMAC 模块和 MDIO 模块通过 EMAC 控制模块与 DSP 处理器接口,EMAC 控制模块可以控制 EMAC 有效使用 DSP 寄存器,控制 EMAC 和 MDIO 设备的复位和优先级。由于 DM642 上集成有以太网接口,故只需外接一个网络处理芯片,系统采用 LXT971 芯片。在 LXT971 和 RJ45 接口之间需要实现电磁隔离,系统采用 BelFuse-S558-5999-T7 芯片完成隔离任务。

DM642 芯片本身需要两种工作电源分别给内核和周边 I/O 接口供电,内核电压为 1.4V,周边 I/O 接口电压为 3.3V。视频 A/D 转换芯片的工作电压是 1.8V,系统其他芯片还需要 3.3V 和 5V 电压。正是因为本系统需要多种电源,所以必须考虑它们的配合问题。本设计中选用美国国家半导体(NS)公司的 LM2596 和 LM317 两种芯片配合来高质量地实现上述电平。为了在电源电压出现较大波动时产生复位信号保护核心器件,系统还设计了复位电路,其功能是:系统上电时提供复位信号,直至系统电源稳定后,才撤销复位信号。为可靠起见,电源稳定后还要经一定的延时才撤销复位信号,以防电源开关或电源插头分-合过程中引起抖动而影响复位。

9.3.5 软件设计和测试

系统的软件架构基于 DSP/BIOS 实时操作系统内核与芯片支持库(Chip Support Library,CSL),在这个基础上用户开发相应的硬件驱动程序和应用程序。这种程序结构层次清晰,移植性和扩展性都很好。设备驱动程序基于开发系统的芯片支持库及 DSP/BIOS 开发工具,使得开发更加简单易行,并且减少了错误概率。开发环境采用 TI 公司专门为 DSP 设计的集成开发环境 CCS。

　　系统测试环境包括:PC 机一台,播放影碟的 DVD 机两台,T 形视频分频器两个。分频器用于把 DVD 机的输出分成 4 路,模拟 4 路摄像头的实时信号,接入视频编码终端的 4 个视频输入端,PC 机和视频编码终端通过网线连接,双方设置为同网段的两个 IP 地址。PC 机可以通过 Web 访问视频编码终端,如图 9-14 所示。播放的视频流畅连续,声音和视频同步,图像没有马赛克和抖动现象,主观视频质量非常好。通过改变 Web 地址栏中的地址,可以调出其他辅助功能的控制窗口,如摄像头的控制、云台控制、视频参数的设置和视频保存等。实验表明,电路板的功能稳定,音、视频质量较好。

图 9-14　Web 客户端实时浏览 4 路解压后的 CIF 视频

9.4　基于压力传感器的体重测量系统

1. 主要功能

体重测量系统用于测量人或物体的重量,待重量稳定后即可显示测量结果。

2. 关键的传感器和模块

系统中主要使用的传感器和模块有两个:压力传感器和 HX711A/D 转换芯片。压力传感器实物如图 9-15 所示,引出的信号有电源线、地线,以及两根表示数据的模拟差分信号线。

HX711 是一款专为高精度电子秤而设计的 24 位 A/D 转换器芯片,其引脚如图 9-16 所示。

HX711 为串行总线型 A/D 转换芯片,掌握其时序对于该器件的使用和操作有至关重要的作用。与串口通信相关的引脚有 PD_SCK 和 DOUT,用来输出数据,选择输入通道和增益。HX711 驱动时序如图 9-17 所示。

当数据输出引脚 DOUT 为高电平时,表明 A/D 转换器还未准备好输出数据,此时串口时

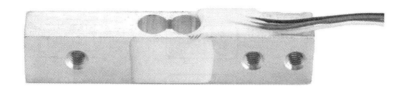

图 9-15　压力传感器实物

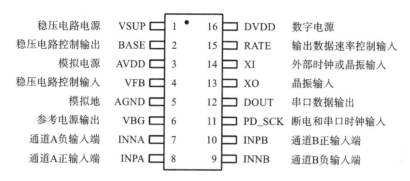

图 9-16　HX711 引脚图

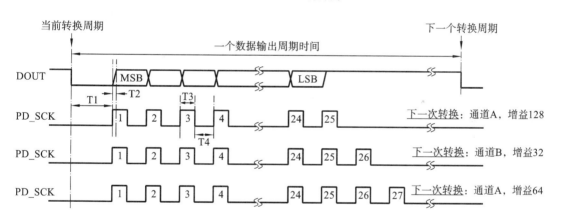

符号	说明	最小值	典型值	最大值	单位
T_1	DOUT下降沿到PD_SCK脉冲上升沿	0.1			μs
T_2	PD_SCK脉冲上升沿到DOUT数据有效			0.1	μs
T_3	PD_SCK正脉冲电平时间	0.2		50	μs
T_4	PD_SCK负脉冲电平时间	0.2			μs

图 9-17　HX711 驱动时序

钟输入信号 PD_SCK 应为低电平。当 DOUT 从高电平变低电平后,PD_SCK 应输入 25 至 27 个不等的时钟脉冲。其中第一个时钟脉冲的上升沿将读出输出 24 位数据的最高位(MSB),第 24 个时钟脉冲用来选择下一个 A/D 转换的输入通道和增益。

3. 硬件原理

体重测量系统的硬件工作原理如图 9-18 所示,压力传感器将模拟信号送入 HX711 芯片,经过芯片处理后变成数字信号,利用 I/O 接口来获取这些数字信号,最后 CPU 将获取的数据转换为实际的体重测量数据。可以利用定时器来周期性地获取体重数据。

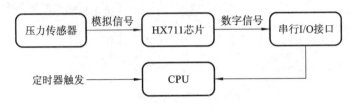

图 9-18　体重测量系统的硬件工作原理

4. 程序流程

体重测量的流程如图 9-19 所示。首先驱动 HX711 获取 24 位压力数据,然后利用公式体重 W＝D/coefficient 计算出体重数据,单位为千克,coefficient 是一个经验系数。为了避免随机误差,系统会持续测量多次,直到连续 5 个测量结果的波动在允许范围内才认为测量结束,算出这 5 个测量结果的平均值,作为最终测量结果并显示结果。

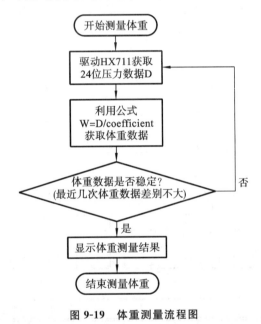

图 9-19　体重测量流程图

9.5　基于超声波技术的身高测量系统

1. 核心功能

身高测量系统用于测量人体的身高数据,采用超声波技术进行非接触方式测量,显示身高数据。其测量精度为 0.1 cm。

2. 主要传感器

系统中使用的主要传感器是超声波模块 HC-SR04。超声波模块具有发射器和接收器两个部分,实物图如图 9-20 所示,图示中左右两个大圆筒,一个是超声波发射器,另一个是超声波接收器。

图 9-20 超声波模块 HC-SR04 实物

超声波测距的原理非常简单。如图 9-21 所示,发射器先发射超声波,超声波前行途中碰撞物体后会反射回来,此时另一个接收器能收到反射回来的超声波。超声波的传播速度是 340 米/秒,通过统计超声波的发射与接收之间的时间间隔,可以很简单地计算出超声波模块与遮挡物体之间的距离。

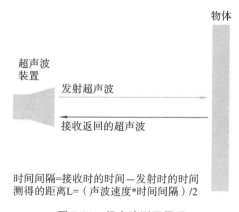

图 9-21 超声波测距原理

HC-SR04 的驱动主要由 Trig 和 Echo 这两个引脚完成,如图 9-22 所示。驱动程序首先向 Trig 引脚发送触发信号,也就是 10us 的 TTL 高电平,然后 HC-SR04 开始工作并发射超声波,并检测是否接收到反射回来的超声波。在发射超声波之后直到接收到反射回来的超声波期间 Trig 引脚输出高电平。因此,驱动程序仅需要测量 ECHO 引脚上的高电平持续时间便可推算出超声波模块与遮挡物体之间的距离。由于系统的测量精度限定为 0.1cm,因此 ECHO 引脚高电平的持续时间测量误差允许为 5us。

图 9-22 HC-SR04 驱动时序

3. 硬件原理

系统使用中断机制来获取 ECHO 引脚上高电平的准确时间,当 ECHO 引脚由低电平变为高电平时,触发上升沿中断,在中断处理函数中开启定时器计时。当 ECHO 引脚由高电平变为低电平时,触发下降沿中断,在中断处理函数中关闭定时器,并同时计算出高电平持续时间,得到测量的距离。

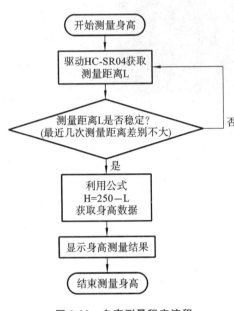

图 9-23 身高测量程序流程

4. 程序流程

实际身高测量系统中 HC-SR04 放置在离站立面高度为 250cm 的支架上。因此 HC-SR04 模块检测的距离与实际身高之间还需要一个转换关系:

$$身高\ H = 250\ CM - L$$

其中,L 是 HC-SR04 测得的距离,即头顶距离 HC-SR04 模块的距离。

程序整体流程如图 9-23 所示。其中,测量距离 L 时要考虑测量的稳定性,需要重复多次测量,确保结果稳定,这一点与重量的测量原理一致。

9.6 基于霍尔元件的自行车计速系统

1. 核心功能

自行车计速系统用于测量自行车的骑行速度,通过统计单位时间内骑行的圈数间接计算出骑行速度。测速系统的安装和使用尽量不破坏自行车的正常结构和用户的正常骑行方式。

2. 主要传感器

自行车计速系统使用的传感器是霍尔元件,实物如图 9-24 所示。霍尔元件有 3 个引脚,分别是 VCC,GND 和 DO。其中 DO 引脚是信号输出引脚,用于输出感应电流。当有磁铁(产

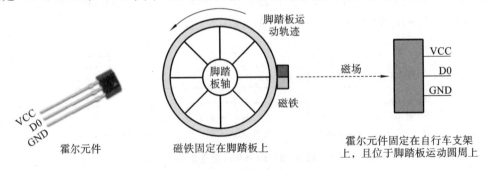

图 9-24 霍尔元件实物和在自行车测速中的应用

生磁场)在霍尔元件附近时,由于磁场作用 D0 引脚会输出特定大小的电流,且随着磁铁离霍尔元件的距离发生变化,霍尔元件处的磁场强度也发生变化,输出的电流大小也会相应变化,故通过检测电流的大小可以间接检测磁铁离霍尔元件的距离。不过自行车计速系统并不需要分析距离的绝对大小,仅需要通过一个门槛值比较磁铁是在霍尔元件附近还是离开了霍尔元件。

3. 硬件原理

测速系统在脚踏板绑定了一个磁铁,并将霍尔元件固定在自行车支架上,且霍尔元件位于脚踏板运动的圆周轨迹上。如果仅为测速,那么一个霍尔元件就足够了。如果为了区分骑行的方向(正向骑行和反向骑行,例如健身房中的健身单车),则可以采用两个霍尔元件,一前一后并列固定在自行车支架上。在不同的骑行方向中两个霍尔元件发出的波形存在相位差,通过检测相位差就可以判定骑行方向。具有两个霍尔元件的自行车测速电路板如图 9-25 所示,电路板上的芯片是双路电压比较器,还具有一个可调电位器用于设定门槛电压。

图 9-25 具有两个霍尔元件的自行车测速电路板

用户骑行过程中不断检测霍尔元件发出的脉冲信号(经过电压比较器输出的信号),每个脉冲代表一圈。每隔 1 s 统计总圈数并转换为骑行距离和速度显示给用户。

9.7 电池供电管理单元

1. 核心功能

在移动式设备或手持设备中通常使用锂电池供电。供电电路一般需要提供充电电路、保护电路和升压电路等三个功能。充电电路用于补充电能,保护电路用于避免过充和过度放电,升压电路用于提升电压。因为大多数纽扣式锂电池是 3.7V,与大多数电子设备的 5V 标准工作电压不一致,所以需要有升压电路。

2. 充电电路设计

充电电路如图 9-26 所示。充电电路的主电源接口 J1 使用 MINIUSB,方便使用手机充电线充电。P1 接口用于连接 18650 锂电池的正负极,具体接口类型自行选择即可,简单的情况下可以使用接线柱。U1 是充电电路的核心芯片,即 TP4056 锂电池充电管理芯片。VD1、VD2 是两个指示灯,受 TP4056 芯片的控制,指示当前电池充电状态,可用不同的颜色区分。

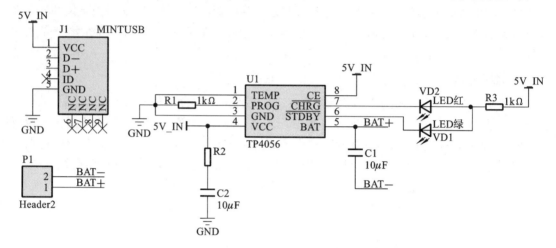

图 9-26 充电电路原理图

TP4056 芯片是锂离子电池充电管理芯片。由于采用了内部 PMOSFET 架构,加上防倒充电路,所以不需要外部隔离二极管。热反馈可对充电电流进行自动调节,以便在大功率操作或高环境温度条件下对芯片温度加以限制。充电电压固定于 4.2V(锂电池最大充电终止电压),而充电电流大小可通过一个电阻器进行外部设置。TP4056 一共有 8 个管脚,关键管脚定义如下。

TEMP:电池温度检测输入端。如果 TEMP 管脚的电压小于输入电压的 45% 或者大于输入电压的 80%,意味着电池温度过低或过高,则暂停充电。如果 TEMP 直接接 GND,则电池温度检测功能取消,其他充电功能正常。在本例中取消了温度检测功能。

PROG:恒流充电电流设置和充电电流监测端。从 PROG 管脚连接一个外部电阻到地可以对充电电流进行编程。由公式根据需要的充电电流计算 R1 的阻值,此例中设置为 1kΩ。

BAT:电池连接端。将电池的正端连接到此管脚。

STDBY:电池充电完成指示端。当电流充电完成时 STDBY 被内部开关拉到低电平,此时绿色 LED 亮起,表示充电完成。否则,STDBY 管脚将处于高阻态。

GHRG:漏极开路输出的充电状态指示端。当充电器向电池充电时,CHRG 管脚被内部开关拉到低电平,此时红色 LED 亮起,表示充电正在进行;否则 CHRG 管脚处于高阻态。

CE:芯片始能输入端。高输入电平将使 TP4056 处于正常工作状态;低输入电平使 TP4056 处于禁止充电状态。

3. 保护电路设计

在各种场景下使用充电锂电池充电时往往需要对电池的过度充电、使用中对电池的过度放电等异常情况进行保护,降低电池的损耗以及避免不可恢复的损伤甚至报废。保护电路如图 9-27 所示。

保护电路主要由 DW01 锂电池保护电路芯片与 MOS 管 8205A 构成。BAT+ 与 BAT- 为电池正负极,VIN 为电池电流输出,接到负载电路起到供电功能。VD3 为肖特基二极管,控制电流流通方向,可以保护电池在低压的情况下电流不会倒流。

DW01 是一款针对单节可充电锂电池的保护芯片,能避免锂电池因过度充电、过度放电、

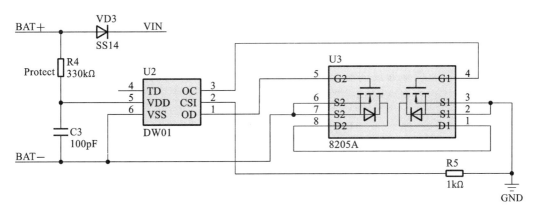

图 9-27　保护电路原理图

电流过大导致电池寿命缩短或电池被损坏,具有高精度的电压监测以及时间延迟电路。芯片内部包含 3 个电压检测电路、一个基准电路、一个短路保护电路和一个逻辑电路。DW01 有 6 个引脚,主要引脚定义如下。

OD:放电控制 FET 门限制连接,也就是过度放电检测电路的输出,CMOS 输出。

CSI:电流感应输入引脚,充电器检测。连接充电器的负端输入,一般都是 GND。

OC:充电控制 FET 门限制连接,也就是过度充电检测电路的输出,CMOS 输出。

TD:延迟时间测试,一般为空引脚。

8205A 为共漏极 N 沟道增强型功率场效应管,适用于电池保护或者低压开关电路,内部为 2 个 N 沟道 MOS 管,并且漏极相连。D1、D2 管脚分别为两个 MOS 管的漏极;S1、S2、S3、S4 分别为两个 MOS 管的源极;G1、G2 则为栅极。依据 N 沟道 MOS 管的性质,当 G 极(栅极)电压大于 S 极(源极)电压时,MOS 管导通。

正常工作:当锂电池电压在 2.75～4.2V 时,DW01 的 OD、OC 引脚均输出高电平,CSI 引脚输出为 0V。此时 8205A 的两个 MOS 管都处于导通状态,锂电池的负极与外部电路(单片机)电源地 GND 连通,锂电池正常供电。

过度充电保护:当锂电池通过 TP4056 电路充电时,锂电池电量将随充电时间增加而增加,电池电压升高到 4.3V 时,DW01 会判断电池此时处于过度充电状态,立即控制 OC 引脚输出 0V,使得 8205A 上 G1 引脚为 0V,导致 MOS 管被截止。此时电池负极与外部电路 GND 不连通,锂电池充电回路被切断,停止充电。但此时若不阻止电池的放电,在电池被使用到电压降至 4.3V 以下时,则又恢复正常的充电供电过程。

过度放电保护:当锂电池为外接负载电路放电时,电压会随着使用时间慢慢降低,当 DW01 中 VDD 引脚测得锂电池正负极电压降至 2.6V 时,认为电池处于过度放电状态,立即控制 OD 引脚输出 0V,此时 8205A 上 G2 引脚变为 0V 导致 MOS 管截止,此时锂电池负极与负载电路 GND 断开,放电回路被切断,停止放电保护电池。一旦开始充电,DW01 通过 CSI 检测到充电电压后,控制 OD 输出高电平,放电回路导通,锂电池可恢复正常充电放电过程。

4. 升压电路设计

对于一般的单片机来说,需要提供 5V 的外接电源进行供电。而 18650 锂电池正常电压在 3.6V 到 3.7V,此时直接使用 18650 锂电池为单片机供电是不够的,就需要使用升压电路,将 3.7V 升压至 5V 供单片机使用。

图 9-28 是 3.7V 到 5V 的升压电路原理图。此升压电路在第 5 章的典型电路单元设计小节中介绍过。VIN 是待升压的电源输入(来自上一节保护电路的输出信号)。SX1308 是一个升压芯片,C4 和 C5 是两个稳压旁路电容,L1 是一个电感,VD4 则是一个控制电流流动方向的肖特基二极管(正向导通反向截止)。VOUT 则是升压后电压输出。P2 为输出接口,包含输出正极 VOUT 以及负极 GND,接口形式可以自由选择。

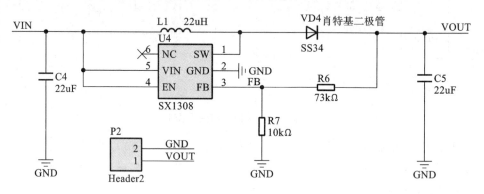

图 9-28　升压电路原理图

SX1308 是一款具有电流模式升压变换器,工作频率高达 1.2 MHz,内置软启动功能可以减小启动冲击电流,还包含输入欠压锁定、电流限制以及过热保护功能。SX1308 具备 2V～24V 的宽输入电压范围以及最高 28V 的输出电压,其效率最高可达到 97%。主要引脚定义如下。

VIN:电源正极输入引脚。

SW:开关节点引脚,内部 MOSFET 开关的漏极,连接到电感并且提供整流输出,可以在 GND～24V 之间变化。

FB:输出反馈引脚(反馈电压为 0.6V),也就是正常工作时一直保持 0.6V 的电压。

EN:使能引脚,当电压大于 1.5V 时激活工作,小于 0.4V 时停止工作。注意:此引脚不要悬空。

在此升压电路中,电源输入到 SX1308 的 VIN 引脚,且将其 EN 引脚拉高使能升压功能,正常工作中 FB 引脚输出反馈电压 0.6V,此时调整反馈分压电阻 R6 与 R7 即可调节输出电压。依据串联分压原理得到输出电压 VOUT = VFB * (1 + R6/R7)。一般 R7 阻值选择 10kΩ,若需要升压至 5V,则可以算出 R6 阻值为 73KΩ,从而实现 3.7V 电池电压升至 5V 输出。

参 考 文 献

[1] 苏曙光,等.嵌入式系统原理与设计[M].武汉:华中科技大学出版社,2011.

[2] 塔米·诺尔加德.嵌入式系统:硬件、软件及软硬件协同[M].马志欣译.北京:机械工业出版社,2018 年.

[3] 韦东山.嵌入式 Linux 应用开发完全手册[M].北京:人民邮电出版,2008.

[4] 弓雷.ARM 嵌入式 Linux 系统开发详解,第 2 版.北京:清华大学出版社,2014.

[5] 张大波,等.嵌入式系统原理、设计与应用[M].北京:机械工业出版社,2005.

[6] 杨刚,等.32 位 RISC 嵌入式处理器及其应用[M].北京:电子工业出版社,2007.

[7] 罗蕾,等.嵌入式实时操作系统及应用开发[M].北京:航空航天大学出版社,2007.

[8] 杜春雷.ARM 体系结构与编程[M].北京:清华大学出版社,2003.

[9] 周立功,等.ARM 嵌入式系统基础教程[M].北京:航空航天大学出版社,2005.

[10] Jean J. Labrosse.嵌入式实时操作系统 uC/OS－II[M].邵贝贝等译.北京:航空航天大学出版社,2003.

[11] 杨刚,等.嵌入式系统设计与实践[M].北京:空航天大学出版社,2009.

[12] 赵光.Allegro SPB 高速电路板设计[M].北京:人民邮电出版社,2009.

[13] 张绮文,等.ARM 嵌入式常用模块与综合系统设计实例精讲[M].北京:电子工业出版社,2007.

[14] 商斌.Linux 设备驱动开发入门与编程实践[M].北京:电子工业出版社,2009.

[16] 沈连丰,等.嵌入式系统及其开发应用[M].北京:电子工业出版社,2007.

[17] 周立功,等.PDIUSBD12 USB 固件编程与驱动开发[M].北京:航空航天大学出版社,2003.

[18] 柯南.非常电路板设计 Protel99 之 PCB[M].北京:中国铁道出版社,2000.

[19] 费祥林.Linux 操作系统实验教程[M].北京:高等教育出版社,2009.

[20] Jobn Catsoulis.嵌入式系统硬件设计[M].徐君明等译.北京:中国电力出版社,2007.

[21] 刘乐善.32 位微型计算机接口技术及应用[M].武汉:华中科技大学出版社,2003.

[22] 沙占友,等.单片机外围电路设计[M].北京:电子工业出版社,2003.